太陽系探検ガイド
エクストリームな50の場所

デイヴィッド・ベイカー＋トッド・ラトクリフ
【著】

渡部潤一
【監訳】

後藤真理子
【訳】

The 50 Most Extreme Places
in Our Solar System
by David Baker and Todd Ratcliff

朝倉書店

THE 50 MOST EXTREME PLACES IN OUR SOLAR SYSTEM
by David Baker and Todd Ratcliff

Copyright ⓒ 2010 by the President and Fellows of Harvard College
Japanese translation published by arrangement with the
Sparr Literary Agency through The English Agency (Japan) Ltd.

監訳者まえがき

　本書は，David Baker and Todd Ratcliff: The 50 Most Extreme Places in Our Solar System, Belknap Press of Harvard University Press, 2010 の翻訳である．著者のデイヴィッド・ベイカーは米国オースティンカレッジ物理学科の准教授，トッド・ラトクリフは NASA ジェット推進研究所に所属する研究者である．

　航空機などをはじめとする交通手段の発展や，インターネットをはじめとする情報通信網の発達で，1 世紀前には考えられないほど世界が身近になっている．海外旅行でも，パリやローマといった古くからの主要な観光名所では飽き足らず，次第に砂漠や密林などの秘境ツアーや，南極への旅，あるいはかつてはかなりの装備を持つ登山隊だけが目指していた山岳地帯の縦走ツアーなども流行ってきているらしい．こうした極端な（英語でいえばエクストリームな）自然環境は，普段われわれが目にしているところとはまったく異なる世界を見せてくれるだけに魅力的なのである．

　しかし，これはあくまで地球の話である．宇宙に目を向ければ，地球の中での極端さなどはまだまだといえるだろう．われわれ人類の目線は，すでに地球を飛び出し，太陽系の全体をカバーしつつある．20 世紀半ばから，数多くの探査機が地球を飛び出し，その重力圏を脱出して，冒険の旅に出ている．60 年代には，アポロ宇宙船によって地球の衛星である月に人が降り立った．そして，20 世紀が終わる頃までには，地球以外のすべての惑星に無人探査機が接近して，その姿を間近に写し出し，さまざまな科学的なデータを得ることに成功した（もちろん，当時第 9 惑星であった冥王星には探査機が近づいたことはないが，冥王星のほうが惑星のリストから外れることになった．その経緯は本書でも紹介されている）．

　さらには，地球のお隣の惑星である金星と火星，それに土星の衛星であるティタンに無人探査機が着陸に成功し，その表面の様子を地球に送り返してきている．これらの画像には，どこか身近に感じられる部分も少なくなかった．火星着陸機からの画像には，ごつごつした岩が転がる荒れ地や崖の様子や，そこを吹き荒れるつむじ風などもとらえられており，とてもリアルであった．まるで，どこかアフリカの砂漠か，あるいはグランドキャニオンで撮影したのではないか，と思えるほど身近に感じられるものだったのである．さらに人類最遠の地への着陸機となったホイヘンスは，土星の衛星ティタンの表面に，地球と同じような川や湖を見出し，着陸地点の干上がった川底には，川の中を流れるうちに角が取れて丸くなった石がごろごろしていたのである．

　だが，一見して地球によく似ていても，よくよく調べるとまったく異なることがわかってくる．火星のつむじ風は，しばしばどんどんと発達して，ついには火星全体を覆ってしまうような大砂

嵐となる．土星の衛星タイタンの川を流れているのは，水ではなくメタンやエタンといった，地球では普通はガスとなってしまうような炭化水素類である．しかも，その河床にころがる丸石は，実は岩石ではなく水が凍った氷の塊である．ティタンのように−200℃近い環境では，水は地球で岩石が果たしている役割を担っている．地下の圧力や熱源によって融けた水は，マグマとなって表面に噴き出す氷成火山活動を起こし，大気のあるティタンでは水の溶岩となって流れ，大地をつくっていく．一方，大気のない土星の衛星エンケラドゥスでは，氷のかけらとなって宇宙空間に吹き出し，土星の環をつくっている．

　いずれにしろ，こうした数々の探査で浮かび上がってきたのは，地球には決してありえないような実に極端な，すなわち「エクストリーム」な地形・地質，そして気象の数々であった．地球では考えられないような山や峡谷，火山活動，はるかに高速な風や台風，雷，そして巨大なオーロラ．

　本書は，普通の宇宙観光旅行では飽き足りない人々に向けて編まれた，いってみればこれらの太陽系の「エクストリーム」な場所への観光ガイドである．その道の研究者である著者らが，さまざまな観点から選び抜いた50か所の「エクストリーム」な場所をピックアップし，その詳細を紹介したものである．もちろん，研究者としての表現の正確さを維持しつつも，実際のカラー画像を多用し，できるだけわかりやすく書かれている．また，本文中に使われる専門的な用語を極力避けつつ，きわめてユニークな筆致で紹介しているところは，読者も十分に楽しめるのではないか，と思う．本書で，まだまだ謎に満ちた宇宙への理解を深めると同時に，その魅力にふれていただければ幸いである．

　それにしても，現代ではいながらにして，太陽系宇宙の観光旅行，それも普通ではないエクストリームな場所への観光旅行ができるようになったのだ．つくづく，実に面白い時代になったものである．

2012年9月

渡　部　潤　一

ハリー，レイニー，そしてゾーイに。
太陽系で星を見るのに最適な相棒たちへ。
　　　　　　　　　　　──デイヴィッド

パパの本を自分専用にほしがったマックスに。
そしてこの本を世に出す助けになってくれたBに。
　　　　　　　　　　　──トッド

まえがき

　それは，ふと思いついた「もし…だったら？」をめぐる愉快なブレインストーミングから始まった。そのとき著者の一人であるデイヴィッドは，NASAのゴダード宇宙飛行センターで鉄砲水の研究に従事する客員研究員であった。もう一人の著者であるトッドは当時（現在もだが）NASAのジェット推進研究所（JPL）に所属し，地球力学と測地学を使って宇宙船の航行を補佐していた。あるときデイヴィッドがゴダードの廊下を歩いていたら，NASAの科学者たちがCAMEX-4のデータを解析しているところに出くわした。CAMEX-4とは，多機能航空機をハリケーン・エラン（Erin）の危険な台風の目の壁（アイウォール）中に突入させるという，一大科学ミッションだった。「極端な天候（Extreme Weather）」が，その夏のテーマだった。

　ゴダードとJPLの間で電話回線ごしに交わされた，ある「重要な」会話の際に（その日どんな要件で電話をかけたのか正確には思い出せない。何か大事な用だったはずだが），われわれは洪水・台風・地震といったきわめて特殊な天災について話し合った。そしてこのブレインストーミングのギアは高速に入った。惑星科学者として，話題を極端な天候だけに限ることはできなかったし，地球に関する範囲にもとどめていられなかった。興味深い疑問がいくつか湧き上がった。もしも木星の大赤斑の中を飛んだら何が見えるだろう？　衛星ティタンではメタンの鉄砲水が起こるのだろうか？　太陽系で衛星イオの激しい火山活動に匹敵するものはあるのだろうか？　太陽系で，一番「エクストリーム」な場所はどこだろう？

　このことについて，誰かが本を書くべきだと意見が一致した。そんな本があれば絶対自分の本棚に置きたい！

　18か月後，アメリカ地球物理学連合の秋の例会で，新しい科学成果に刺激され，おまけにサンフランシスコのおいしい料理を腹一杯に詰め込んで，われわれは太陽系の多くの「エクストリーム」な場所について大いに語り合った。瞬く間に少なくとも60の「エクストリーム」なものが挙がった（リストは膨れ上がり，最終的に100項目を超えた）。本が一冊生まれた。しかし間もなくリストの中には，表面的なものが含まれているのにわれわれは気がついた。それは，太陽系にまつわる雑多な記事の寄せ集めのようなものだった。

　われわれはそれを超えるものがほしかった。徹底的に「エクストリーム」な領域までたどり着きたかった。われわれは確かに読者を「あっ」といわせることを目指したが，それと同時に，科学において最も重要な問いである「なぜ？」にも取り組みたいと思った。思い描いた本は，クールで，魅力的で，謎めいたアイデア――それはわれわれに「惑星科学の道に進みたい」と最初に思わせてくれたものだ――を伝えるような本だったからだ。

　われわれの希望は，読者が「あっ」と驚く部分と真面目な科学とを，この本の中でうまく折り

合わせることだ。惑星科学は真に学際的な学問だ。伝統的な諸分野 —— 物理学，天文学，化学，生物学，工学，そしてコンピュータサイエンス —— がこの本に混在している。あなたが宇宙探査を切望している大学生であっても，自分の専門分野以外（あるいは境界領域）をちょっと覗いてみようとしているプロの科学者であっても，この本には科学的興味を強く惹きつける太陽系の知識がたくさん見つかるだろうとわれわれは期待する。

この本には，読者を「あっ」といわせるために驚異的な図版がたくさん収録されている。だいたい4ページで1つの項がまとまっており，その半分が文章で半分が図版だ。しかしわれわれはこの本をリビングのインテリアにしてほしくない。何よりもまず，読んでほしいのだ！ お気に入りのページは隅を折っておいてまた読み返してほしい。章の合間に思いついたことを，余白にぜひ書きこんでほしい。科学とは活動することであり，この本もその活動の一環として読まれるべきなのだ。もしも本をきれいなまま取っておきたいなら，もう一冊必要だろう —— 一冊は本棚に，一冊はわくわくする科学的活動のために。

この本の読み方はたくさんある。もちろん隅から隅まで余すところなく読んでもよい。最終章の「エクストリームの集大成」では，完全に「エクストリーム」な四つの太陽系天体を総合的に扱っている。この最終章はほかの章を読んだ後のほうがいっそうよくわかるだろう。しかし大多数の読者はざっと目を通してしまって，とくに興味を惹かれたところで初めてじっくり読み出すだろうと思われる。このやり方（われわれもしょっちゅうする読み方だ）への便宜を図るために，われわれは個々の項が自己完結するように努めた。しかしながら，すべてを4ページで説明するのはキツかった！ 時に応じて巻末の用語集や略語リストを参照する必要があるかもしれないし，さらなる情報を求めてページをめくり関係する項を読むことも必要かもしれない。

メートル法とイギリスの度量法を併用する危険はあるが，広い層にとっつきやすくするために，われわれは数量を複数の単位で記述することにした。たとえば，科学の世界で好まれる温度の単位は絶対温度（K）であるが，この本では温度を摂氏度（℃）と華氏度（F）の両方で記述した。後者のほうが日常生活で見慣れているからだ。こうすることで，見慣れない単位に気を取られずにきわめて高温／低温という感覚を感じやすくなる読者もいることだろう*。心にとめておいてほしいのは，実際の現場では，単位の混在があまりにもたやすく生じてしまうということだ。その結果はとんでもないことになりうる。1999年に探査機マーズ・クライメイト・オービターが火星に衝突したのは，技術者の二つのグループのうち，一方はメートル法，他方はイギリスの度量法を使用していたのが原因であった。これは1億2500万ドルの損失を出したミスだった。

万一，あなたのお気に入りがこの本に収録されていないとしたら，それはわれわれのせいだ。"The 50 Most Extreme Places in Our Solar System"（太陽系で最もエクストリームな50の場所）

---

* （訳注）上記は原著についての記述であり，翻訳では，フィート・ポンド法および華氏温度での表記は省略した。

とは，実際は「われわれが」すごくクール，つまり科学的に面白いと思う50のトピックなのである。このリストは，惑星科学者二名からなるささやかな委員会により検討され，吟味され，編集されたものであり，広く学界の総意を得たものではない。われわれ以外の科学者ならほかの場所を採択していたかもしれない。ポテトチップスの山を目の前にしたときのように，たった1枚を選ぶのは難しい…それが1枚でなく50枚であったとしても。信じがたいような新発見は毎日のように続いているのだ！　出版社に最終稿を渡す期日のほんの数日前に，われわれはスリリングな新発見を二つ——1章分を丸ごと差し替えるほどではないが，われわれの理解を深めてくれる新事実だ——何とかねじこむことができた。

　新たな発見でもあえてこの本に含めなかったものもある。たとえばつい最近まで，（人類が測定可能な場所で）一番寒い場所は海王星の衛星トリトンだった。しかし2009年に，もっと地球に近いある地点が，測定の結果もっと寒いと判明した。地球の衛星である月の，決して太陽光が当たらない部分だ。この記録も，おそらくすぐに——NASAのニューホライズンズ探査機が冥王星に到着し，その先まで歩を進めるとともに——破られるだろうと信じる。そこはまだ単に，いままで温度計を持ち込まれたことがなかっただけなのだ。

　この本で議論されている「エクストリーム」なものは，頑固なまでに「エクストリーム」である。つまり，新たな発見があろうとも容易には取って代わられないだろう。しかし技術の進歩と新発見により，われわれの科学的な見解は再考される運命にある。われわれがいま「エクストリーム」であるとみなしているものが，逆にきわめて「ありふれた」ものに変わる可能性だってある。もしそうなったら…？

デイヴィッド・ベイカー
トッド・ラトクリフ

目　　次

第 1 部　表面と内部
　一番高い山 —— オリュンポス山　　3
　冷たすぎる火山 —— 氷成火山　　7
　グランドキャニオンより「グランド」—— マリネリス峡谷　　11
　動いたり揺れたり —— プレートテクトニクス　　15
　おっと！　痕が残るじゃないか！—— 衝突クレーター　　21

第 2 部　海，水，氷
　一番深い海 —— エウロパ　　27
　最高のサーフスポット —— 地球　　32
　最大の製氷器 —— 土星の凍った衛星たち　　36
　太陽系のジキルとハイド —— 彗星は汚れた雪玉　　41
　大変だ，空が落ちてくる！—— 火星のドライアイス製極冠　　46

第 3 部　荒れ狂う嵐
　最長寿の嵐 —— 木星の大赤斑　　53
　外は大荒れ，中はひっそり —— 地球のハリケーン　　58
　ひねくれ者の嵐 —— 海王星　　62
　最高の掃除機 —— 火星の塵旋風　　67
　雨が激しすぎる —— 天王星と海王星のダイヤモンド製の雹　　71

第 4 部　極端な気候
　最大で最悪な神の子たち —— エルニーニョとラニーニャ　　77
　カラカラな温室 —— 手に負えない金星の温室効果　　81
　ダーティーな気候変動 —— 火星全体を覆う大規模な砂嵐　　85
　きわめて奇怪な季節変化 —— 天王星　　89
　地獄で雪玉を探す —— 水星　　95

第 5 部　環っかと何か
　あの素敵な王冠 —— 土星　　101
　数十億もの小天体 —— オールトの雲　　106
　彗星大接近 —— シューメイカー–レヴィー第九彗星の木星衝突　　110
　そこに惑星はなかった —— 小惑星帯　　114
　地球を粉砕した天体衝突 —— そのとき月は生まれた？　　120

第6部　過激な電磁現象
　　ねじれすぎた磁力線 ―― 太陽　127
　　宇宙で膨らむシャボン玉 ―― 太陽風　131
　　最大のプラズマスクリーン ―― 木星の磁気圏　135
　　きわめて過激なイルミネーション ―― 地球と木星のオーロラ　139
　　土星の衝撃的な超電光　144

第7部　生　　命
　　ちょうどよい！―― 生命あふれる地球　151
　　空からの死神 ―― K-T 絶滅　156
　　空からきた生命 ―― 宇宙起源説　161
　　火星に住む，背の低い緑色の……微生物？―― 火星に生命の可能性　166
　　闇に生きる生命 ―― 地球とエウロパ　170

第8部　変わり者さまざま
　　一番臭い場所 ―― イオの腐った卵　177
　　最良の燃料補給基地 ―― ティタン　181
　　問題含みの惑星定義 ―― 冥王星　185
　　きわめて後ろ向き ―― 金星とトリトン　190
　　見込み違いも極まれり ―― 火星の人面　195
　　一つ眼怪物と土星の呪い　199
　　つぎはぎ衛星 ―― ミランダ　203
　　日の出ほど「不」確実 ―― ヒペリオンのカオスな自転　207
　　縮む惑星 ―― 水星　211
　　ぴったり合って皆既日食　215
　　きわめて変な生き物 ―― 人類　219

第9部　エクストリームの集大成
　　太陽系の絶対権力者 ―― 太陽　225
　　偉大な木星　230
　　セクシーな土星　235
　　エクストリームな地球　240

　　用　語　集　247
　　略語リスト　257
　　参　考　文　献　261
　　図　版　出　典　265
　　謝　　辞　269
　　索　　引　271

エクストリームな世界へ

　さあ準備をしよう。すごくクールで，とても信じられないようなことが地球や太陽系のそこら中で見つかっている。「エクストリーム」な場所への冒険には心の準備が必要だ。表紙に戻ってタイトルを確認しよう。"The 50 Most Extreme Places in Our Solar System"（太陽系で最もエクストリームな50の場所）とあるだろう？

　「太陽系」のここでの定義は，宇宙の中で太陽の重力が及ぶ範囲だ。広大な宇宙空間には面白いものが一杯あるが，この本ではわれわれの空でのご近所，つまり惑星，準惑星，衛星，小惑星，彗星，カイパーベルト天体，オールトの雲に属する凍った小天体，そしてもちろん太陽そのもの，そしてそれらの天体を特殊なものにしているさまざまな現象を探検する。

　ここでは「場所」という言葉をかなりおおざっぱに使った。太陽系で一番高い火山として，火

星で最高峰を誇るオリュンポス山のような実際の「場所」を論じることもあれば，6500万年前に地球を震わせ，恐竜を消滅させた小惑星衝突のような，遠い昔に起こった異常な事件を考察することもある。あるいは，時間または空間のある一点に限定されない奇妙な事象（たとえば天王星と海王星に降るダイヤモンドの雨）のこともある。

しかしこれらの「場所」にはある共通点がある。それはユニークで，興味深く，常軌を逸した…別の言い方では「エクストリーム」であることだ！　これらは「きわめて」大きかったり，最速だったり，最も「　　」だったりするのだ（空白を埋めよ）。多くの「エクストリーム」な場所には，太陽系内にそれらに似たものがほかに見つからないことが多い。「エクストリーム」な実例は単に畏敬の念を覚えさせられる場合もあり，驚嘆させられることも ── 完全にふつうとみなされていることだってある。それが，実は規格外という場合もあるのだ。

この本で，筆者は疑いの余地なく「エクストリーム」な場所を50か所集めた。信じてほしいのだが，たったの50に厳選するのは簡単なことではなかった。こうして集めた「エクストリーム」な場所を，基礎カテゴリーごとに組織的に分類した（「環っかと何か」「海，水，氷」，そして筆者のお気に入り「変わり者さまざま」のように）。しかしながら実際は，複数のカテゴリーにまたがる章もある。筆者は個々の場所について，単なる事実以上のことを伝えようとした。そして，その事例がなぜ特別なのかを吟味し，極端さの影にひそむ科学について検討した。科学においてしょっちゅう起こることだが，未解決の謎の数だけ，答えもまた存在するのだ。

個々のカテゴリーの中で，「エクストリーム」な場所に順位はつけないでおいた（章どうしも重要さに差はない）。同様に，エクストリームな場所に1から50までの順番もつけていない。それは読者にゆだねられている。最もエクストリームなのはどれか，関連サイト（www.ExtremeSolarSystem.com）で投票できるようになっている。投票にあたって要求されるのはただ一つ，事前に50か所すべてを考慮に入れることだけだ。あなたは何か新しいこと，わくわくすること，そして予期しなかったことを見つけて，てきぱきと順位を並べはじめるだろう。

さあ，冒険の前にあなただけの白紙の「変わり者リスト」を用意しよう。この本を読んだ後，われわれの太陽系は，いまとはまったく違ったものに見えるかもしれない。

第 1 部

表面と内部

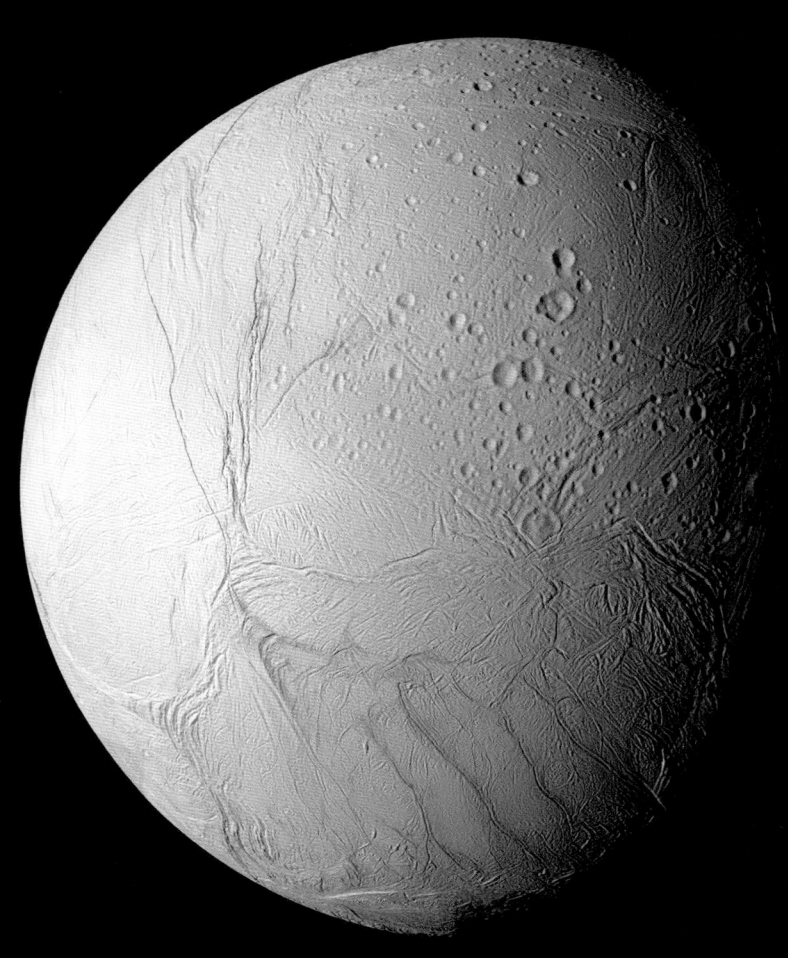

一番高い山 ── オリュンポス山

　誰でも一番高い山はエヴェレスト山だと思っているが，本当だろうか？　実は正しくない。エヴェレストは地球で一番高い山かもしれない。海水面から頂上までの高さが9km近い。しかし，世界一高いとはいえない。太陽系で一番高い山は地球にはなく火星にある。その名のとおり「オリンピック」級の火山だ。

　そもそも，地球で本当に一番高い山は，ハワイ島にある火山の一つ，マウナケア山だ。マウナケア山の高さを太平洋海底にある基底部からハワイの空にそびえる頂上まで測った総高度は，10kmを少し超える。

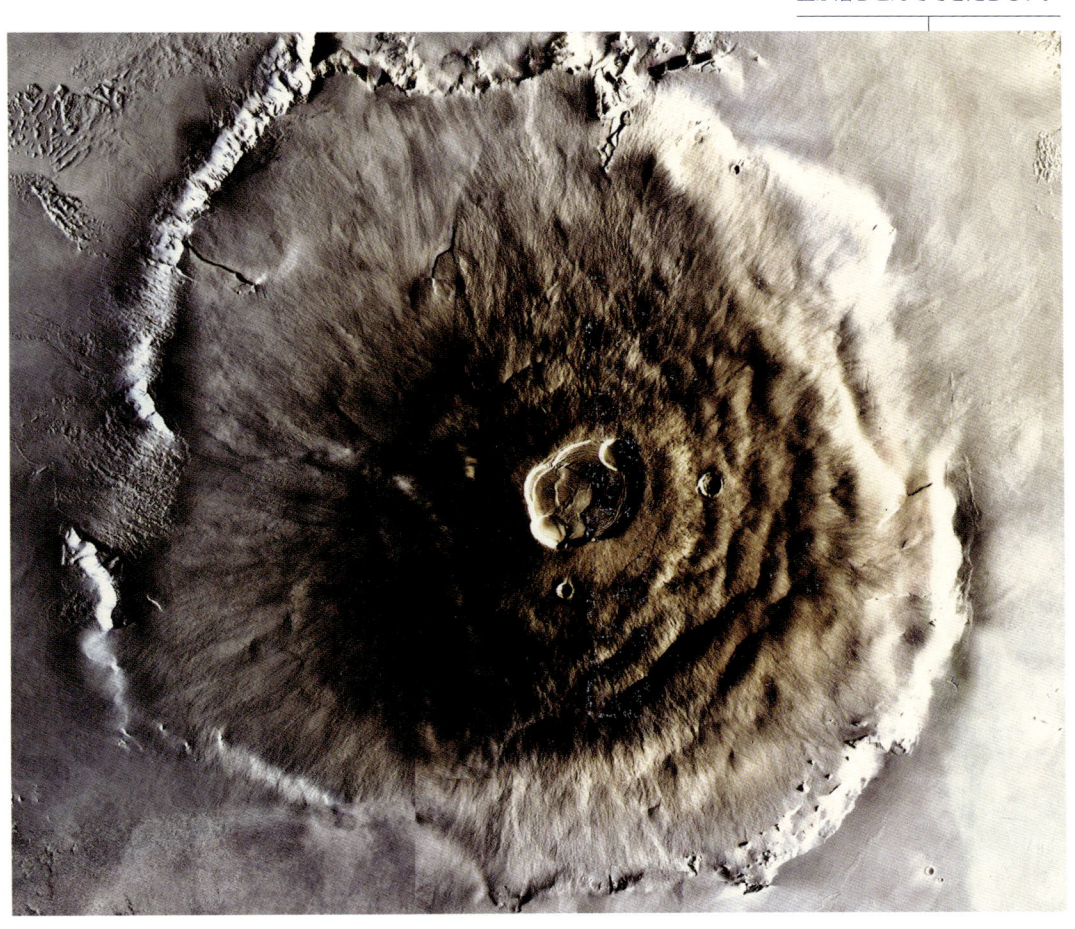

火星オリュンポス山を火星探査機ヴァイキング1号のオービターが上から見たところ。太陽系で一番高い山だ。頂上の巨大カルデラは直径25kmで，火口からマグマが流出したあと頂上が落ちこんでできたらしい。

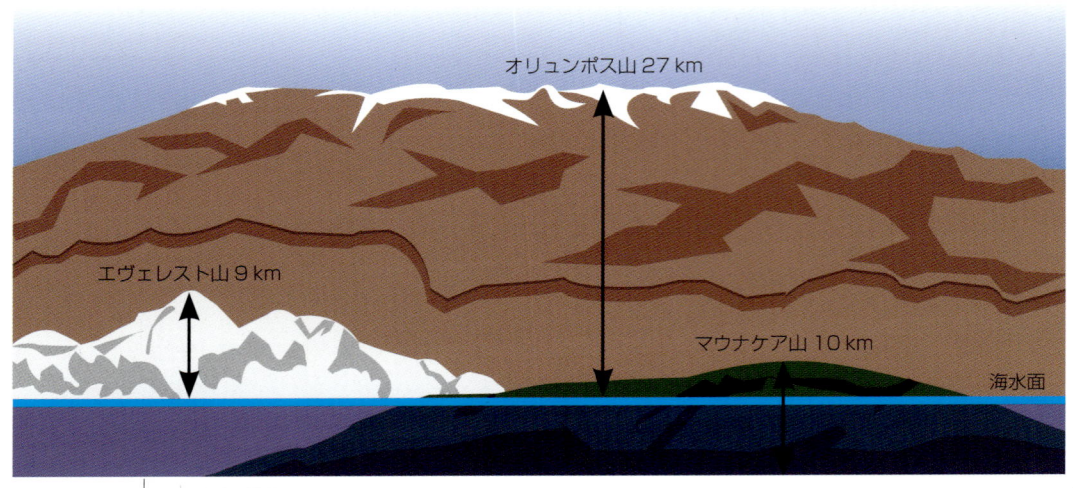

オリュンポス山と並ぶと地球の最高峰が小さく見える。

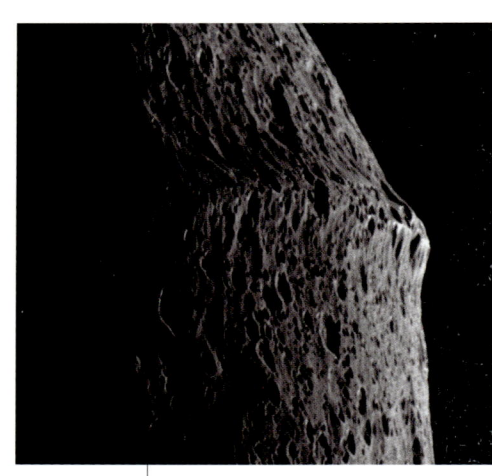

土星の衛星イアペトゥス赤道近くに隆起した山脈。高さはエヴェレスト山の二倍。

エヴェレストのふもとから頂上までより1km高い。

　太陽系にはエヴェレスト山より高い山がたくさんある。金星の北方高地にある山脈で，金星で唯一，女神の名でなく人間の男の名をつけられたマクスウェル山脈（ジェームズ・クラーク・マクスウェルにちなむ）の一部は高さ11kmで，マウナケア山に僅差で勝る。一方，木星の燃えさかる衛星イオには，頂上まで18kmとエヴェレストの倍の高さのブーソー山がある。

　惑星探査機カッシーニは，土星とその衛星を最近探査した折，土星の衛星イアペトゥスの赤道領域を3分の1周近く巡る山脈を発見した。この山脈の起源も，なぜ衛星の赤道に形成されたのかもわかっていないが，測定によれば一部は周囲の平地から20kmもの高さにそびえ立っている。

　しかしながら，太陽系最高峰として君臨するのはやはり火星のオリュンポス山である。火星の赤道，タルシス領域に位置するオリュンポス山は，火星にある火山で一番高い。その近くでタルシス山脈を形成している火山群の高さは14〜18kmの範囲にとどまるが，オリュンポス山はそれらすべてに勝る。高さはエヴェレスト山の三倍，周囲の平地から

27 km 高くそびえ立ち，直径はおよそ 624 km，アメリカのアリゾナ州とほぼ同じ広さを覆う。

ハワイ諸島に似て，巨大なこの火星火山は「ホットスポット」に形成されたと考えられている。「ホットスポット」とは高温の（しかし溶けてはいない）岩石プルームが，惑星内部から地表まで上昇している地点のことである。ホットプルームが地表に到達すると岩石が溶けて火山が形成される。

オリュンポス山がこんなに大きいのは，火星にプレートテクトニクスがないかららしい。火星と違い地球の表面はいくつかの地殻プレートに分かれていて，年に数 mm の速度で互いに移動している。ハワイでは，高温の上昇プルームが太平洋プレートを下から突き上げている。燃える炎の上を移動するベルトコンベヤーのように，太平洋プレートはプルームの上をゆっくり通っていく。ホットスポットの上をプレートが通過するにつれて火山は形成され，消失し，また新たにつくられる。こうしてハワイ諸島の鎖のように連なる火山列島が形成されたのである。

火星には移動する地殻プレートがないため，オリュンポス山は火山を形成するプルームの上にずっと長く居座っていた。おそらく活動を停止して久しいのだが，それでもオリュンポス山は，ハワイで（高さはマウナケア山に劣るが）最大の体積をもつ火山であるマウナロア山の，百倍の体積をもつまでに成長することができたのだ。

だから火星の怪物火山は，エヴェレスト山を制覇した登山者たちの次の目標になりそうなものだが，実際に登ったらちょっとがっかりするだろう。オリュンポス山に登るには技術はいらず，上り坂を延々歩きつづければよいからだ。全体的になだらかな坂を上るのは，登山というよりハイキングという言葉がふさわしい。いずれにせよ，オリュンポス山への登山計画は早めに立てたほうがよさそうだ。火星到着まで 8 か月，実際の山登りに数

オリュンポス山の擬似カラー画像。火星探査機マーズ・グローバル・サーベイヤー（MGS）の高度データを使用して作成された。ふもとからの高さ 6 km の急斜面は，アフリカの有名な最高峰キリマンジャロより高い。

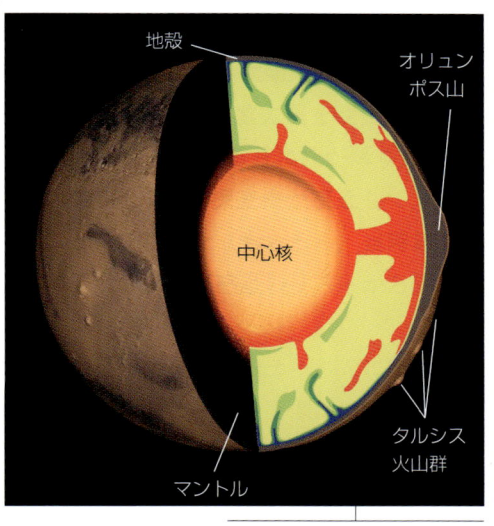

火星のマントルを通って上昇するホットプルーム（高温の岩石上昇流）が太陽系で最大の火山の原因かもしれない。

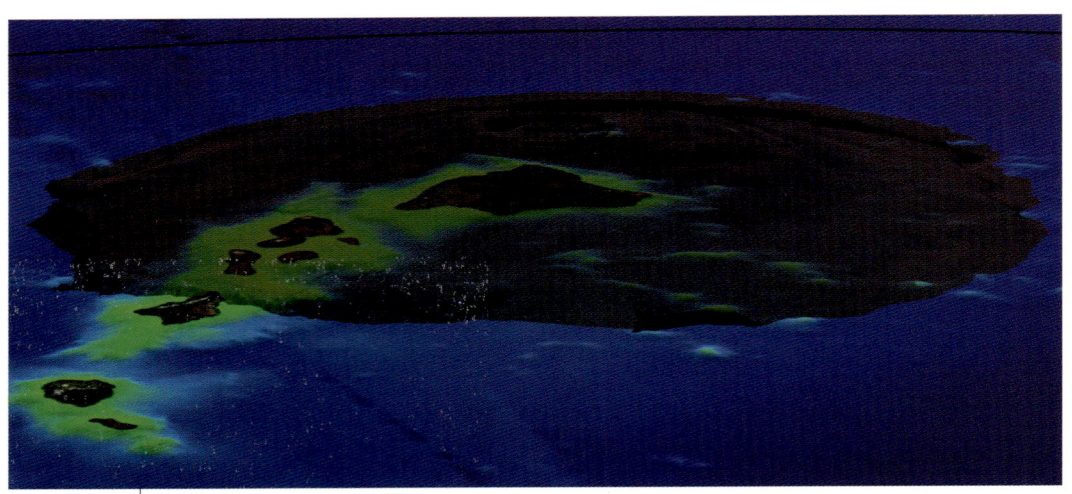

もしもオリュンポス山が太平洋に落ちてきたら，この怪物火山はハワイ諸島のおもな島々を完全に覆ってしまう。

週間，そして帰ってくるのにまた8か月かかるからだ。加えて道中に必要な量の食べ物と水と空気を携行しなければならない。いやはや，このようなきわめて奇妙な登山ツアーを企画する旅行会社が現れるのは，まだまだ先のことになりそうだ。

冷たすぎる火山 —— 氷成火山

「ホットなときはホット，ダメなときはダメ」という歌がある*。氷成火山（cryovolcano）はいつもダメ…，つまりホットではない。「火山」というと，真っ赤に燃えた山で，溶岩を噴き上げたり，有毒なガスや灰を噴き出したりする山だと思うのがふつうだ。だが氷成火山には当てはまらない。氷成火山の接頭辞「cryo-」は古代ギリシア語で「冷たい」や「凍った」を意味する「kryos」からきている。読んで字のごとく，「冷たい／凍った火山」なのだ。これらの火山は，優に氷点を下回ると思われる低温のガスや氷を噴き上げている。

この地球上に氷成火山のようなものはない。氷河下火山（subglacial volcano）というものはあって，おおむね南極大陸やアイスランドにみられるが，これらはいたってふつうのもので，単に火山が氷床に覆われているだけだ。だから氷河下火山を見にいくのに厚い冬用コートは必要だが，火山自体はおなじみの火山で，溶けた岩石からできている。

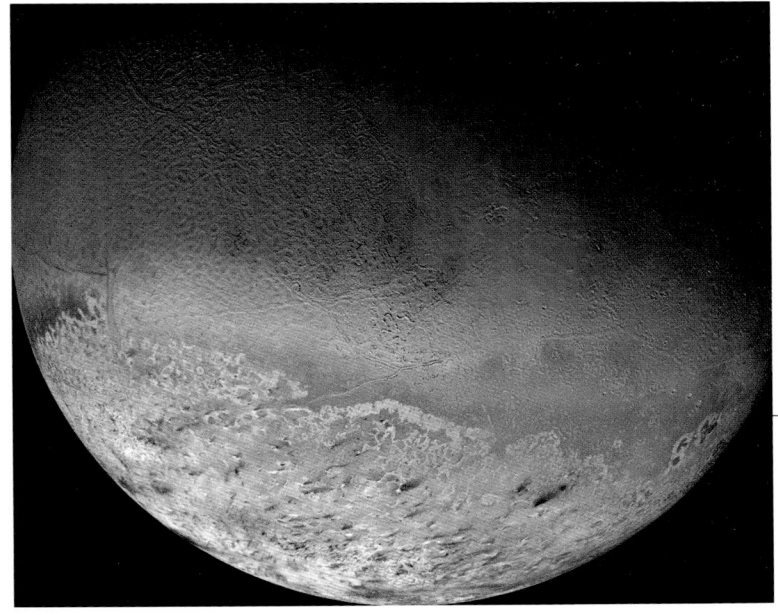

惑星探査機ヴォイジャー2号撮影による海王星の衛星トリトン。南極に沈積した桃色の部分は古いメタンの氷を示し，赤道地帯付近の青緑色の帯はおそらく新しい窒素の霜だ。黒い筋は氷と塵が沈積したもので，氷成火山によって吐き出されたものと推測される。この噴出物が風に吹き散らされて地表に広がる前は，トリトンの空にそびえる高さ8kmの柱状の噴煙をなしていたと考えられている。

* （訳注）Jerry Reed "When You're Hot You're Hot" 1984.

ドクター・スースの絵本に出てくる帽子のような氷の塔が，南極大陸で最も活動的な活火山であるエレバスの頂上噴気孔に形成されている。

　アメリカ五大湖沿岸で冬にみられる現象も氷火山（ice volcano）と呼ばれているが，この氷火山は氷成火山とまったく異なり，風が湖に起こす波によって生ずる。波は湖岸から伸びる氷棚の下へ水を押し流し，波が進むうちに氷棚を割り広げて水が噴き出す。押し出された水は氷棚の表面で急速冷凍される。「火山」の形成はゆっくり進む。繰り返す波によって徐々に広がる氷棚の裂け目から水が噴き出すたびに，この「火山」は高くなっていく。確かに冷たく凍っているが，これは火山ではない。

　地球に存在する本当の火山で最も温度が低いのは，タンザニアにあるオルドイニョ・レンガイだ。この火山の名前はマサイ語で「神の山」を意味し，地球上の活火山で唯一，溶岩に珪酸塩を含まないユニークな火山だ。代わりにレンガイの溶岩は炭酸を多く含み，その含有量は洗濯石鹸に匹敵し，オリーブ油ほどの粘度をもつ。玄武岩溶岩（珪酸塩を多く含む）は1100℃以上の温度で火山から噴き出すが，レンガイのナトロカーボナタイト（natrocarbonatite）の溶岩は510℃ほどにしかならない。それでも「冷たい火山」とはいえなさそうだ。

　氷のように冷たい氷成火山が実際に存在することを示した最初の証拠は，1989年ヴォイジャー2号が海王星の衛星トリトンの近くを通過したときに得られた。巨大な間欠泉のような窒素ガスと塵粒のプ

ルーム（噴出物の柱）が南極近くで観測され，そのプルームは風で下方に吹き流されていた。

ヴォイジャー2号は，トリトン表面が−235℃という信じがたい低温であることを発見した。トリトン地表の大部分は凍った窒素で覆われているようにみえる。氷成火山の噴火の正体と考えられているのは，この冷凍窒素の爆発的な噴出である。いったいなぜ凍った地殻がガスと塵のプルームを突然噴き出すのか？　一つの説明は，凍った窒素の層が温室のガラス窓（あるいは晴れた日の自動車のガラス窓）のように作用するというものである。太陽から遠いトリトンでは日光は比較的弱いが，窒素の氷を通り抜けてその下に閉じこめられた，黒っぽい物質を温める。氷面下の温度が上昇するにつれ，窒素が蒸発して地表へと道を押し開く。自動車の内部と違い，トリトンの窒素が爆発して飛び出すために，熱は少量しか必要ではない。2〜4℃ほどの上昇で十分なのだ。

積み重なる波がスペリオル湖岸に「氷火山」をつくる。

また別の説明では温まった氷は，冷凍窒素の層の中で次々と対流して噴き上がる。あるいは窒素の氷が結晶状態から別の形態に変わるにつれて熱が解放されるという説明もある。以上の三つがおそらくすべて作用している。どのように起こるにせよ，噴出するガスは−231℃という低温になる。水は0℃で凍るから，比較するとこれらの氷成火山がどれだけ冷たいかということになる。

トリトンは太陽系で唯一の噴火氷成火山というわけではない。最近カッシーニ探査機は土星の衛星ティタンとエンケラドゥスに氷成火山活動の徴候を見つけた。ティタンのガネーシャ斑とトルトラ白斑の二か所は氷成火山と考えられている。トルトラ白斑は直径30 km程度なのに対し，ガネーシャ斑は180 kmのドーム状で，金星に見られるパンケーキ状ドーム地形や地球の盾状火山に似ている。そしてガネーシャ斑はティタンの−180℃という極寒の地表より暖かいらしいのだが，噴き出した寒冷溶岩（おそらくメタン，アンモニア，そして水を含むスラリー）が比較的低温の側に付着してい

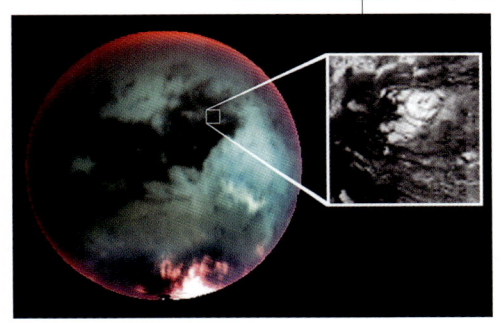

土星の衛星ティタンの擬似カラー画像。カッシーニ搭載のVIMS撮影。拡大部分がトルトラ白斑で，氷成火山の可能性がある。

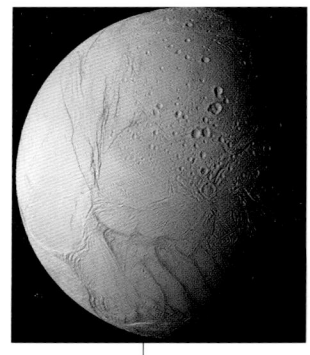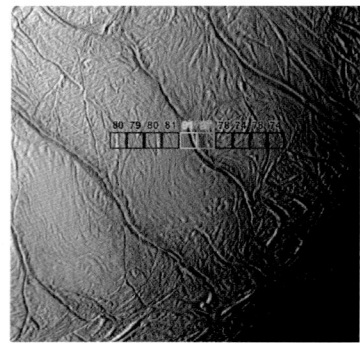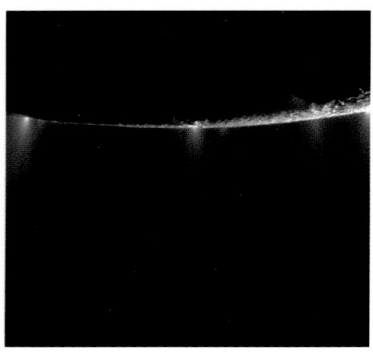

エンケラドゥス南極近くの線状地形（左）は「虎縞」と呼ばれる。この地形は周囲よりかなり高温である。中央画像中の色つき四角は惑星探査機カッシーニ搭載の複合赤外分光計（CIRS）が測定した温度を絶対温度で表す。この虎縞から噴き出された氷と水蒸気が土星のE環を形成したと考えられている。

る。

　エンケラドゥス南極領域の虎縞模様は，プルームを吐き出しているのがカッシーニ探査機によって観測されている。そのプルームは大部分が水蒸気と水が氷結した粒で，ほかに微量のメタン，二酸化炭素，窒素のようなガスを含む。噴出のタイミングと強さは，土星が凍った衛星に及ぼす潮汐力に一致しているようだ。土星の潮汐力が虎縞の領域を圧迫すると噴出活動は衰える。土星が虎縞の領域を引っ張って張力下におくと，再びプルームが噴き出る。

　エンケラドゥス南極領域の平均表面温度は−188℃程度だが，虎縞領域はそれより70℃近く高温になる。この温度差はアメリカ，イエローストーン国立公園のオールドフェイスフル間欠泉に似ている。虎縞プルームの高い温度と大量の水蒸気は，エンケラドゥスの地下に水がある徴候である。

　結論として，オルドイニョ・レンガイは地球上の火山としては低温だが，トリトンやエンケラドゥスのような凍った衛星上の噴火氷成火山とは比べ物にならない。氷成火山こそが太陽系で一番冷え冷えする火山なのである。

グランドキャニオンより「グランド」——マリネリス峡谷

　あなたはラバに乗って，アメリカ南西部のグランドキャニオンの底まで降りたことがあるだろうか。またはチワワ・パシフィック鉄道に乗って16時間，メキシコ，チワワ州近くのバランカ・デル・コブレ（銅の峡谷）を横断したことがあるかもしれない。あるいは，東チベットのへんぴで危険きわまりないヤルンツザンポ（雅魯蔵布江）峡谷をカヤックで川下りしたことがあるかもしれない。さらにあるいは，小型潜水艦に乗って，地球で一番暗い深海（たとえば有名なマリアナ海溝中のチャレンジャー海淵のような）に降りてゆくことを夢見たことがあるかもしれない。

　地面に開いたこれらの巨大な穴の共通点は何だろう。どれも地球を代表する大きな地割れだ。しかし威容という点では，火星面を横切っ

マリネリス峡谷は太陽系で最大の峡谷で，1972年にNASAの惑星探査機，マリナー9号に発見された。火星の顔に残るこの巨大な傷は，火星全周の5分の1近くにわたって伸びる巨大で複雑な峡谷を形成している。その左端に細かく分割されたノクティス・ラビュリントス（夜の迷路）が見える。メラス，カンダ，そしてオフル峡谷は中央の拡大された領域を形成している。峡谷の東端は混沌としている。この画像はヴァイキング・オービターの撮影した102画像を合成したものである。

この怪物級の峡谷を地球にもってくると，サンフランシスコとワシントンDCを結ぶほど長い。

て深く刻まれた巨大な裂け目，マリネリス峡谷の足元にも及ばない。

この峡谷を最初に見つけて写真撮影した探査機，マリナー9号にちなんで名づけられたマリネリス峡谷は，火星の赤道のすぐ南を走る大きな亀裂である。このきわめて巨大な峡谷系は長さ4000kmを越え，幅50〜100km，深さはところにより10kmを越える。もしもマリネリス峡谷を地球に移動できたら，この峡谷は優にアメリカを横断できる。

地球の谷で全体の規模がマリネリス峡谷に匹敵しそうな地形は，深海の底に伸びる海溝だろう。南アメリカ大陸の西海岸沖ペルー・チリ海溝は長さ6000km，グアム島に近いマリアナ海溝は海水面からの深さが11kmに届く。しかし大きさはともかく，これらは厳密には峡谷ではない。海溝は流水で刻まれたのではなく，海洋リソスフェアが沈下してできたもので，そこでは海底プレートがほかのプレートの下に沈みこんでいる。

海溝はまた，左右対称でないにもほどがある。ペルー・チリ海溝の大陸側，アンデス山脈は，平均高度が海抜4kmに達する。一方海溝の最深部は海水面からの深さが8kmに及ぶ。つまり海溝の大陸側は総じて12kmもの高低差があるのだ。しかし海溝の海側の地形はこれほど極端な高低差がない。海溝は西の深海平原（海床の平らな部分）から3.5km深くなっているだけだ。

グランドキャニオンはマリネリス峡谷と比べるとただの溝みたいなものだ。ある地点に立てば火星の峡谷はエヴェレスト山とほぼ同じ高さの壁となってそびえている。地球の海溝は片方の側だけはこの規模になる。

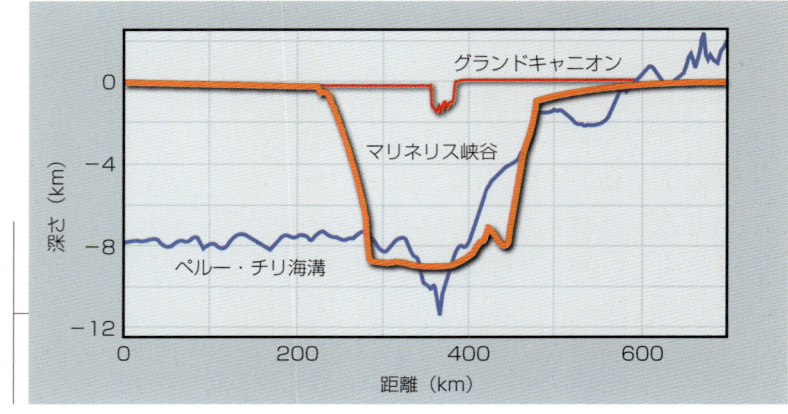

第1部　表面と内部

沈みこむプレートとのしかかるプレートがともに海洋リソスフェアであるマリアナ海溝にも，似たような非対称性が起こっている。下向きでない周囲の海床から測ると，深さ4〜5kmほど，幅50km以下だ。こうした非対称性によって，これらの海溝は太陽系で最大の峡谷たる栄誉をもらいそこなっている。ペルー・チリ海溝もマリアナ海溝も規模はマリネリス峡谷の半分でしかない。

　惑星地理学者たちはこの偉大な火星峡谷を，地球の東アフリカ大地溝帯と似た巨大な地溝帯と考えている。東アフリカ大地溝帯では，アフリカプレートが二つのプレートに引き裂かれている最中である。しかし火星は全体が一つのプレートであり，マントル上を移動するプレートもプレートテクトニクスもなく，まだ地殻変動中なのである。火星のこの大峡谷系を形成した地殻変動とは，東アフリカ大地溝帯でいままさに起こっている隆起なのだ。

　マリネリス峡谷の場合，その隆起はタルシスバルジ形成と関連している。タルシス領域でマントルから上昇した高温の物質が岩を溶かし，火山活動を起こし，この領域全体を浮上させた。周囲の地殻は引き伸ばされてヒビが入り，穴が開いたり，割れたり，寸断されたりした。マリネリス峡谷が開いたのは，局所的な隆起による緩慢で無情な張力に屈服させられた結果である。

　最初に水が刻んだわけではないが，水による浸食は，巨大な峡谷網の展開に重要な役割を演ずるらしい。地下水が解放されると峡谷の壁が浸食されて地溝が拡大する。地殻が隆起により引き裂かれるにつれて，水や地下の氷が溶けたものが外へ流れ出て，形成中の裂け目に流れこむ。突然支えがなくなって，地面は崩れ落ち，岩屑は水路を得た水に運び去られる。

　各段階で起こる洪水の多くはこのようなものであるらしいが，少なくとも一回，破滅的な大放水があった痕跡がある。この峡谷の東端にみえる無秩序につぶれた地形が証拠だ。これは単に大規模な地下水排出と永久凍土層の溶解だったのだろうか？　それとも古代湖の決壊による洪水だったのだろうか？　メラス峡谷（マリネリス峡谷網の中心

この擬似カラーによる地形図は，マーズ・オービター・レーザー高度計（MOLA）のデータによるもので，マリネリス峡谷とタルシス高地との関係を示す。青と緑は低い平野を表し，赤と白は高い領域を表す。マリネリス峡谷の青い底部は，赤道真南のタルシス高地（大きな赤い円形の領域）を通って東側に切りこんでいる。

マリネリス峡谷の鳥瞰図。おそらくかつては一部が水に満たされていたメラス峡谷方向を望む。この画像はNASAの宇宙船マーズ・オデュッセイ搭載の熱放射解像システム（THEMIS）複波長カメラから得られた高解像度赤外画像と，マーズ・グローバル・サーベイヤー（MGS）のMOLA高度測定データを合成したものである。

に近い広い峡谷）のような深い裂け目は，比較的なめらかで平らな堆積層の痕跡を示している。これらの内部堆積層は火山灰が降り積もったものかもしれないし，大量の水が運んだものが沈殿してできたのかもしれない。こうした古代湖の深さは少なくとも1kmある。氷河期に地球で起きた湖の決壊と似たものが起きたのであれば，大量の水が水路を通って外へほとばしったことだろう。

　惑星科学者たちを悩ませている火星の謎の一つは，かつて火星は暖かく湿っていたのだろうか，そして火星の水はいったいどこにいってしまったのだろうか，ということである。その謎を解く鍵を，おそらくこの太陽系最大の大峡谷（グランドキャニオン）は握っている。

動いたり揺れたり ── プレートテクトニクス

　その日はいつもと同じありふれた日だ。あなたもふだんどおりの仕事にとりかかるところだ。突然低い地鳴り，そして衝撃を感じる！ 地面が揺れはじめる，地震だ！

　もしも運がよければ，起きていることの全容をあなたが意識する前に地震は終わっている。でもそうでなければ事態は…，えーと，きわめて悪い可能性がある。

　地震関連の死者数は数十万人，大地震による損害額は数十億ドルになる。幸いなことに地震の大部分は小規模だ。アメリカ地質学調査所（USGS）の見積もりでは，毎年地震は数百万回起こっているのだが，そのうち2万〜3万回だけしかアメリカ国立地震情報センター（NEIC）は検出できていないのだという。残りは規模が小さすぎて測定できないか，地震計の観測範囲外で起こっているのだと。

　なぜ地面は揺れるのだろうか？　大昔の人々は神の怒りを買ったことに嘆き，今日では地面に蓄積された圧力のせいにするか地殻の異常を論ずるかする。しかし結局，地震を起こすのはプレートテクトニクスだ。

　1960年代に生まれたプレートテクトニクス理論は，従来の地球物

地球の表面は複数のかなり硬い，そして比較的薄い地殻プレートでできており，プレートは互いに移動している。この地形図で，プレートの境界線は細い赤線で表す。白い円は紀元前2150年以来の大地震を，赤い三角は火山を表す。地震発生地と火山がともにプレート境界近くに密集していることに注目してほしい（たとえば太平洋を環状に取り巻いている環太平洋火山帯）。

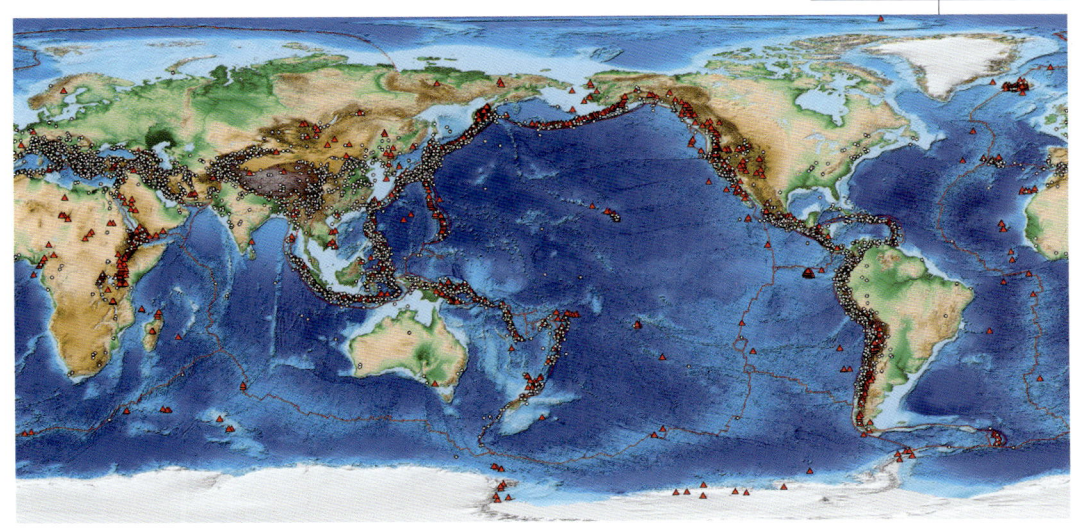

理学を根幹から揺さぶる衝撃だった。この説は表面上はばらばらの観測結果をすんなり説明できた。移動する大陸，中央海嶺，鎖のように連なるハワイの島々，ヒマラヤ山脈，熱いアフリカと寒い南極でよく似た化石が見つかる事実，火山の分布，海床の磁気の縞模様，そして地震も。プレートテクトニクス理論は科学的思考において，16世紀の天文学で起こったコペルニクス的転換（その中で，地球でなく太陽が太陽系の中心と認められた）に匹敵するパラダイムシフトだった。

すべては地球が冷えて固まろうとしたときに始まる。地球内部は，地球形成に使われた熱の残りに加えて，ウラン，トリウム，そしてカリウムの放射性崩壊が出す強い熱によりつねに温められている。この過剰な熱を排出するしくみが，マントルの中で起こる対流である。

マントルの岩は粘弾性のため，マントルはこの熱に対応して地質学的タイムスケール（数十万年単位）で「流れる」。この粘弾性をウーブレック（スライムの一種）で説明しよう。ウーブレックをゆっくりしっかり押すと，なめらかに変形させることがたやすくできる。ボール型に丸めて硬い壁に投げつけると，柔らかで柔軟だったウーブレックは硬いゴムボールのように跳ね返る。要するにウーブレックのように，短く速い時間では弾性のある固体として，長くゆっくりとした時間では粘性のある液体としてふるまう性質が粘弾性である。

マントル対流経由の熱移動が地球のプレートテクトニクスを進行させる。新しい地殻は，左右から引っ張られる中央海嶺で形成される。古い地殻は沈みこみプレートからマントルの中に沈みこむ。各プレートは年に数mm（手の爪が伸びる程度）の速度で移動している。

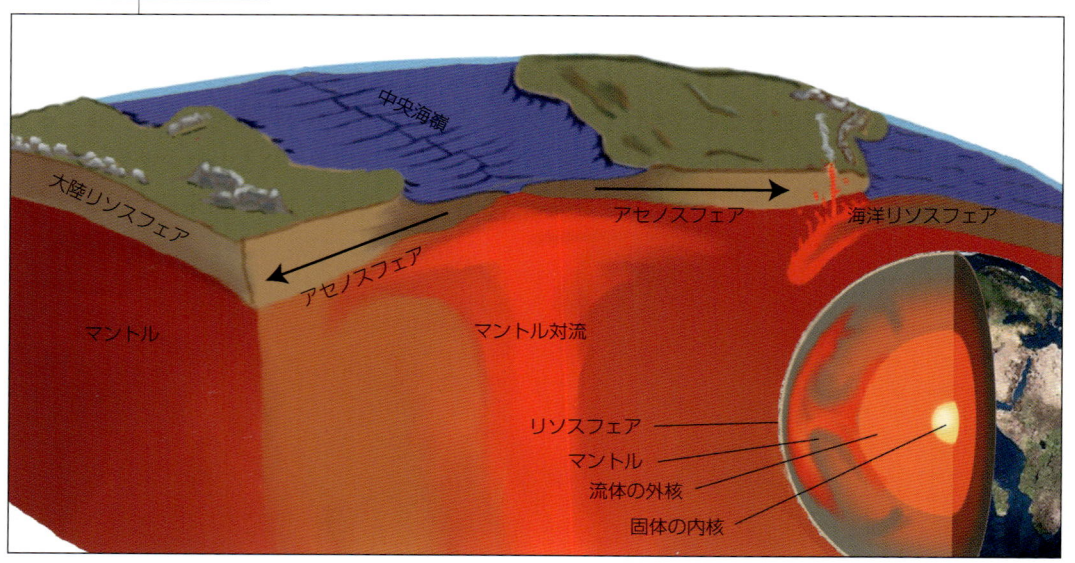

高温の気体が低温の気体より密度が低くなる——だから熱気球は空に浮き上がるのだ——のと同様，地球深部で熱せられた岩石は周囲より低密度になる。暖かく密度の低い岩石は「浮き上がって」地表に到着し，そこで熱を放出する。こうして岩石が冷えるとまた密度が高くなるので，沈んで地球内部まで戻る。熱かったり冷たかったりした岩の小塊が移動することで起こる熱移動が，マントル対流である。

　粘性のマントルに対して，その外側の層リソスフェア（リソ（litho）は「石の」という意味）は剛体であり，八つの大きなプレートと無数の小さなプレートに分裂している。プレートは，海底地殻と大陸地殻の双方を運ぶが，アセノスフェアとして知られる上部マントルの底部，粘度の低い部分の上に乗っている。アセノスフェアはリソスフェアの下に「油を差して」，プレートが互いに移動できるようにする。プレートはその下で「流体の」下部マントルがゆっくりかき混ぜられるにつれて，頻繁に衝突したり擦れたりする。

　そう，おわかりのとおり，このプレート移動が大部分の振動，火山活動，造山活動，そして地底盆地形成などの原因である。巨大な太平洋プレートであれ小さなフアンデフカプレートであれ，活動の大部分はプレートの境界で起こっている。新しい地殻は二つのプレートが離れて広がるところ（例：大西洋を二分する大西洋中央海嶺）で形成される。深い海溝（例：西太平洋のチャレンジャー海淵。海床で最も深

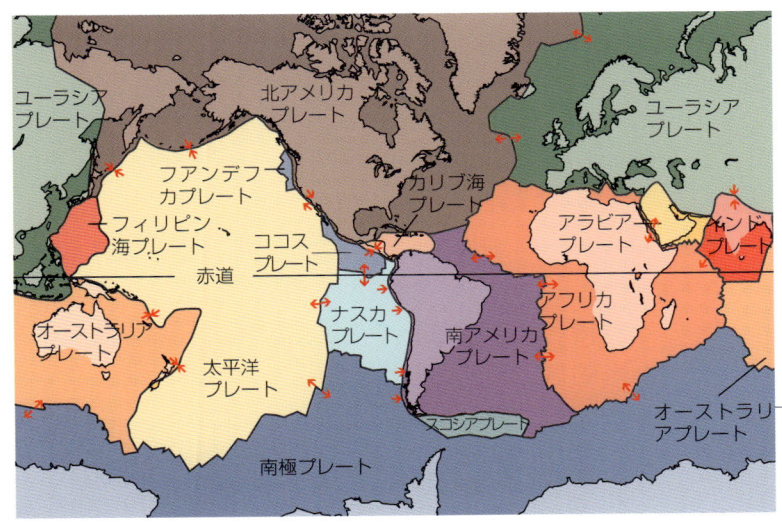

赤い矢印は主要な地殻プレートが移動する方向を表す。矢印が中部大西洋でさまざまな方向を向いていること，インドプレートとユーラシアプレートの間で収束していること，アメリカ合衆国西部の断層に沿っての走向移動に注目。

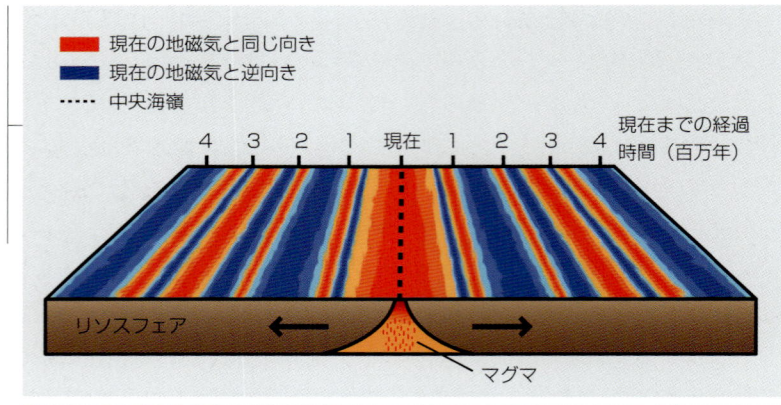

地球では、溶けた岩石が凝固するにつれて、マグマに含まれる鉄の粒が地球の地磁気に沿って並ぶ。地球の磁界は過去に方向を何度も変えている。そのため冷えつつある海底地殻はその形成時の地磁気の方向を記録している。海床が広がるにつれ、磁気の「縞」は海嶺から遠ざかる。

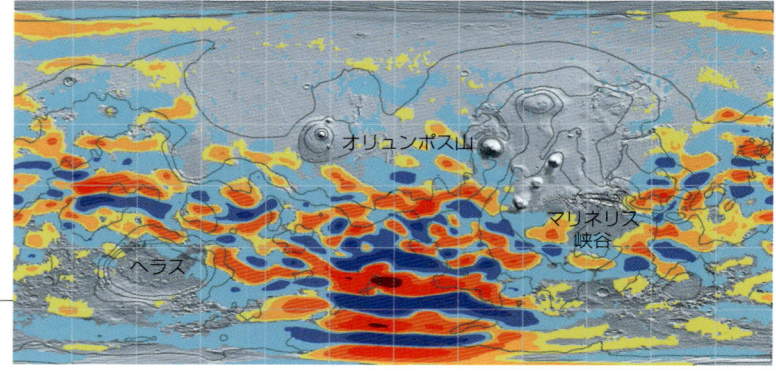

マーズ・グローバル・サーベイヤー（MGS）が測定した火星の磁気の縞は、広がる海床と地磁気の逆転現象を記録した地球の線状模様を連想させる。

い地点である）は沈みこみ地帯に見つかる。そこではプレートが収束していて、高密度の海洋リソスフェアがマントルの中にもぐりこんでいる。

　二つの大陸が衝突するときには、どちらの大陸プレートも相手プレートの下にもぐりこむことはない。この場合は代わりに、ぶつかったところが盛り上がって山脈を形成する（例：インドプレートとユーラシアプレートの衝突によってできたヒマラヤ山脈）か、互いに擦れあってトランスフォーム断層（例：アメリカ、カリフォルニア州の有名な地震源、サン・アンドレアス断層）に沿って走向移動する。

　太陽系で、地球だけが火山活動や地殻変動や地震（地球以外で起こったものは厳密にいえば天体震になるが）を経験しているわけではないが、われわれが断言できる範囲において、全球的なプレートテクトニクスを経験しているのは地球だけである。太陽系のほかのどの天体も、われわれの故郷である地球のように、活動的で、動きまわる表

面があるようには見えない。

　太陽系の地球以外のすべての天体で，プレートテクトニクスが「ない」というのは，つねに事実ではなかったかもしれない。地球のプレートテクトニクス理論を導いた決め手の一つは，海床にできた地磁気の線形模様の測定だった。中央海嶺に新しい海床が形成されるにつれ，わずかに残った磁気が互い違いの縞模様となって，冷却されるリソスフェアに閉じこめられる。これが，地球の地磁気が数百万年ごとに反転する現象の証拠となったのである。

　マーズ・グローバル・サーベイヤー（MGS）は，これに似た磁気の縞模様を火星の表面に検出した。これらの縞は，プレートテクトニクスが火星の歴史のいずれかの時点で活動していた可能性を示すものの，磁性が認められるのは非常に古い岩石のみだ。このことから，プレートテクトニクスが火星では絶えて久しいということになる。もちろん，この縞模様が火星にプレートテクトニクスが存在した印であると，すべての惑星科学者が確信しているわけではない。

　おそらくもっと興味をそそられるのは，局所的な「アイス」テクトニクスが，土星の小さな衛星エンケラドゥスに最近観測された事実だ。エンケラドゥスには南極近くに四本の目立つ縞があり，それらは虎縞と呼ばれている。カッシーニ探査機が2008年にこの衛星近くを通過したときの映像では，この虎縞からベルトコンベヤーのように遠ざかる運動が認められる。地球の海床拡大に似た走向ずれではあるが，エンケラドゥスの氷表面の拡大は，この模様の片側でのみ起きているようにみえる。おそらく衛星表面の氷の下に水の薄い層があって，その海に対して局所的に働く潮汐力（土星の強い引力が原因）が，虎縞近くで地殻ならぬ氷の地面を移動させているのだ。この衛星の残りの地表は比較的不活発にみえる。

　大規模のプレートテクトニクスが地球でのみ起きているのは，なぜだろうか？　それは地球が比較的大きいからかもしれない。惑星が大きくなるほど，多くの熱が内部から逃げ出そうとするので，マントル

台所で起こすプレートテクトニクス

- 必要なもの：牛乳3ℓ，粉のココアミックス（大袋で），大鍋
- 牛乳3ℓを大鍋に入れて中火で温める。
- パウダーココアをそっとふりかけ，牛乳の表面を一様に覆う厚さ1～2cmほどの層になるようにする。
- 牛乳が87℃ほどになるまで熱しつづけ（20～25分ほどかかる），プレートテクトニクスが始まるまで待つ。断層，プレートの移動，プレートの沈みこみ，そして噴火性火山活動を探そう。
- よく混ぜて，10人ほどの親友と一緒に飲み干す。

クレジット：ダン・デーヴィス博士（ストーニーブルック大学）

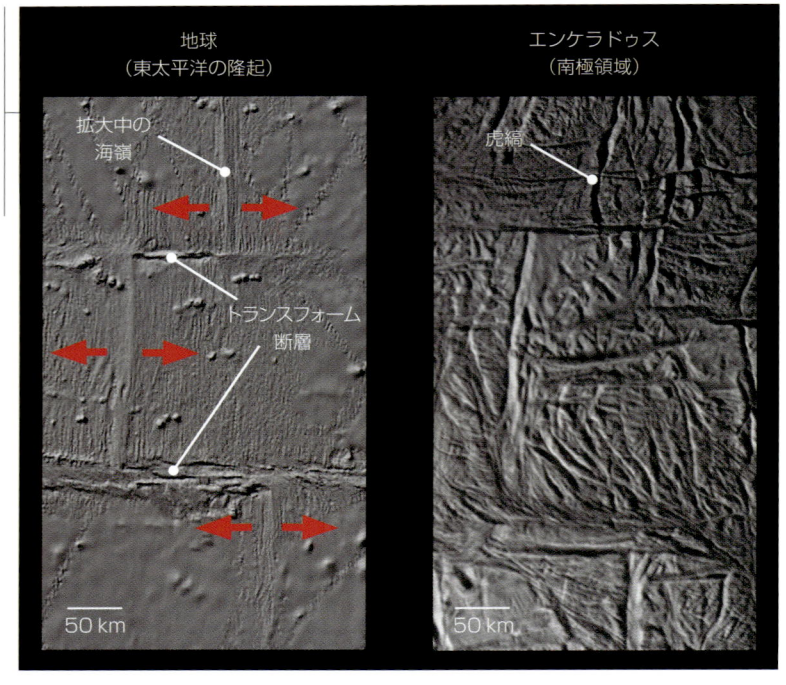

地球の拡大する海床（左）とエンケラドゥスの拡大する虎縞（右）の比較。拡大する隆起線は，走向移動するトランスフォーム断層のためしばしばジグザグ型になる。そこにはほかの部分より高速で拡大する部分がある。

対流も活発になる。火星は地球より小さいので，大昔に冷え切ってしまい，プレートテクトニクスも止まってしまったのだ（仮に最初は活動していたとしても）。

　おそらくプレートテクトニクスには液体の水が残存している必要がある。マントル対流が活発であるだけでなく，リソスフェアがプレートを分割していなければならない。水はリソスフェアを弱くして割れやすくし，プレートどうしの摩擦力を小さくして，沈みこんだプレートを滑りやすくし，マントルの粘性を低くして岩石がたやすく「流れる」ようにする。

　あるいは，まだわれわれが発見できていない鍵となる要素があるのだろうか？　惑星科学者たちは前述の，プレートテクトニクスが起きている天体について（起きていない天体も）調査を継続する必要がある。動いたり揺れたりすることについて，なぜ地球が第一人者であるのかを解明するために。

おっと！ 痕が残るじゃないか！——衝突クレーター

　ペイント弾で遊んだ経験があるなら，小さな丸い物体が高速で当たるとかなり痛いことは知ってのとおりだろう。ときには赤く腫れた痕が数日残ることもある。太陽系で惑星どうしがペイント弾遊びをするなら，弾は必然的に小さくはないので，痕，つまり衝突クレーターも永年残る場合がある。

　衝突は太陽系のいたるところで起こっている。ある意味，衝突は太陽系形成を促進したともいえる。つまるところ惑星に微惑星が付着する過程とは，単に惑星原料が互いに衝突し，くっついて離れなくなる過程である。というわけで，彗星や，小惑星や，凍った衛星や，地球型惑星といったありとあらゆるところに衝突クレーターが認められるのはなんら驚くことではない。われわれは幸運にもガス惑星の木星に，

これは宇宙要塞ではない，衛星だ。土星の衛星ミマスは，映画「スターウォーズ」に出てくる，有名な要塞で惑星破壊兵器，「デススター」によく似ている。この小さな氷衛星をほとんど粉砕しかねなかった大規模衝突が，巨大なクレーターを残した。このクレーターの中央の突起部は先端がほぼエヴェレスト山と同じ高さである。ハーシェル・クレーターは直径が130km（これはミマス直径の3分の1に近い），深さは10kmである。

アメリカ，アリゾナ州クレーターマウンドのバーリンジャー・クレーターは，標準的なお椀型クレーターで，縁が立ち上がっている。直径1 kmを越え深さ200 mを越えるこのクレーターは，熱核兵器ほどのエネルギーを有した大規模衝突でできた。

火星の衝突痕，直径800 mのヴィクトリア・クレーター。火星探査ローヴァー，オポチュニティーが14か月以上かけて調査した。このクレーターは広い範囲で変形している。縁は地すべりのため波うっている。縁にも内側にもより小さなクレーターが点在する。クレーター床には砂丘が形成されている。

分裂した彗星が次々衝突する現場さえ観測できた（p.110～参照）。

　天体衝突はまったくありふれた現象であるが，そのあとで非常に変わった痕が残ることがある。アメリカ，アリゾナ州のクレーターマウンドのような典型的なお椀型の衝突クレーターは，三つの段階を経て形成されている。最初に，高速で衝突体（多くは小惑星や彗星の破片である）がやってきて，大気中で燃えつきずに残る（衝突される天体には大気があると仮定）。続いて地面に超音速で衝突すると，衝突体の膨大な運動エネルギーが即座に熱と強い圧縮衝撃波に転換され，それを地面と衝突体自身の両方が受ける。この過熱された初期段階はほんの1～2秒しかかからないが，衝突体はここで通常は溶けるか完全に気化する。

　次の段階はこうした高速の加圧に対する地面の反応，穴掘り（excavation）である。衝突地点の直下で衝撃波が反響し，周囲の地面に跳ね返って，物質が耐えられる限界に達する。地面の岩（あるいは凍った天体の場合，氷）は物理的強度を越える力を受けてばらばらになる。衝撃波のエネルギーは運動エネルギーに逆転換されて――このとき地面は破砕され――発達中の過渡期にあるクレーターの外に破片を吹き飛ばす。比較的大きなクレーターが数分のうちに穿たれる。この穴掘り期の性質は点火された爆弾によく似ているので，核爆発のシミュレーションと同じ計算モデルを衝突クレーターの形成シミュレーションに使えるほどである。

　最終の変形段階は，よく見かけるありふれた形態である。掘削された物質，すなわちほんのちょっと前に吹き飛ばされた物質は地面に落下しはじめる。クレーターの壁の不安定な部分が崩壊して床に滑り落ちる。最初の1分ほどのあと（落下が停止したあと）クレーターはほかの地殻変動または気候変動の影響で，隆起，浸食，水や溶岩を溜める，などの変形を始める。

　われわれはいたるところでクレーターをみるが，小さな天体に大き

小さな天体に大きな衝突クレーターがある例。小惑星マティルド（左）には直径20 km（この天体の直径のおよそ半分）を越えるクレーターが少なくとも五つある。スティックニー・クレーターは火星の衛星フォボス（中）の直径の半分近く，直径9 kmである。土星の凍った月，テティス（右）には直径400 kmのオデュッセウス・クレーターがあり，これは衛星直径の5分の2ほどに相当する。

な衝突クレーターがあるのは本当に目立つ。天体のちょうど反対側（クレーターの対蹠地）に，衝突に関係した物理的破壊の形跡がよく認められる。これらのヒビは，衝撃波が衝突を受けた天体全体に伝わることを示唆し，その伝達経路は数千kmになることもある。

多くの小天体は衝突されても幸運にもそのまま残る。たとえば，土星の衛星ミマス（「スターウォーズ」に出てくる不吉なデススター（死の星）にそっくりな天体としても知られる）に，象徴的なハーシェル・クレーターを穿った大規模衝突は，この小さな衛星を鐘のように響かせ，ほとんど粉々にするところだった。一つの可能性としては，ほかの多くの小天体で似た運命をたどったものがあるが，小さすぎる天体にはどちらかといえば多孔質のものがあるという理由かもしれない。衝突の衝撃波は発泡ポリスチレンに似た物体の中では，硬い岩より早く減衰する。衝突体は物質を爆風で吹き散らすより，単につぶして内部に押しこむ。

とはいえ，クレーターできわめて大きいものは，大きすぎて一見して衝突盆地と思われないこともしばしばある。月の南極，エイトケン盆地はそうしたものの一つだ。直径2500 km，深さ12 kmのこの地形は，月で最大かつおそらく最も古くから残っている衝突クレーターである。火星の北盆地は本当に大きく，直径が8500 kmを越える。この北盆地を衝突盆地に数えるかどうかはまだ論争中ではあるが，正式に認められれば，太陽系で最大の衝突地形となり，さらに，火星の地殻が二分されている謎を最終的に説明できることになる*。

しかし「衝突痕いっぱいで賞」は，木星の大型衛星，太陽系で一番

---

*　火星の北半球の大部分は，比較的なめらかな低地で，南半球の古い高地より2〜5 km低い。

おっと！　痕が残るじゃないか！——衝突クレーター

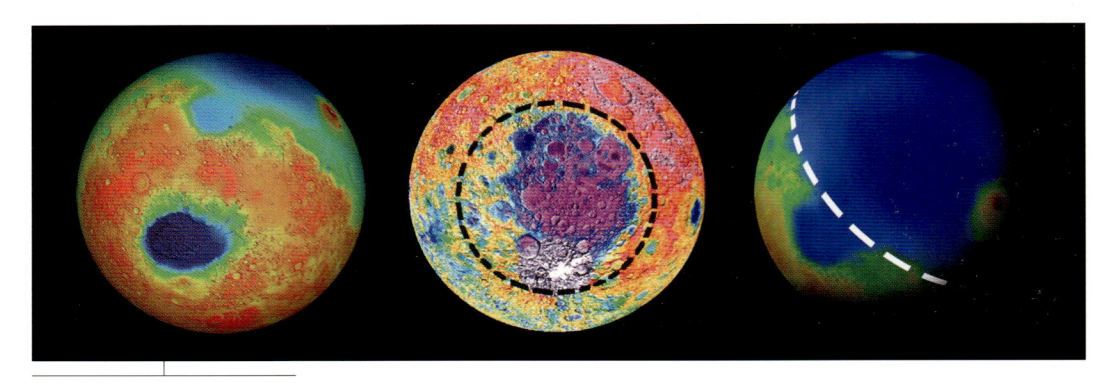

太陽系の三大衝突クレーター。（左）火星のヘラス盆地，直径2100 km，（中）月の南極，エイトケン盆地，直径2500 km，（右）火星の北盆地，直径8500 km。

たくさんクレーターがあるカリストのものに違いない。この冷たく凍った衛星は地質学的に不活性で，地殻変動の痕跡がほとんどない。カリストは太陽系内の比較的大きな天体で唯一，広範囲で表面更新された痕跡がないのだ。そのため，この衛星の表面はクレーター飽和に非常に近い――別のクレーターを上書きせずにこれ以上クレーターを刻むことができない。痕を残すのなら一つ二つなんていわず，えいやっと何千個もつけてしまえ！

太陽系でクレーターが一番多い天体，カリスト。

第2部

海，水，氷

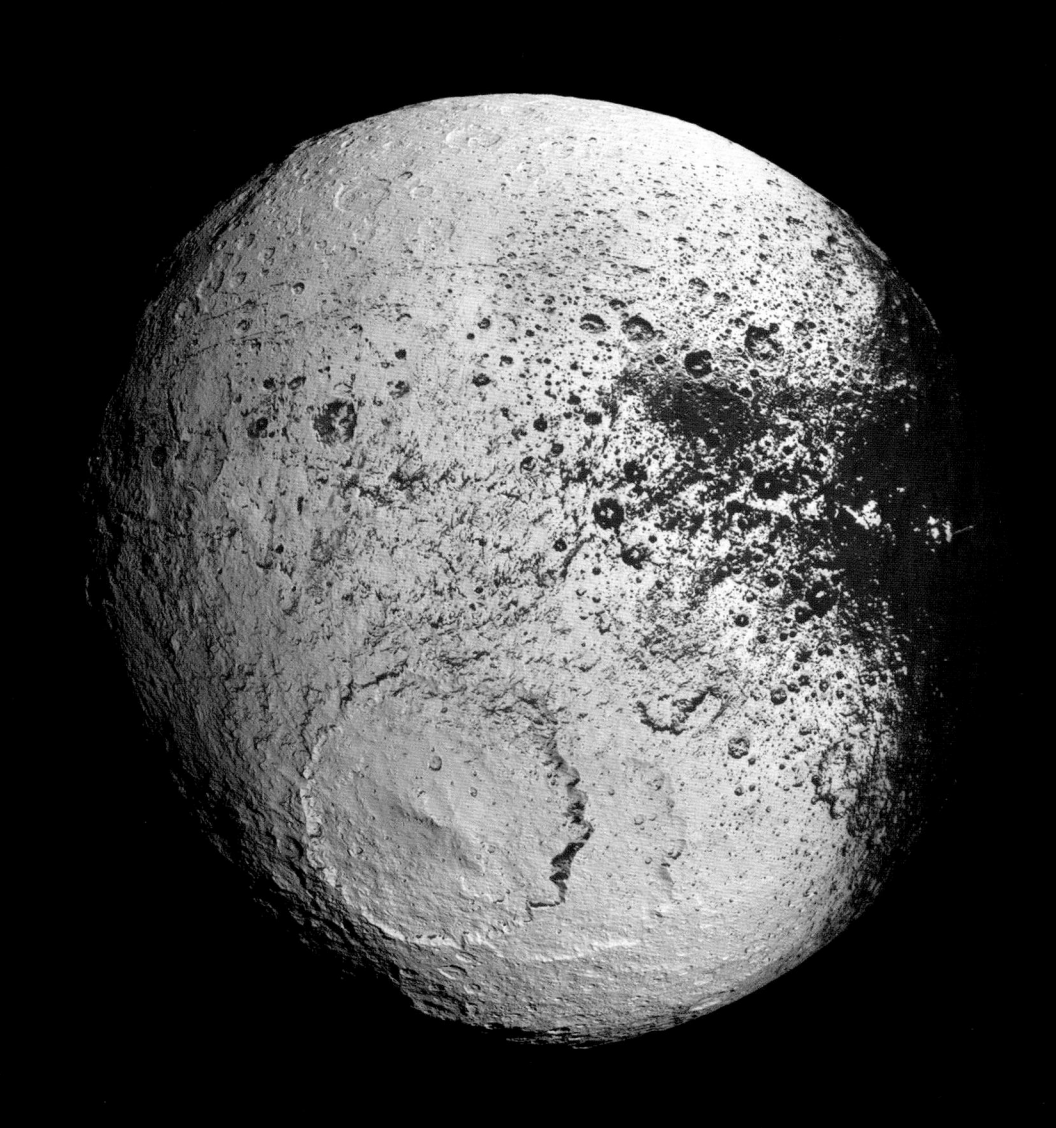

一番深い海 ── エウロパ

> これらの世界はすべて，あなたたちのものだ。
> ただしエウロパは除く。決して着陸してはならない。
> ── アーサー・C・クラーク『2010年宇宙の旅』
> （伊藤典夫訳，早川書房，2009年，第53章437ページより引用）

　1982年に発表されたアーサー・C・クラークの小説『2010年宇宙の旅』で，地球外知的生命体は，エウロパの海を覆う氷の下で発達しつつある原始的な生物に人類が干渉しないよう警告する放送を行った。宇宙人によるメッセージこそサイエンスフィクションではあるが，クラークがこれを書いてから30年近く経って，NASAとESAは共同で木星とその衛星（とくにエウロパ）を探査するミッションを計画している。このミッションの第一の科学的目標は，表面の氷と，その氷面下の海の性質を特定することであり，エウロパに生命が存在できる可能性を探ることである。科学的虚構（サイエンスフィクション）は科学的現実になった。クラークはどうやって，将来エウロパに海が見つかること，ましてやそこに生命を探すことになると知ったのだろう？

　いくら彼が革命的な思想家であったとはいえ（彼は静止衛星通信という概念を，実際に衛星が建設され打ち上げられる20年も前に最初に発表した），この場合，未来を正確に想像していたわけではない

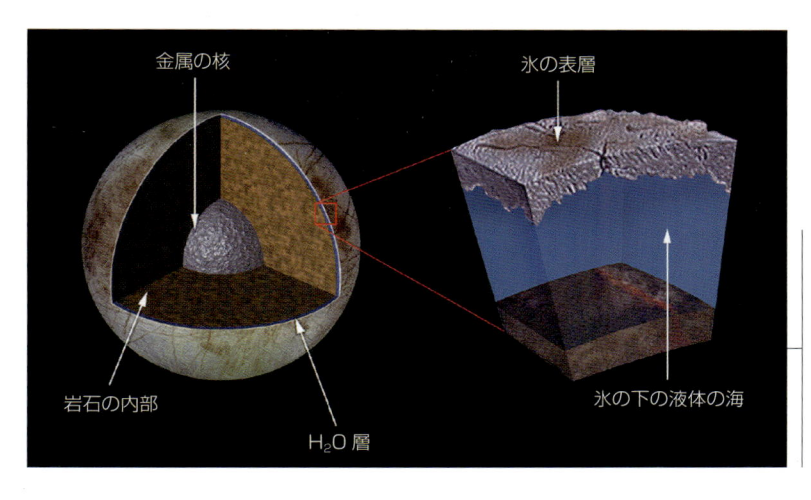

木星第六衛星のエウロパは，氷の地殻の下に海を隠しているのではないかと長く疑われていた。NASAのガリレオ探査機での測定によれば，エウロパ地表下の海は厚さ100 kmの塩水の層で，硬い氷表面と珪酸塩のマントルの間に潜んでいるらしい。

氷，液体の海，そして生命の可能性は，NASA と ESA が共同で木星のガリレオ衛星，とくにエウロパ（手前）とガニメデ（中央右）を探査するミッションの焦点になる予定だ。エウロパとガニメデから出ている磁力線に注目。木星に近いイオでは，木星の磁場と相互作用して強いオーロラが発生している。

だろう。木星の凍った衛星の表面下に液体の海がある可能性は，その10年も前，1970年代初期に考察が始まっていた。

さらに精密な観測でこれらの海に関する仮説は補強された。宇宙船パイオニア10号（1973年）と11号（1974年）の木星とその衛星への接近飛行により，質量と密度がもっとよい精度で決定した。その一方で地上からの分光観測は，木星系に十分な量の水の氷が存在することを示した。理論モデルにより，ガリレオ衛星の表面はカチカチに凍った固体であるが，その氷の殻の下に相当量の水が液体で見つかるだろうと予測されたのである。

今日では多くの科学者が，天体表面下の海，つまり硬い氷の表層の下に閉じこめられた液体の水の層は，実は太陽系で最もありふれた海の形態なのかもしれないと考えている。海が存在する可能性を示す証拠は木星の衛星だけでなく，土星，天王星，そして海王星の衛星にも見つかっている。準惑星冥王星とその衛星カロンも，その凍った殻の下に海を隠している可能性がある。われわれの青い地球だけが，海を氷の下に閉じこめずに表面にさらしている。

地殻の下に存在する水は，まだ大部分状況証拠にとどまっている。天体の表面下に海が存在する証拠でいままでのところ最良のものは，NASAのガリレオ探査機のオービターによる，木星のガリレオ衛星周辺の磁場測定である。

エウロパ，カリスト，ガニメデの三衛星（ガリレオ四衛星のうちの三つ）は木星の強い磁場の中を公転しており，それぞれの衛星中にも磁場を誘導している。誘導磁場は電導体によってのみ生成されるから，衛星の中で磁場が生成されるとすれば，その内部に電導体が存在するということになる。衛星で最も電気を伝えやすい物質は何か？　氷の外殻の下の塩水の層だ。そのとおり，それが天体表面下の海である。

カリストとガニメデについては，この証拠は完全に決定的ではない。ガニメデの誘導磁場についての説明は，ガニメデは自身の内部でも独自に磁場を発生させているためにいっそう込み入ってくる。これらの衛星に液体の水が存在するとしたら，地下数百kmの深さで，氷の層の間に挟まれているらしい。これらの海の層のサイズは，十分に決定できたとはいえず，海に溶けている塩またはほかの化学物質によって厚さ10〜200 kmのどこかになる。

エウロパ（左），カリスト（中），そしてガニメデ（右）の内部模型。衛星の相対的な大きさと，表面下の海（水色）の位置を示した。エウロパとガニメデは，氷の地殻の下にあるのが，くっきり分かれた鉄の核か珪酸塩のマントルかという違いがある。カリストの違いは一部だけだが，内部は岩石と氷とが混じりあっている。

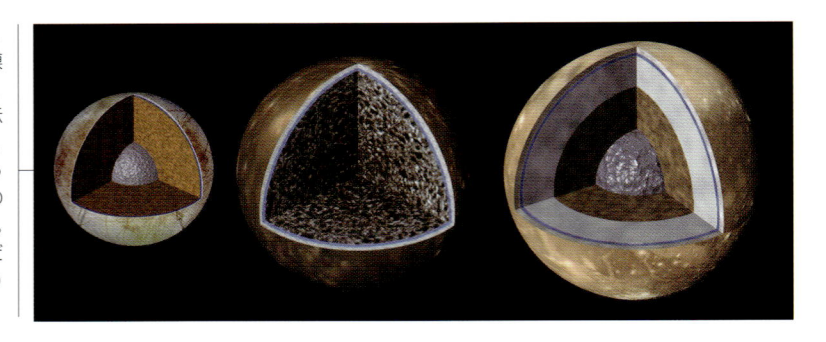

　一方，エウロパに検出された海は，もっとずっと決定的である。ガリレオ探査機が接近通過したときに測定されたエウロパの重力により，エウロパ内部は鉄の金属核と，珪酸塩の岩のマントルと，氷と水の外殻にはっきり分かれていることがわかった。イオとガニメデとの公転周期の共鳴が4:2:1（イオが4周する間にエウロパは2周，ガニメデは1周する）なので，エウロパでは潮汐力により継続して発熱が起こっているのは確実だ。加えて，エウロパの珪酸塩マントルは比較的質量が大きいので，放射能によってつくられる熱はかなりの量となる。

　エウロパ内部でのこの発熱量は，衛星中の水を溶かしておけるほど多い。推定では，氷の外殻の厚みは数十kmで，その下の，塩類の溶

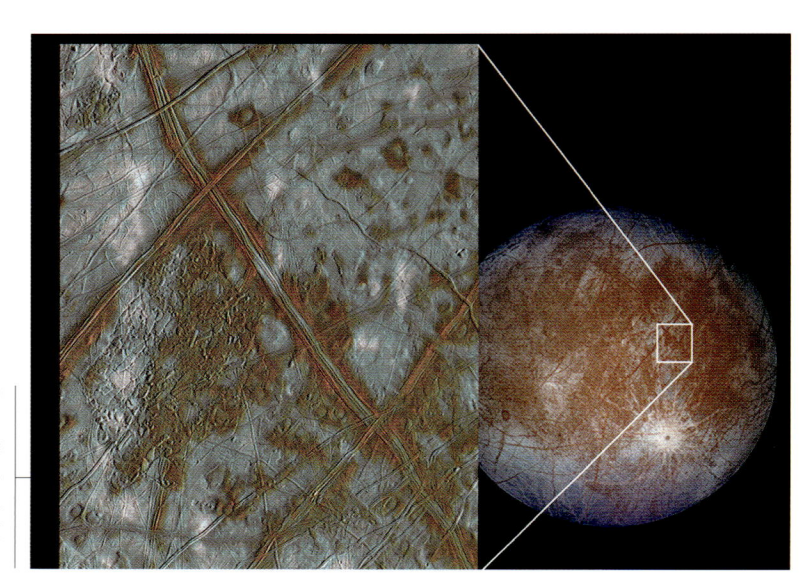

エウロパ地殻下の海の地質学的証拠。この「氷のいかだ」は，エウロパの氷の殻が割れた塊が位置を変えて浮かんでいるものだ。赤みがかった領域は氷以外の物質が混じっていて，地質変動に関係があるように見える。

第2部　海，水，氷

南極，ボニー湖近くの血の滝。赤い色はテイラー氷河の地下に閉じこめられた塩水溜まりの底をさらって集まった鉄の塩からきている。極限環境微生物（極限環境でも生きられる生命体）がこの孤絶した，氷の下 400 m の塩の多く酸素に乏しい塩水溜まりに最近発見された。これはエウロパの塩の多い氷表面下の海に存在する生命のモデルになるのではないか？

けた電導体である海はおよそ 100 km ほどの厚さである。ということは太陽系でエウロパの海が一番深い（厚い）ということになる。比較すると地球の貧弱な海の深さは最深でも 11 km，平均値は 4 km に近い。総量では，エウロパ全球分の表面下の海は，地球のすべての海を合わせた液体の水のざっと二倍になる。

　エウロパ内部に海が確かに存在することは多くの惑星科学者たちが合意しているものの，一番外側の氷の殻の厚さについては議論が続いている。幸い，この議論に決着をつけるために，NASA と ESA が共同で，エウロパ木星系ミッションの準備を進めている。残念ながら打ち上げは 2020 年に予定されており，クラークの小説には時間軸が合わないが，二台の宇宙船が別々にガリレオ衛星のそれぞれに接近して飛ぶ予定だ。ESA の探査船であるジュピター・ガニメデ・オービター（JGO）は最終的にガニメデ軌道に落ち着き，NASA のジュピター・エウロパ・オービター（JEO）は最後にエウロパ軌道に入る。

　氷の外殻の厚さは生命存在の可能性を探る上で重要である。エウロパの塩気の多い海は極限環境生物におあつらえむきの環境を提供する。氷の層で有害な宇宙線放射から守られ，潮汐力による収縮で暖められ，衛星の岩石でできた内部，つまりミネラル源に接してもいる。こうしたエウロパの海はおそらく，太陽系で一番地球外生命が見つかりそうな場所だ。もしもこの小さな氷衛星が生命を宿していたら，それはきわめて奥深くにだろう。

最高のサーフスポット ── 地球

サーファーは完璧な波乗りをしようと世界中を旅する。しかし惑星間サーファーなら，太陽系のどこで最高の波を探すだろうか？

驚いたことに，太陽系内でサーフスポットにできる範囲はきわめて狭い。遠い昔には火星の表面も液体の海で覆われていたらしいが，いまの火星は冷たく乾いた場所で，砂はどっさりあるが波はない。木星の衛星エウロパにも深い海があるが，厚い氷に覆われていて，表面に水は流れていない。太陽系天体で現在表面に液体があるのはたった二つ ── 土星の衛星ティタンとわれわれの地球だ。

科学者たちは長い間，ティタンには巨大な海があると予想していた。ティタンの表面温度（気持ちのよい−179℃）は，ちょうどメタンやエタンが液体になっていられる温度だ（この温度では水は凍って固

波がきた！ 地球は表面の大部分が液体に覆われた唯一の惑星だ。

体である）。遠隔からの観測は，これらの炭化水素がティタンの大気中に豊富にあるのは，地球での水サイクルのような炭化水素サイクルが実質的に機能している徴候を示唆していた。しかしサーファーには肩透かしなことに，カッシーニ-ホイヘンス探査機による最近の観測では，ティタンは豊かな海をたたえた惑星ではないらしい。

いや，まだ望みはある。ティタン表面には多数の炭化水素の湖や川が点在している。ティタンの湖には地球の内海ほど大きいものがあるので，この巨大惑星の海岸線にたたきこまれる文字どおりティタン（巨人族）なみに大きな波が見つかってもおかしくない。

しかし雄壮なサーフィンができる場所としては，われわれの故郷(ふるさと)以外を探す必要はない。地球の海岸線に毎日波は打ち砕けている。海床の下の地震は10階建てより高い波を伴う津波を引き起こす。これらの波は突然形成されるし，非常に危険な場合がある。2004年には，マグニチュード9.3のスマトラ島沖地震で引き起こされた一連の津波

表面が液体に覆われているティタンは，サーフィンに最良の場所かもしれない。この合成画像でティタンの湖（左）がアメリカのスペリオル湖（右）より大きいことがわかる。

1958年，大津波がアラスカ，リツヤ湾の海岸線を消し去った。高さ520ｍの大波は記録上最大である。津波の性質は予測不可能なため，常識的に考えてサーフィンには適していない。

最高のサーフスポット——地球

世界記録は2004年にピーター・カブリナがマウイ島の悪名高いジョーズ・サーフスポットで乗った高さ21mの波。この波はあまりに怪物じみていたので，サーファーはジェットスキーに牽引されなければならなかった。1998年にケン・ブラッドショーがハワイで高さ25mを越える波に乗ったらしいが，証拠写真がないので高さを確認できない。

アメリカ，カリフォルニア州マンハッタン・ビーチ内のエルポート・ビーチのサーフブレイク（サーフィンに適した波がブレイクする（崩れる）場所）にて。著者たちはサーフボードに乗って「ビッグ・ワン」（大波）がくるのを辛抱強く待っている。よきサーファーはこのように凪の海でも退屈することはない。

により，23万人が亡くなった。これは歴史上最悪な自然災害の一つである。

　月と太陽の引力によって起こる潮の干満は，通常12時間おきに海面をゆっくり上昇させたり下降させたりする。過激なサーファーは河口で遡るほど高くなる海嘯（潮津波〈かいしょう〉）に乗ろうと試みるが，潮波の大半は速度が遅いため，砕けるときにカール（アーチ状の波頭）はできない。

　確実にサーファー向きの波は風がつくる。風が海面を横切って吹くとリプル（小波）が起きて，風の方向へ押される。これらのリプルは別の場所のリプルと合体して，打ち消されることもあればもっと大きな波ができることもある。時とともにこれらの波は成長しつづけ，スウェルと呼ばれる規則的な形態にまとまる。スウェルは海を渡って長い距離を進む。陸地に到着するまで数週間かかることもよくある。

　最大の波をつくるには，風が強いことと，その風がむき出しの海の上を吹き及ぶ距離が長いことが必要である。幸運なことに，この条件は地球ではたやすく満たされる。たとえば太平洋を考えてみよう。激しい熱帯性の台風と強力な中緯度性サイクロンとが，ひっきりなしにこの地球最大の海を横切って吹く。邪魔するものがほとんどないので，これらの暴風は海面をかき混ぜてたやすく荒れた海にする。風によって生まれた波は長時間かかって太平洋上の長い距離を伝わるうちに，不規則な波立ちから比較的なめらかな（しかし大きい）うねりに変わる。

　浅瀬に到着すると，波は再び荒れる。かいつまんで説明すると，波が海底で「つまづい」て，上部分が下部分を追い越してひっくり返りはじめるのだ。数百〜数千km彼方の海で生まれた大量のエネルギーが海岸で投げ出される。このエネルギーが海岸線を，毎年毎年，千年単位の時間をかけて，絶え間なく浸食する。そしてサーファーはそのエネルギーを利用して，最高のスリルを堪能する。

世界で最も有名なサーフブレイクはこれらの条件を有効に活用している。ボンゼイパイプライン（オアフ島北岸）しかり，ジョーズ（マウイ島）しかり，コルテスバンクス（南カリフォルニア沖160 kmの海中山），マーヴェリックス（北カリフォルニア），そしてティーヒアプー（タヒチ島）しかり。風の弱い日には波の高さはせいぜい2 mだ。しかし挑戦しがいのある日には波は高さ10倍になり，サーファーを100倍以上のパワーで投げ出す。サーファーは大波の垂直面を時速80 kmを越える高速で投げ落とされる。彼らがひっくり返るときは，レンガ壁に衝突するのと似た衝撃を受ける。

　こうしたブレイクポイントでのサーフィンでも，あなたにはまだ不足だろうか？　ティタンの重力は小さいので，風の条件が同じでも波は地球の十倍大きくなるかもしれないが，実際のところは未知の領域だ。太陽系最高の波をティタンに見つける日も，いつかはくるのかもしれない。

地球の海が「エクストリーム」である点

- 地球表面の71%は水。
- 太平洋だけで地球表面の3分の1を占める。これは大陸すべてを合わせた面積より広い。
- 海面から深さ3m分の水だけで，大気全体（雷を伴う暴風雨，トルネード，ハリケーンを含む）より多いエネルギーを蓄えている。
- 海の平均水深は3790 mであり，一番深い地点は太平洋西部マリアナ海溝の1万1034 mである。
- 地球上の生物の80%は海中に見つかる。
- 人類によって調査された海は全体の10%未満である。

最大の製氷器 ── 土星の凍った衛星たち

　太陽系サイズのかき氷をつくりたいなら（つくりたくないなんて人いる？），絶対に氷がたくさん必要だ。幸い，宇宙のご近所にはいっぱいある。氷ならほとんどどこにでも…，うん，窒息しそうに暑い温室の金星はさすがに無理だ。けれども水星の北極南極，地球，月，そして火星にも氷はある。彗星に乗って太陽系中をヒューンと通り抜けたりもしている。氷は外惑星の衛星やカイパーベルト天体やオールトの雲の成分の大部分でもある。太陽系で足りなくならない唯一のもの，それが氷だ。

　しかし巨大かき氷をつくるなら，古いのではなく新鮮な氷でないといけない。混ざりものの比較的少ない水でできた氷が大量にほしい。岩や，塵や，金属が混ざっていない氷が。アンモニアやメタンが凍ったのもだめだ。太陽系最大の製氷器はどこにあるだろう。

　あなたは地球をあてもなくぶらつき，近くを通りすぎる彗星をつかまえようとするかもしれない。しかし彗星の氷はおそらく，デザートをつくるのに使いたい類の氷ではないだろう。彗星が「汚れた雪玉」と呼ばれるのは理由がある。彗星の氷にはかなり不純物がある。

　だめだ，もっときれいな氷のほうが断然いい。地球型惑星 ── とくに地球 ── の極冠が最初に思い浮かぶ。しかし地球型惑星の中身は岩石なので，たくさんの氷はない。もっと氷を！

　少し遠くの，降霜限界を越えた先をみてみよう。降霜限界はおおざっぱにいって，現在の火星軌道と木星軌道の間にあり，その内側（太陽に近い側）は暖かすぎるので氷が簡単には形成されない。だからそこは岩と金属だらけで ── 地球型惑星はすべて，中身は岩石で中心核は金属である。この降霜限界の外なら，さまざまな揮発性物質（大部分は水）がたやすく凍る。

　もっと氷が必要なら，大きいのを探そう。ガニメデはどうだ？　ガニメデは木星のガリレオ衛星の一つで，太陽系内の自然衛星の中では最大だ。この衛星の表面は 90% が水の氷であるらしい。表面以外にはそれほど氷が多いわけではなく，ガニメデ全体の 40% でしかない。加えて，ガリレオ探査機によって観測された内因性の磁場により，こ

木星型惑星の衛星で条件に合うもの

| 木星 | 土星 | 天王星 | 海王星 |

- 木星: イオ、エウロパ、ガニメデ、カリスト
- 土星: ミマス、エンケラドゥス、テティス、ディオネ、レア、ティタン、ヒペリオン、イアペトゥス、フォエベ
- 天王星: パック、ミランダ、エアリエル、アンブリエル、ティターニア、オベロン
- 海王星: プロテウス、トリトン、ネレイド

地球（縮尺表示のため）

太陽系の木星型惑星の衛星から，かき氷にできそうなものを，同じ縮尺の地球と並べた。これらの衛星の大半は相当量の水の氷を含む（イオだけが例外）。土星の3衛星（ミマス，テティス，イアペトゥス）の密度は氷に近いため，食べられる氷としては，太陽系で最大のものだろう。

最大の製氷器——土星の凍った衛星たち

木星の衛星ガニメデには氷がたくさんあるが，この最大の衛星の半分以上は岩石である。

の巨大衛星は鉄の核と珪酸塩鉱物のマントルをもつらしいことがわかっている。氷の中にガチガチに硬いこんなに大きな芯があるのなら，かき氷器に岩石や鉄を入れてしまわないようとくに気をつける必要がある。

　たぶんガニメデは大きすぎたのだろう。実際，大型の氷衛星の多くは岩石と鉄の混じった中心核をもつ。それなら，もっと小さい氷衛星でほとんどを氷が占めているところに目を向けよう。

　氷の割合が一番大きい天体がどれか，どうやったらわかるだろう。氷衛星の平均密度を，水の密度（$1 g/cm^3$）と鉄を多く含む珪酸塩の岩（$3〜3.4 g/cm^3$）と比べれば，岩成分が多い衛星がどれで，氷成分が多い衛星がどれかわかる。

　純水の氷（密度およそ $0.92 g/cm^3$）は水より少し軽い（だからグラスの中で氷が浮かぶ）。しかし密度がもう少し大きいものも考慮できる。というのは，ふつうの水の氷は，低温と高圧の下で少し重い型（15種類が知られており，台所の冷蔵庫にある氷はⅠ型である）に変わるからだ。密度が $1 g/cm^3$ より大幅に小さいものは，衛星の中に空洞が多いという意味になるのでいらない。崩れやすい溶けかけの雪でかき氷をつくりたいとも思わない。しっかり固まった氷でつくりたい。

　巨大な外惑星の衛星は最低でも164個知られている。水に近い密度をもつものだけに限れば，リストはずっと短くなる。木星の衛星63個中，候補はアマルテア（密度 $0.849 g/cm^3$）だけだが，この不規則な形の小衛星は赤みがかっていて，どうやら表面にはかき氷のシロップ向きではない物質がかかっているらしい。この色は，刺激臭のする火山衛星イオから来た硫黄化合物による可能性がある。腐った卵風味の氷なんて誰かいる？　ほしい人がいるとは思えない。

　もっと遠くの海王星（ここまでわかっている）には，密度が氷に近い衛星はないが，ほかの氷惑星・天王星には，きれいな氷衛星かもしれない候補が一つある。小さい，ヒビ割れだらけの衛星ミランダだ。ミランダは氷の高密度版ができるほど大きくないが，密度は $1.214 g/cm^3$ と水の氷よりやや大きい。これはこの衛星の内部に少なくとも

土星の衛星イアペトゥスは成分の大半が水の氷であるが、影の顔がある。軌道の進行方向に向いた側は黒い炭素物質に覆われていて、炭味という特殊なトッピングのかき氷になる。

20%分の岩石があることを意味する。

　環のある巨大惑星・土星は、大きな氷が豊富にある場所だ。第一にその環だ。分光測定によれば、環を形成しているのは99%近くが純粋な水の氷だ。いいぞ！　しかしながら、あれだけ大きくて明るいのに、土星の素敵な環は、地球の極冠と氷床よりほんの少し多いだけの氷しか含んでいない。これではわれわれがつくりたいかき氷にまだ足りない。

　幸運にも、土星の衛星のうち密度が水の氷にかなり近い衛星が少なくとも三つある。イアペトゥス（$1.083\,\mathrm{g/cm^3}$）、ミマス（$1.150\,\mathrm{g/cm^3}$）、そしてテティス（$0.973\,\mathrm{g/cm^3}$）だ。土星の衛星で大きいほうから三番目のイアペトゥスは氷を多く含む。しかしそこには同時に、岩石の破片が20%近く含まれることが、精密な観測でわかっている。一方、小さなミマスの氷も十分とはいえない（土星の環より少ない）。

　もしも岩石を最小量で氷を最大量にしたいなら——もちろん理想は

最大の製氷器——土星の凍った衛星たち

土星で五番目に大きな月テティス。ホメーロスの『オデュッセウス』から名づけられた。この合成画像は，カッシーニ探査機から見た南半球であり，イタケー峡谷が衛星面を横切って伸びている。この衛星は太陽系最大のかき氷の材料としてうってつけのようだ。

これなのだが――テティスを選ぶべきである。この衛星の岩石は3%で，事実上これが太陽系最大の食用にできそうな氷になる。この凍った衛星は地球の20倍以上の量の氷を含む。テティスの表面は二つの地形，イタケー峡谷（氷面にできた巨大な割れ目で，地表下の水が凝結する間におそらく形成された）とオデュッセウス・クレーター（巨大な衝突盆地）が目立つ。この氷衛星にはさらにおまけで，二つのトロヤ群衛星（おそらくこれも全体が水の氷）テレストとカリプソ分の氷がついてくる。この二つの天体はテティスと同じ軌道上，60°前方と後方にあって，土星を周回している。

　土星印の巨大かき氷をどうぞ召し上がれ。さて，このかき氷に足りる量のシロップはどこで見つけようか？

太陽系のジキルとハイド —— 彗星は汚れた雪玉

　太陽系の神々は，天体をきちんと分類して小箱に収めようとするわれわれのしつこい試みをあざ笑っているに違いない。われわれが何かを理解したと思ったちょうどそのときに起こる新発見のおかげで，箱はもはやきちんと整理された分類ではなくなってしまうのだ。そこでわれわれはもっとしっかりした箱をつくって新情報に合うようにするが，その箱も結局はより強力な理論で置き換えられる羽目になるのだ。ああ，科学の進歩といったら…。

　ここでの話題は小惑星と彗星に関する伝統的な見方についてだ。何年もの間，小惑星は太陽系中心部にある岩石の不活発な塊で，彗星は太陽系辺縁から来る凍った天体と特徴づけられてきた。小惑星は比較的温かいが地質活動は停止している天体，一方，彗星は冷たいが活動中の天体と思われてきた。

　彗星には印象的な「コマ」や尾があるが，小惑星にはない。コマとは薄い大気のことで，水や二酸化炭素のような揮発性の物質が，固体

2007年1月20日にチリ，パラナルからみたマクノート彗星（正式にはC/2006 P1と呼ばれる）。長く曲がった塵の尾は彗星が通った跡にほぼ沿っている。大きく広がった塵の尾の中に，羽飾りのように並ぶ筋状構造は，おそらく彗星の塵が崩壊した破片によるものだろう。塵の尾の左，薄いガスの尾は，太陽と反対の側を向く。右方の地平線近くに三日月（この画像では露出過多）が輝いている。マクノート彗星は1965年以降夜空で最も明るくなった彗星だが，残念ながら放物線の軌道をもつ非周期型彗星で，太陽系中心部に再びやってくることはない。

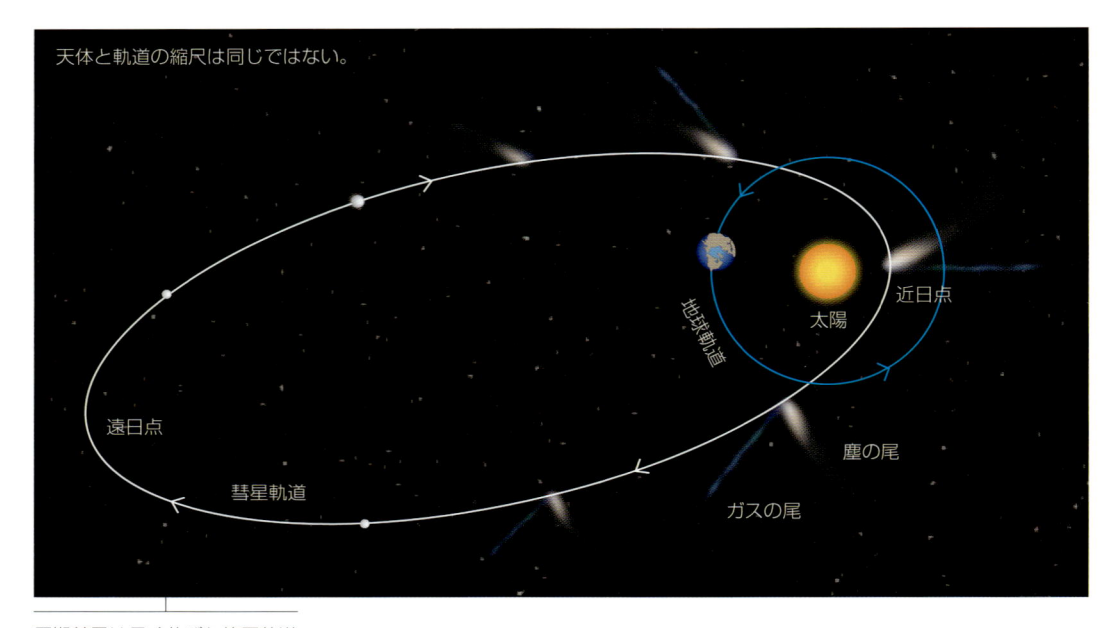

天体と軌道の縮尺は同じではない。

遠日点　彗星軌道　地球軌道　太陽　近日点　塵の尾　ガスの尾

周期彗星は長く伸びた楕円軌道をもち，近日点で太陽に最も近づき，遠日点で最も遠ざかる。近日点近くでは彗星は速く移動し，熱せられるために尾が形成されて明るく輝く。遠日点近くでは彗星はゆっくり移動し，尾はない。

の彗星核から蒸発したガスからなる。尾にはガスの尾と塵の尾の二種類があり，ガスの尾はコマから長く伸びて太陽風に吹き流されるもので，塵の尾は彗星から噴き出して，太陽の光で吹き流される塵粒子の姿だ。ガスの尾と塵の尾は成分が異なるので色も違う。おかげで彗星は夜空に一番美しい彩を添えてくれる。

　しかし，ことはそう単純ではなく，もうちょっとぼんやりしている（望遠鏡で見た彗星もぼんやりしている）。1950年代初頭，高名な科学者フレッド・ホイップルは，彗星はきれいな氷でなく，岩石と氷が混ざったものだと提唱した（「汚れた雪玉」仮説）。最近の発見では，彗星はかつての想像より汚れていて，逆に小惑星は氷成分が従来の見積もりより多いことがわかっている。1986年，ESAのジョット彗星探査機がハリー（ハレー）彗星（そう，あの「ハレー彗星」だ！）の近くを飛び，彗星核が石炭と同じくらい黒いことを確かめた。NASAのディープスペース1探査機は，ボレリー彗星（19P/Borrelly）の表面は太陽系で一番黒いことを発見した。2004年，新型の小天体（メインベルト彗星，あるいはガス放出小惑星。好きなほうで呼べる）が火星と木星の間のメインベルト（小惑星帯）で見つかった。そして2005年，NASAのディープインパクト探査機の衝突機が，テンペル

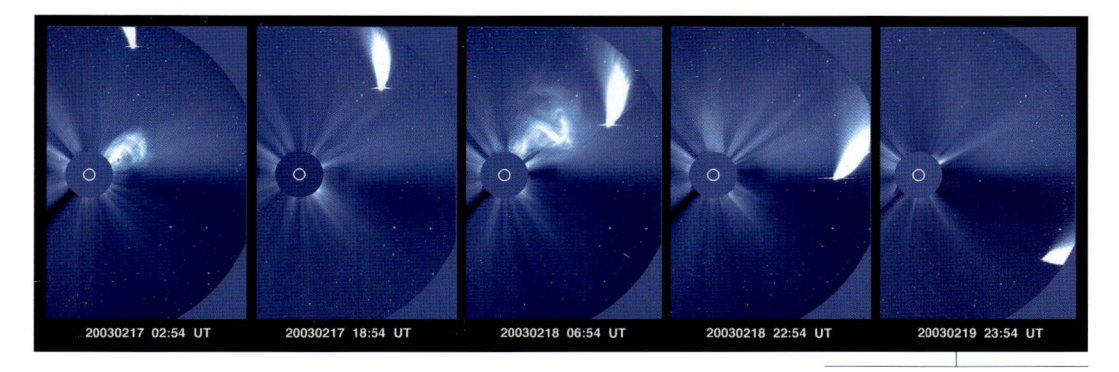

太陽圏観測衛星（SOHO）によるニート彗星（C/2002 V1）。太陽近くを通過した三日間の観測。これらの画像中で太陽は覆い隠されている。一枚目と三枚目の画像に見える，太陽の巨大なコロナ質量放出に注目。

彗星（9P/Tempel）に突入し，予想より多量の塵と少量の水が彗星から宇宙に放出された。

言い換えれば，彗星はむしろ小惑星みたいなもので——「汚れた雪玉」よりは「汚れた泥玉」だ——，彗星と小惑星との伝統的な線引きは不明瞭になったということである。

一番極端な彗星が事態をさらに混乱させている。あるときは彗星としてふるまい，またあるときは小惑星としてふるまう。これらの小天体は太陽系の「ジキル博士とハイド氏」だ。

ほぼ真円の軌道をもつ惑星と異なり，彗星は離心率の大きい軌道を描いて太陽系を横切って公転する。放物線や双曲線を描く「エクストリーム」な軌道をもつため，一度だけ太陽の近くを通った後は太陽系の外へ飛び出してしまう彗星もある。周期彗星であれ非周期彗星であれ，彗星の起源は冷たい太陽系の果て（カイパーベルトやオールトの雲の中）にある。これらの彗星の素は，何かにより（おそらく，通りすがりの恒星または天の川の塵の多い渦巻腕が太陽系をかすめて通ったときに）摂動を受けて，軌道離心率が大きくなったのである。

好例はヴィルト彗星（81P/Wild）である。その長い生涯の大半を，落ち着いた温厚なジキル博士の彗星——冷たく，ゆっくりした，静かな，彗星というよりは凍った小惑星としてふるまっていた。ヴィルト彗星は太陽系辺縁で軌道上を比較的低速で移動し，ガス放出がなく小さかった。実際，穏やかすぎて発見されずにいた。1974年にこの小天体は，木星のすぐ近くを通過した。木星の強い

ディープインパクト探査機による，テンペル周期彗星（9P/Tempel）の温度分布図。日なた側はジュージュー焦げるほど熱く，影の面は凍るほど冷たい（太陽光はこの画像の右側から当たっている）。太陽から遠く離れていても，テンペル彗星の昼側の温度は，地球で記録された最高の地表温度と等しい。

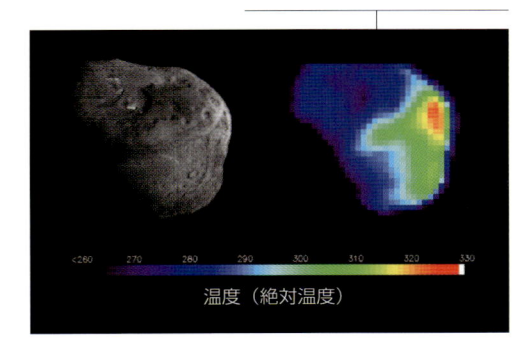

やあ、ワイルドなハイドさん。このヴィルト周期彗星（81P/Wild）の合成画像には、彗星の固体の核と、コマを形成するガス物質の明るいジェットの双方が見えている。

引力は小さな彗星を傾けて新たな軌道に導き（そして新たな人格を表出させ）、太陽系中心部へと送り出した*。

この彗星が太陽に近づくにつれて、前側はどんどん暖かくなった。氷が昇華を始めてガスを放出し、暖かい揮発性物質のガスが核から噴き出しはじめた。核の周りに薄いコマが形成され、太陽風によって少し引き伸ばされてガスの尾ができた。核表面が活発になって岩の粒子が吹き飛ばされ、塵の尾が残るようになった。彗星が太陽に近づくにつれて、45億年近い生涯で経験したことのない高温になり、ヴィルト彗星はそれまでにない急加速をして太陽系を駆け抜けた。

ハイド氏——高温で、高速で、塵だらけの彗星——への変身は完了した。何年も真っ暗だったヴィルト彗星（スイス人の発見者 Wild に由来する）は、ついに1979年に、この新たな、いや、名前のとおり「ワイルド（wild）な」ふるまいによって発見されたのだ。

さて、近日点をすぎたこの彗星は、再びジキル博士への変身を始め

---

* ヴィルト周期彗星（81P/Wild）の新しい卵形の楕円軌道は離心率 0.538 で、近日点が火星軌道の内側、遠日点が木星軌道の外側にある。地球のほぼ真円軌道の離心率は 0.017、非周期彗星は離心率 1.0 以上の軌道をもつ。

44　　　　　　　　　　第2部　海，水，氷

た．温度が下がって昇華が止まり，コマも，ガスと塵の尾も消え，ヴィルト彗星はまた凍った小惑星のようなふるまいに戻った．この特殊な彗星は性格転換をほんの数回しか経験していない．1974年以来軌道を五周しただけなので．

　二重人格の履歴がもっと長い彗星もある．ハリー彗星は76年周期の楕円軌道を百回以上周回している．熱くスピーディーに変身するチャンスがたった一度しかない彗星もある．たとえば，マクノート彗星の放物線軌道は太陽に接近できる機会を一度しか許さない．

　それから，キロンのような天体がある．太陽系小天体のケンタウルス族に属するキロンは，木星と海王星の間に軌道をもち，1977年の発見当初は小惑星に分類された．しかし1980年代の終わりにキロンは目立って明るくなり，彗星に似たコマを形成した．キロンはいまでは正式に小惑星（2060 Chiron）と周期彗星（95P/Chiron）の両方に分類されている．そしてこのキロンだけでなく，最近ほかのケンタウルス族の「小惑星」も，ガス放出を始めて彗星の性質を示している．

　太陽系の小天体を収めたわれわれの素敵な整理箱は，いまやしっちゃかめっちゃかだ．現実には，太陽系小天体を並べる広い連続帯があって，すべては岩石と氷の間に並んでいるらしい．あるときは穏やかで静か，別のあるときはジェットと湯気を噴き出す怒りん坊になる．揮発性ガスを出していない「小惑星」は昔は彗星だったのかもしれないし，別の「小惑星」は彗星になる機会をじっとうかがっているのかもしれない．

　新たな整理箱をどういうふうにしたらいいのかわれわれにはわからない．いま説明したようなジキルとハイドの二重人格どころか，もっとたくさんの顔をもつ奇妙な小天体を見つけてしまうかもしれない．高名な博士とその変質した自我のように，太陽系に関するわれわれの理解は激しい変容を経験している．

大変だ，空が落ちてくる！──火星のドライアイス製極冠

火星とかけて，遊園地の幽霊屋敷と解く，その心は？　どちらも寒くて埃っぽい。ほかには？　どちらにも幽霊がいそう。それから？　うん，どちらにも共通で，雰囲気を盛り上げて，とても特別な場所にしているものがある。それはドライアイスだ。

ドライアイスは，二酸化炭素（CO_2）が凍ったものだ。地球と火星のどちらの表面にも，CO_2 はガスまたは固体（ドライアイス）として存在していて，液体では存在しない。CO_2 の液相は，5.1気圧より高圧でのみ存在できるのだ（1気圧は地球の海面での平均気圧）。実際，ドライアイスが「溶ける」ときは，液相を完全に飛ばして昇華という過程を経て直接気体になる。H_2O と異なり，正と負の電気を帯びた端

火星の北極にあるドライアイスは周りに混乱を引き起こす。北半球の早春，季節性の極冠の端に沿って，渦を巻いた三つの砂嵐が見える。極冠と隣接する黒い地面との温度差により，強い風が起こって極冠から吹き出すのだ。この画像は，2002年5月にマーズ・グローバル・サーベイヤー（MGS）搭載のマーズ・オービター・カメラ（MOC）で撮影して合成したもの。

をもつ双極分子である CO_2 は，電気的に中性であり，分子どうしを結びつけているのは弱い電気の力のみである。その分子結合は，非常にわずかな熱エネルギーで外れるので，固体の CO_2 はたやすく CO_2 ガスに変わる。

　幽霊屋敷でドライアイスは，怪しい霧を起こすのに使われる（たぶん，ぐらぐら煮える魔女の大鍋や遠くの墓場で立ち昇るのだろう）。この霧ができるのは，ドライアイスの昇華で，極端に冷たい CO_2 分子の蒸気（ドライアイスの表面温度は -78.5 ℃である）が発生して周りの空気を冷やすからだ。周囲の水蒸気は超冷却された空気の中ですばやく凝縮して，この世のものとは思えない霧を形成するのだ。

　同じ過程が火星でも起こっている。ただしそれが北極南極両方の極冠と，火星の大気全体に深くかかわるという点を除けばであるが。火星の両極の気温は，そう，凍りそうに冷たい（暖かな夏季でも -95 ℃にしかならない）ため，そこには極冠が一年中残る。

　火星北極の永久極冠は厚さ約 3 km であり，全体が水の氷で，アメリカ，テキサス州ほどの広さを覆っている。その氷は昔の隕石衝突か火星内部の地殻変動でできた盆地に居座り，その永久極冠を囲んで高さ 500 m 以上の砂丘がそびえ立っている。この砂丘は，極冠から吹き出す強い風で絶えず変形する。この風は地球の南極から吹き降ろされる冷たい下降気流に似ている。火星の風はまた，地球でみられるどんな氷河地形とも似ていない目印，つまり極冠に深く刻まれた渦巻型の峡谷を刻むのを助ける。

火星北極（左）と南極（右）の永久極冠。それぞれの半球の夏に最小になったところ。北極の永久極冠は直径 1100 km で，水の氷からなる。それより小さい南極の永久極冠は水と CO_2 の氷からなり，直径 420 km である。冬には，撮影範囲全体が CO_2 の霜に覆われて，もっと大きい季節性のドライアイスの極冠ができる。

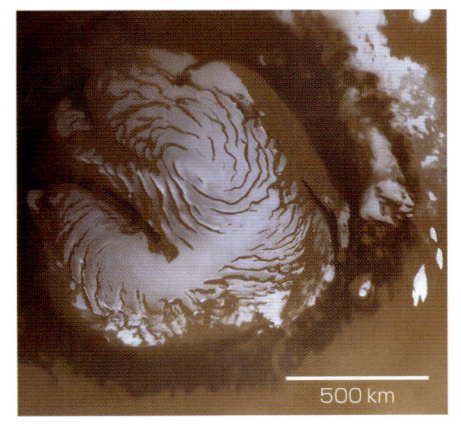

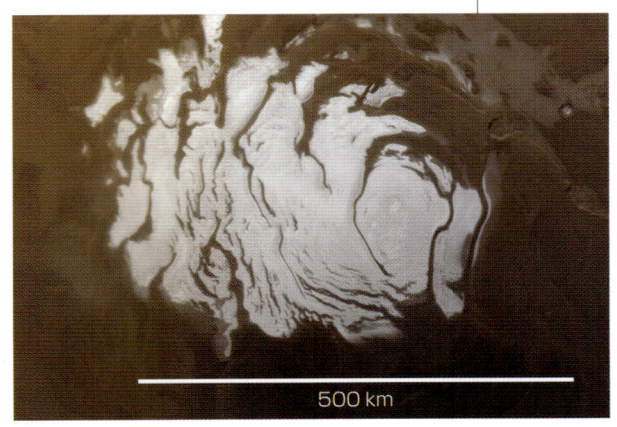

500 km

500 km

大変だ，空が落ちてくる！——火星のドライアイス製極冠

ハッブル宇宙望遠鏡によるこの画像には、水の氷の雲が帽子のように北極冠を取り巻き、南極にはもっと大きい季節性のCO_2の氷の極冠が見える。

火星南極の永久極冠表面はスイスチーズに似ている。これらの穴はドライアイスの昇華でできたもので、その下の水の氷を露出させている。このマーズ・グローバル・サーベイヤー搭載のMOCによる画像は、差し渡しおよそ900 mの範囲を表している。

　火星南極の永久極冠は北極のそれとまったく異なる。南極は北極より標高が6 kmほど高いので、気温も、CO_2の氷が年間を通じて溶けずに残るほど低い。南極冠はかつて全体がCO_2と考えられていたが、ESAのマーズ・エクスプレス探査機による最近のレーダー測定によれば、それは厚い（3 kmを越える）水の氷の層と、薄い（たった8 mの）ドライアイスの合板である。さらに、この極冠の中心は地理学上の南極から約150 kmずれている。低気圧が、隣り合った二つの衝突盆地につかまってそこで雪を降らせた結果だ。

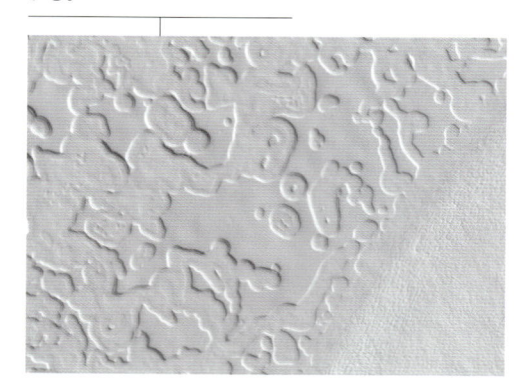

　しかし実際の涼しさ（-95℃を単に「涼しい」といえるならばだが）は火星の季節変化によって起こる。季節が夏から秋に移ると、水とドライアイスの氷のぼんやりした雲が、永久極冠を頭巾のように被り、CO_2の雪が降り積もって極冠を毛布

48　　　　　　第2部　海，水，氷

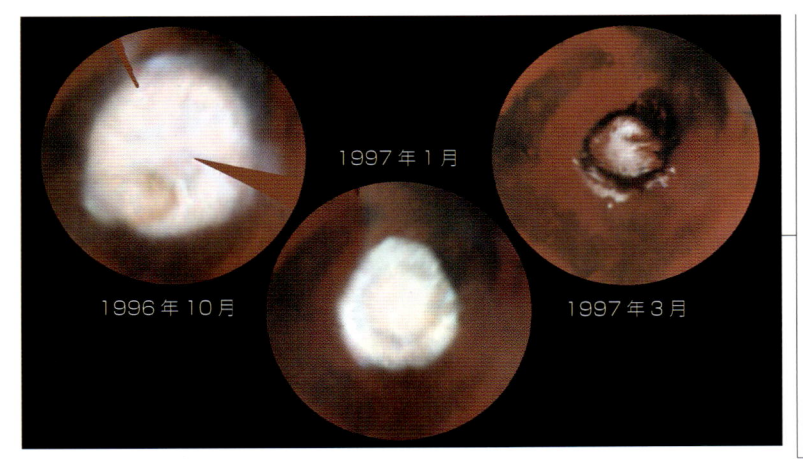

火星北極のドライアイス量の季節変化。ハッブル宇宙望遠鏡が撮影した火星北半球の早春（左），春分（中央），そして初夏（右）。火星の季節は地球と一致していないことに注意。季節によりドライアイスの量が変化すると，火星大気中のCO_2量も変動する。ヴァイキング着陸船による1976年から1980年（2火星年）の測定値をここに示す。火星の公転軌道は離心率が大きいため，南極の大気圧は――極冠の昇華はもっと――北半球の夏より南半球の夏で大きい。

のように包む。冬になると，CO_2の霜が南極から南緯60°まで広がる。この大規模な季節性のドライアイスの極冠は厚さが1 mを越える。山の斜面や峡谷での吹き寄せではもっと深くなる。

　このCO_2の氷と雪はいったいどこから来るのだろう？ CO_2をごくわずかしか含まない地球大気とは異なり，火星大気中のCO_2は95%を越える。秋に南極で日光量が減ると気温が急降下し，CO_2ガスが氷結しはじめる。火星では，空が実際に落ちる。大気のざっと25%が雪となって降り注ぎ，冬季の極冠になるのだ。

　日光が復活して冬から春になると，季節性のドライアイスの極冠は昇華を始めて，CO_2は大気に戻る。夏至までに残るのは永久極冠だけだ。火星軌道がこの赤い惑星を，南半球の夏に太陽に近づけるため，CO_2の氷は北半球の夏より南半球の夏のほうがいっそう昇華する。そういうわけで南極の永久極冠は北極のそれより小さく，大気圧は南半球の夏に最高値に達する。

　太陽系で火星は空が落ちる唯一の天体ではない。冥王星の非常に希薄な大気もまた，この準惑星が離心率の高い軌道を移動して太陽から遠ざかると氷結して地表に落ちる。ほかの太陽系の外縁付近の天体でも似た過程が起こっているらしい。しかし地球型惑星の中では火星だけが，この荘厳な天からの恵み，つまり太陽系で最大のドライアイス

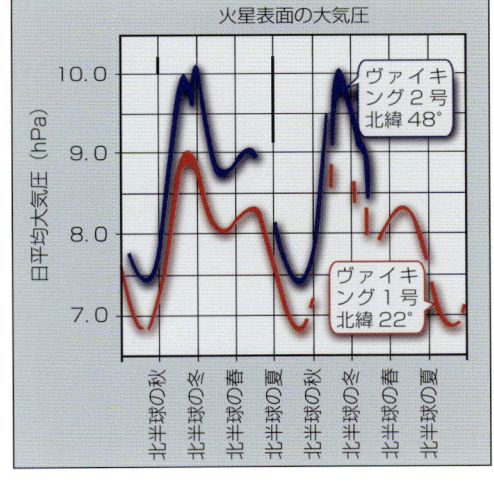

の塊，両極を覆う謎の雲を享受できる。そして冬に容赦なく落下する空は，昔話に出てくる臆病者を「ほら，やっぱり空が落ちてきた！」と震え上がらせるに違いない。

第3部

荒れ狂う嵐

最長寿の嵐 ── 木星の大赤斑

　1665年のことだった。イタリアの天文学者，ジョヴァンニ・カッシーニは望遠鏡を木星に向けて，驚くべき発見をした。この巨大惑星の南半球に，いつまでも消えない大きな斑点を見つけたのだ。カッシーニとその後継者たちは，この永久斑を定期的に1712年まで観測した。大赤斑は次の165年間には散発的にしか観測されなかったものの，1878年からはずっと観測されている。観測記録に大きな抜けはあるが，多くの天文学者が，この大赤斑は340年以上存続していると

カッシーニ探査機による，2000年の荒れ狂う木星の天然色画像。この探査機は，いまなお存続する大赤斑の発見者から命名された。

木星の大赤斑と白斑。1979年，ヴォイジャー1号による。

考えている。これはアメリカの歴史より長い。しかしながら，過去130年間この大赤斑が確実に存在しつづけているという事実から，これが太陽系で最長寿の嵐ということになる。

　大赤斑は長命であるだけでなく，大きくて激しくもある。この大規模な暴風雨には，地球がほぼ三個すっぽりはまる。大赤斑は周囲の雲のてっぺんより8 km（エヴェレスト山の高さに近い）も高くそびえている。この巨大な渦を巻いた雲には，厚く深い雲と暴力的に激しい乱気流が詰まっている。地球のハリケーンのように，大赤斑の中では，秒速190 mを越える木星の最も激しい風が吹いている。しかし地球の低気圧サイクロンと，木星の高気圧渦巻は，回転が反対向きである（南半球で反時計回り）。

　こんな大暴風雨が地球にずっと居座ることを想像してほしい。ハリケーン・カトリーナは，最大風速が秒速83 m，高さ8 mの波でメキシコ湾を破壊した。大赤斑のエネルギーはハリケーン・カトリーナの5倍*であり，14階建てビル（55 m）ほど高い高潮を起こす可能性がある。ハリケーン・カトリーナはわずか8日で衰退したが，大赤斑は

エネルギーの塔。黒い部分は低い雲，桃色は最も高い雲，そして白は厚く深い雲を表す。これは1996年，ガリレオ探査機による大赤斑の擬似カラー画像である。

---

*　運動エネルギーは速度の二乗に比例するので，ハリケーン・カトリーナの2.3倍速い大赤斑は，5倍以上のエネルギーを生産する。

54　　　　　　　　第3部　荒れ狂う嵐

ふう，危なかった！　ミニ赤斑は大赤斑との接近遭遇をからくも生き延びた。2006年7月14日，ハワイ島，マウナケア山のジェミニ天文台から撮影されたこの赤外画像では，大赤斑は白く写っている。

何年も何年も大気をかきまぜつづけている。こんな嵐が来ては壊滅的な被害を受けざるをえまい。

　それでは何がこの巨大嵐の長寿を保っているのだろう？　大赤斑を生き長らえさせている恒久的なエネルギー源があるに違いない。そのエネルギーはおもに2か所からくる。木星内部の奥深くと，近くの小さな渦巻からだ。驚いたことに，木星の内部がこの雲の最上部に供給するエネルギーは，木星が太陽から供給されるエネルギーより70％も多い。巨大な空気圧縮機のように，重力収縮が強い圧力を木星深部にかけて熱が発生する。この熱の大部分は木星大気中の強力な雷嵐によって雲の最上部に注ぎこまれる。木星の雷雨一回で，典型的なアメリカ人家庭一軒の7万5000年分を賄えるだけのエネルギーが解放される。

　大量のエネルギーは，木星を嵐の惑星にしている。雲の中は螺旋と渦巻だらけ，比較的小さな渦巻雲から大きな白い楕円形までがひしめく台風銀座だ。しかし赤いマンモス渦巻（大赤斑）はほかの雲より高くそびえており，ほかの小さな渦巻に近づきながら高速で回転する。

最長寿の嵐——木星の大赤斑

1992年から1999年にかけてのハッブル宇宙望遠鏡による大赤斑（上から反時計回りに）。色や乱気流の変化は長い存続期間中に大赤斑の勢力がしばしば変動したことを示唆し，おそらくこれで165年間観測がなかった説明になる。淡いサーモンピンクの斑点は暗すぎて，初期の望遠鏡では検出できないこともあったのかもしれない。

第3部　荒れ狂う嵐

小さい渦巻はこのちょっかいに耐えられず，大赤斑に飲みこまれてしまう。1990年末に白い渦巻が三つ合体して，ミニ赤斑（大赤斑の半分ほどの大きさの「小」赤斑）が発達したことがある（後に未知の理由で，それは勢力を増して白から赤に変わった）。2006年，ミニ赤斑はからくも大赤斑に飲みこまれる運命から逃れた。今回は逃げられてしまったが，おそらくエネルギーの高い小さな渦を頻繁に摂取することで，この大赤斑は数世紀も存続できているのだろう。

　このように頻繁に小渦巻を合体してもなお，大赤斑は縮小しつづけている。まだ十分大きいのだが，現在は19世紀末に観測されたときの半分の大きさしかない。一方で回転する風の速度は劇的に速くなっている。この変化は実に謎だ。これは過去に大赤斑が収縮と膨張を繰り返したのに伴い何度も起こった自然変動なのか？　あるいはミニ赤斑が勢力を保ったまま従来の大赤斑を凌駕して，木星の永久斑になるのか？　ともあれ太陽系で最も長く生きている嵐の未来に何が待ちかまえているのかは，時間だけが知ることになるだろう。

外は大荒れ，中はひっそり── 地球のハリケーン

ハリケーン・ウィルマ（Wilma）は 2005 年 10 月 21 日にメキシコのコスメル島を直撃した。中心の目は直径およそ 70 km。その 2 日前，ウィルマの目は直径 5 km しかなかった。大西洋ハリケーンとしての中心気圧の最低記録（882 hPa）はいまだ破られていない。

雲の塊が空を覆う。風が一日中着々と速度を増して，向きを少しずつ変える。海は浜辺に不規則で荒い波を打ちつける。満潮でもないのに，海水面は通常より高くなり，古い砂洲を浸食して新しい堤をつくる。雨が降りはじめる。初めは小雨，そして土砂降りになる。風が雨を鞭打って，雨粒が突き刺さるように降る。金属製のパネル，屋根板，木の枝などの残骸が大気中に飛ぶ。雨は一時的に止む。しかし風は加速し，海水は海岸に押し寄せる。雨の第二弾はいっそう激しくなり，さらに第三弾はもっとひどくなる。雨風の音は耐えがたく耳を聾する

ほどだが，それが数時間続く。

そしてすべては停止する。風と雨が止み，雲の間から青空が顔をのぞかせる。奇妙な静寂が大気を包む。これは台風の目——嵐の中の静けさだ。

しばらくして，嵐が全力で戻ってくる。強い風と激しい雨が再び地表に押し寄せる。雨水が通りにあふれる。トルネード一回の来襲が地域一帯をずたずたにすることもある。数時間後，あざ笑うような風と雨はやっと止む。凶暴な嵐は通りすぎたのだ。

大西洋と東太平洋ではハリケーン，西太平洋ではタイフーン，日本では台風，南太平洋とインド洋では季節性サイクロンと呼ばれるこうした嵐は，地球の自然現象でもきわめて激しい部類に入る。毎年地球で90個ほどの熱帯低気圧が形成されるが，その半分以上がハリケーンに分類される規模（カテゴリー1＋）に発達し，およそ20個が大ハリケーンになる（カテゴリー3＋）。史上最強の熱帯低気圧はスーパータイフーン・チップ（Tip, 1979）で，持続風速が秒速85 m，中心気圧が870 hPa，表面気圧がいままでで最低を記録した。

ハリケーンはサイクロンと同じ向き，つまり北半球では反時計回り，南半球では時計回りに回転する。渦を巻く風の中で，強い上昇気流が，複数の降雨帯を形成している。最も勢力が強い領域は，一番奥の降雨帯，またはアイウォール（目の壁）だ。水平方向の風がアイウォールの中で最高速に達すると，目の中では気圧が下がる。アイウォールの中の暖かく湿った空気は飽和してハリケーンの上部から外にあふれ出す。しかし空気の一部はハリケーン中心部を通って地表に戻る。この下降気流は雲形成を抑制して空を晴れさせ，目の中の静けさ，いつわりの晴れ間を生む。

地球ではおそらく最強の熱エンジンかもしれないハリケーンは，大気を通じて大量のエネルギーを移動させる。ハリケーンの形成には，海水面が，深さ50 m以上の範囲で，最低27℃に保たれる必要がある。この暖かい水溜まりは蒸発を促進する。水蒸気が雲の中で凝縮す

1945年，カテゴリー4のハリケーンが，フロリダ州に上陸した。

ハリケーン・カトリーナのアイウォール。2005年8月28日，ハリケーンハンター航空機オリオンによる画像 NOAA WP-3D より。

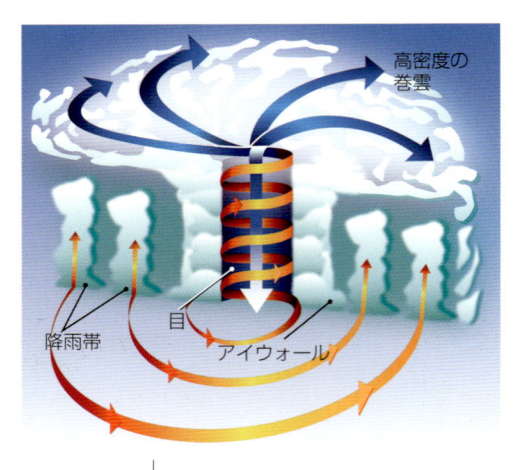

典型的なハリケーン構造の断面図。最強（悪）の風が、嵐のアイウォールの中で円を描き、最も穏やかな（静かな）風は、晴れ上がった目の中心近くで弱まる。

ると、最初に海面から気化熱として吸収されていた熱エネルギーが大気に解放される。この熱はしばしば凝縮して「ホットタワー」（海面から成層圏を貫いて 15 km の高さにそびえる、水分をたっぷり含んだ雷雲）を形成する。驚いたことに、ハリケーン一つが一日に移動させる熱量は、アップルパイ 15 兆ピース分のカロリーと同じになる（つまり、ハリケーン一つを一日維持するには大量に必要だ）。

ハリケーンは環境システムや、建物や、生活に相当な損害を与える。ハリケーン・カトリーナ（2005）は風速が秒速 58 m を越えて数十時間吹き荒れ、雨量は時間あたり 5 cm を越え、海水面は 8 m も上昇した。沿岸の環境システムや、森や、淡水生物は、かなり変化したり破壊された。2005 年に推算されたアメリカでのハリケーンによる損害は、1200 億ドルを越えており、死者は 2300 人近い。死者を一番多く出した既知の熱帯性低気圧は、1970 年にバングラデシュで発生したもので、早朝に強い高波が低地を襲い、50 万人以上が犠牲になった。その多くは就寝中だったのだ。

気象衛星の撮像、航空機を使うハリケーンハンター、そして洗練されたコンピュータモデルの出現は、ハリケーン形成についての理解を大いに深めた。ハリケーンの勢力予測と経路の予報はこの 20 年間で劇的に改良されたが、謎はなお多く残る。われわれには学ぶ機会がふんだんに与えられるだろう。地球温暖化に伴って、将来の熱帯低気圧はいっそう発生頻度と勢力を増すらしい。最も凶暴で邪悪な嵐は、い

サファーシンプソン強度スケール

カテゴリー	風速（m/秒）	中心気圧（hPa）	高潮（m）	被害の程度
低気圧	17 未満			
熱帯低気圧	17～32			
1	33～42	980 以上	1.5	きわめて軽い
2	43～49	965～979	2.0～2.5	中くらい
3	50～58	945～964	2.5～4.0	大きい
4	59～69	920～944	4.0～5.5	ひどい
5	70 以上	920 未満	5.5 以上	大規模災害

まは静かにしていて，まだ到来していないのかもしれない。

ハリケーン・カトリーナは，カテゴリー5に属する嵐で，2005年8月28日の最高風速は秒速78mを越えた。熱帯降雨観測（TRMM）衛星はカトリーナの雲を上から観測して雨量を見積もった。青は一時間あたりの雨量が0.64cm以上であったことを表し，緑は1.3cm以上，黄色は2.5cm以上，赤は5.1cmを越えた地域を表す。カトリーナはルイジアナ沿岸に上陸し，そのほぼ14時間後に高さ8mの高潮がミシシッピ州に押し寄せた。

ひねくれ者の嵐 ── 海王星

　巨大なガス惑星である海王星の暖かい内部は…氷だ。とても遠いので，惑星探査機ヴォイジャー 2 号が時速 4 万 2000 km で飛んでも，到着まで 12 年かかった。海王星まで届く太陽光はあまりに乏しいので，正午でも地球のたそがれ時のようだ。そして惑星科学者も驚いたのは，この巨大惑星に観測史上最も激しい風が吹き荒れていることである。

　一見したところでは，海王星は平穏な星に見えるし，そのように世間を欺いている。メタンによる深い青色をしたこの惑星は，穏やかで静かな雰囲気を醸し出している。しかし間近でよくみれば，第一印象とは裏腹の激しく荒れた世界である。海王星の赤道近くでは秒速 450m の暴風がつねに吹き荒れているのだ。これらの風は，地球の熱

惑星探査機ヴォイジャー 2 号は，1989 年の海王星接近時にこの画像を撮影し，荒れた悪の嵐が吹く冷たい世界だと広く知らしめた。

帯地方に吹く貿易風にいくぶん似ているが，速さは60倍だ。この風の中を，白く凍ったメタンの雲と黒い渦巻を伴う嵐が，まるで疾走する列車に見え隠れする幽霊のように現れたり消えたりする。

　ヴォイジャー2号による1989年の最も驚くべき発見の一つは，海王星の南半球に見つかったハリケーン似の嵐で，大暗斑と名づけられた。構造が木星の大赤斑に似ている大暗斑は，地球を丸飲みできるほど大きい。秒速600 mを越える強風（どの惑星で観測された風より速い）が，この荒れ狂う渦巻の近くで検出された。

　木星型の大惑星（木星，土星，天王星，そして海王星）に大規模な風がつきものなのはなんら驚くことではない。何といっても，そこには固体の表面がないのだから，大気との摩擦が小さいからだ。しかし木星型惑星のすべてが似たふるまいをするわけでもない。木星と土星の大気は複数の帯状ジェット（東西方向）——われわれが互い違いの色の帯として見ているもの——をもつ。この高速ジェットは隣どうし向きが反対であり，境界で強い擾乱を示す。

　一体これらのジェットの速度はどのくらいだろう？　精度のよい答えを求めるには，惑星内部の自転速度を知り，それに対して大気が動く速度を計算する必要がある。ガスでできた巨大惑星には固体の地面がないので，内部の自転はふつう，磁場と電波を測定して推算される。木星のジェットは比較的ゆるい秒速100 mだが，土星の赤道風は1980年代初期のヴォイジャー探査機による自転速度に基づくと秒速470 mという数字になる。もっと最近の2009年の土星の自転（土星の一日は以前考えられていたより5分短い）からは，風の速度は秒速395 mとグレードダウンした。いずれにせよ海王星の疾風をしのぐほど速くはない。

　対照的に，天王星と海王星にははっきりした境界をもつ縞々ジェットはない。その代わりに，天王星と海王星はいずれも赤道領域に西向きのジェットがあり，南北両半球それぞれ，赤道から離れるにつれ，東向きのジェットに移行する。この本質的に異なるふるまいには，内部の発熱と高速の自転という二つの主要因があるらしい。

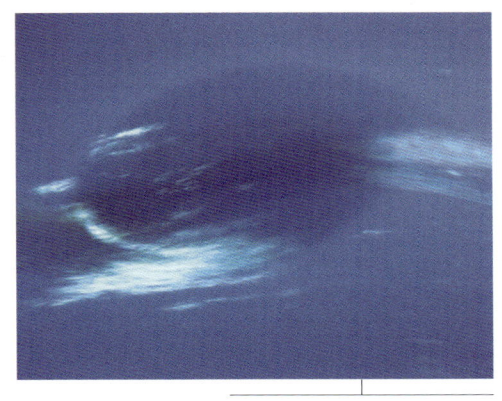

1989年，ヴォイジャー2号が観測した海王星の大暗斑。この深い青色はメタンの吸収を示し，白い雲はメタンの氷である。ハッブル宇宙望遠鏡の1994年の観測では，この大暗斑は消失していた。

ひねくれ者の嵐——海王星

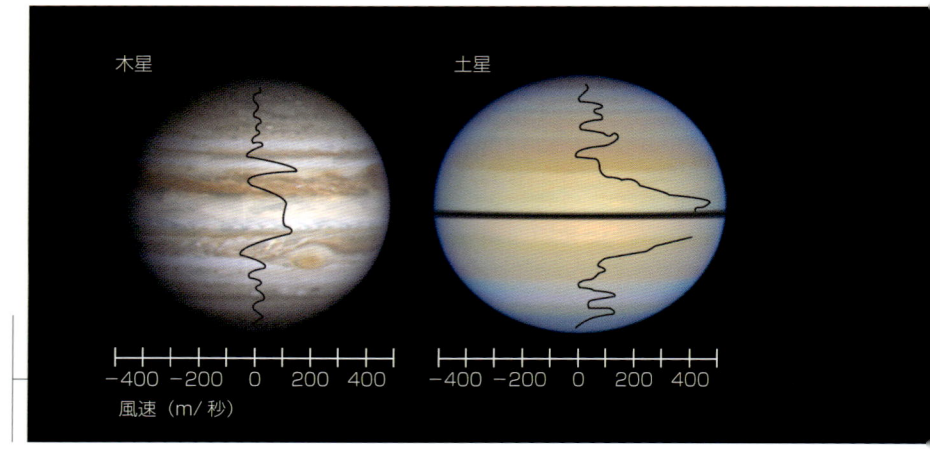

四大惑星の帯をなす風（ジェット）。土星と海王星には強力な帯状ジェットが存在するが、海王星の大暗斑近くの風はもっと速い。

　内部での発熱は，天王星以外のすべてのガス惑星の大気循環にかなり影響する。というのは，太陽から遠いので，これらの大惑星に届く太陽光はさほど多くなく，極端な天候と高速の風を起こせる量ではない。これらの惑星内部の奥深くでは，別のエネルギーが増産されている。惑星形成時の重力収縮（木星の場合），あるいは分化作用（土星と海王星の中心核からヘリウムとメタンが滲み出す）で放出された熱エネルギーだ。まだわかっていない理由により，天王星の内部発熱は最小であり，したがって生まれる風も弱い。遠い海王星のほうが内部からエネルギーを最大に得ている。

　惑星の一日の長さもまた，大気力学に根本的に影響する。木星や土

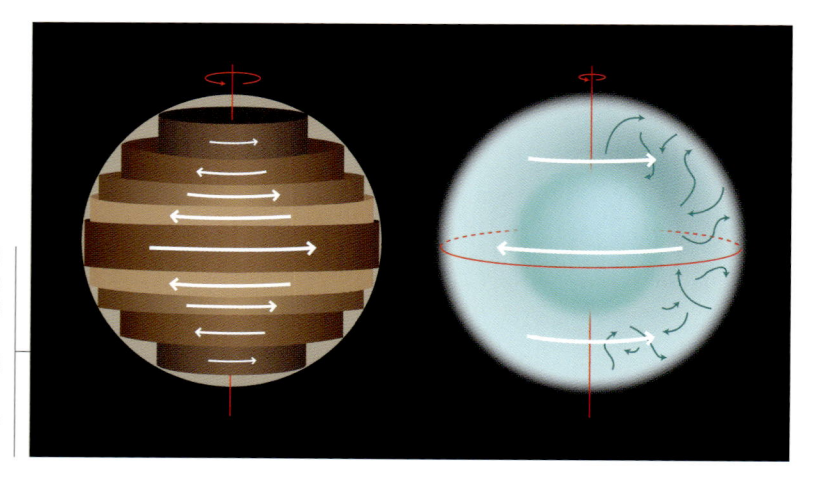

木星や土星のように，高速で自転する惑星（左）には，互い違いの向きに回転する円筒がジェットを生成するのに対し，比較的ゆっくり自転する天王星と海王星（右）には，よく混ざった大気が惑星深部からのエネルギーを角運動量に変える。

天王星　　　　　海王星

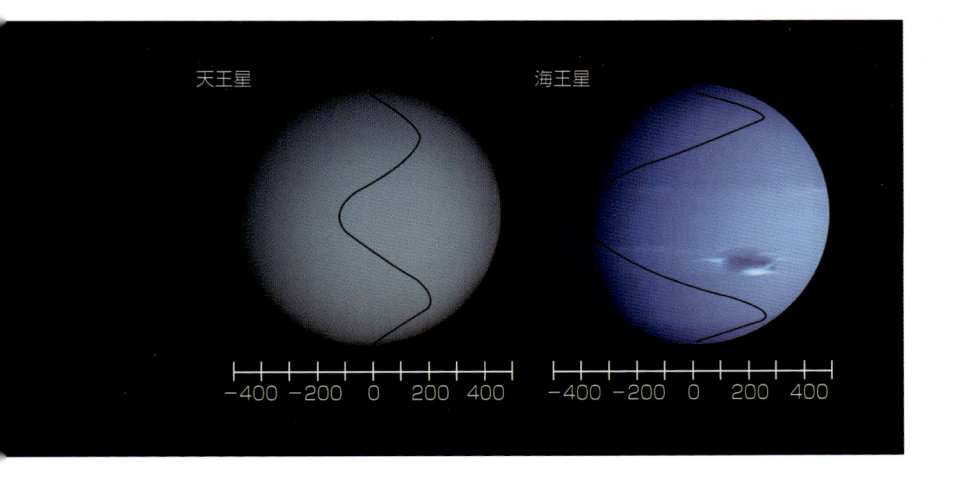

-400 -200 0 200 400　　　-400 -200 0 200 400

星のように自転速度が速ければ，厚い大気は何本もの流体の柱に分離して，一本おきに逆向きに回転する。これらの柱は雲の頂上では，互い違いに並ぶ細いジェットであり，観測では縞模様に見える。天王星や海王星のようにもっと遅く自転する惑星は，はっきりした柱を維持できず，その代わりによく混ざった大気が発達する。こうして大気が混ぜられてしまうために，角運動は高速で移動する赤道域からゆっくり動く両極へ，またその逆へと移動する。最終結果として，強い西向きの風が赤道で押し寄せ，強い東向きのジェットがもっと高い緯度で流れる。

　だから，海王星には以下に羅列する多くの要因，すなわち摩擦の小ささ，内部の大量の熱，西向きの風を赤道域に集中させる遅い自転，そして大暗斑のような大嵐を発達させるに十分な乱気流が完全に揃っているように思える。太陽系で一番冷たい惑星には，きわめてひねくれ者の風が吹いている。

木星型惑星と地球：エネルギー，自転，風

惑星名	太陽からの距離（AU）	太陽光の入射量に対する放射エネルギー量の比	一日の長さ（時間）	風の最速値（m/秒）
地球	1.0	1.0	24.0	140（トルネード時）
木星	5.2	1.7	9.9	190
土星	9.5	1.8	10.6	395
天王星	19.2	1.1	17.2	160
海王星	30.1	2.6	16.1	600

ひねくれ者の嵐——海王星

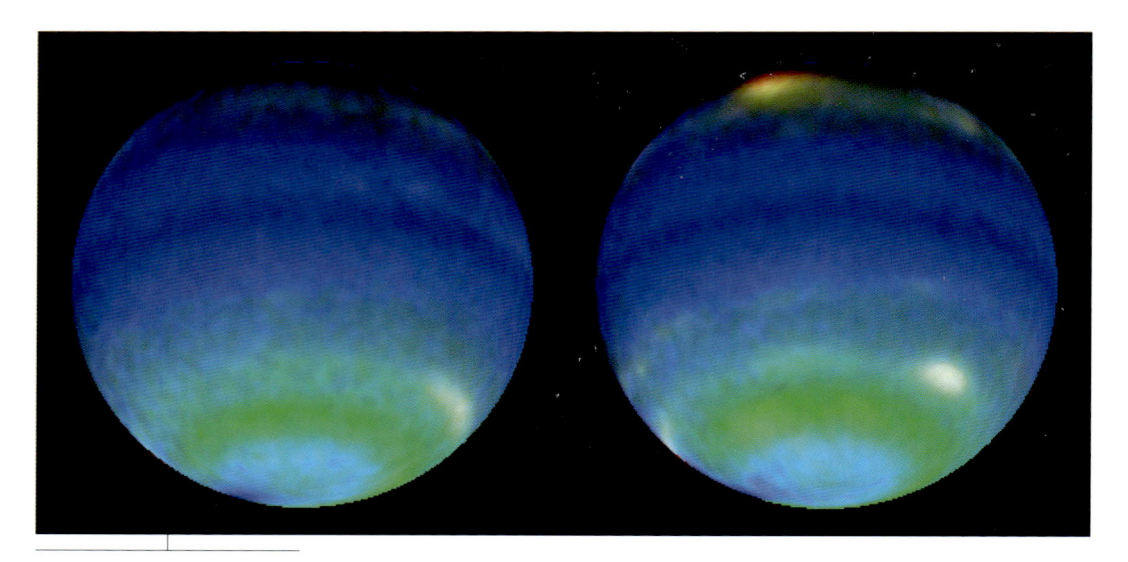

ハッブル宇宙望遠鏡によるこれらの画像は1996年の海王星両半球で吹き荒れた気象を示す。赤道ジェットはこれらの擬似カラー画像で深い青で表す。青いメタンの層の上の高層雲は白、黄色、そして赤で示す。極を囲む緑の環は、そこで青色光が吸収されているからで、おそらく大気中の霞であろう。

最高の掃除機 ── 火星の塵旋風

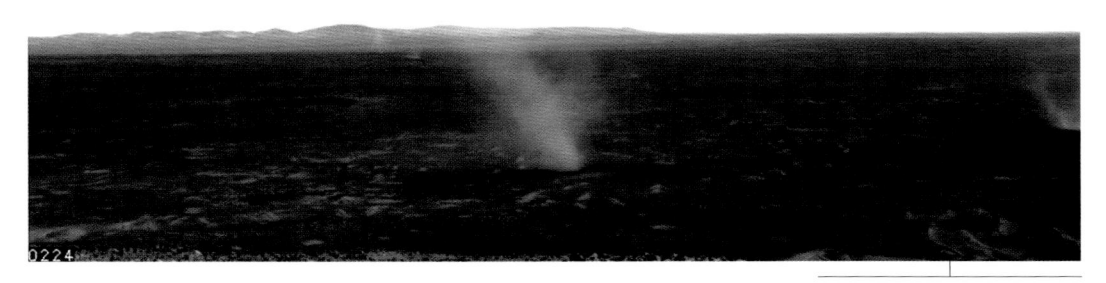

2005年8月7日，火星のグセフ・クレーターにて，火星探査ローヴァー，スピリットにより観測された塵旋風。

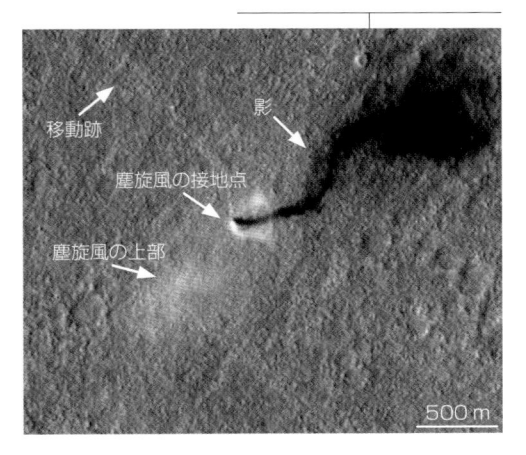

上空から撮影された火星の塵旋風。2002年12月，マーズ・グローバル・サーベイヤー（MGS）搭載のマーズ・オービター・カメラ（MOC）による。この塵旋風は，高さが3km近く，画像の左上から右下に移動するにつれて跡を残した。影で，塵旋風の形状が，地表では固く渦を巻いているのに，上空では広がっているのがわかる。

　今日の火星は相変わらず，乾燥して埃っぽい。オポチュニティー（火星の地表を探査中の二台のローヴァー（探査車）のうちの一台）が，景色の中をゆっくり横切っていく。このローヴァーは火星の砂漠地帯をもう数週間のろのろ動きつづけて，塵をかぶったり，ときには砂の山に埋まったりもしている。歩みは遅く，オポチュニティーのバッテリーは絶望的なまでに低い電圧で稼動している。

　遠くに渦を巻く塵の塊が現れる。最初は小さく見えたが，近づくにつれて回転する塵の柱は大きく膨れ上がり，のろまなローヴァーにまっすぐ向かってくる。竜巻はローヴァーを直撃して，太陽光発電パネルの塵を払ってしまう。オポチュニティーのバッテリーは再チャージを始め，ローヴァーの寿命は運よく延長された。ローヴァーは前進を続けている。

　幸いなことに，二台の火星探査ローヴァー，オポチュニティーとスピリットの両方に，この過程が何度も繰り返し起こっている。火星の塵旋風が電気掃除機のように働いたおかげで，これらの2機の歴史的ミッションは計画時の90日から6年を越えて延長されている（そしてまだ更新中だ）[*]。

　塵旋風は通常，地球と火星の，乾燥した暖かい

---

[*]　（訳注）原著刊行当時は両方とも稼動中だったが，スピリットは2011年5月でミッションを終了した。

火星の塵旋風は，地球の塵旋風やトルネードよりずっと大規模である。火星で最大の嵐はエヴェレスト山ほどの高さがある。

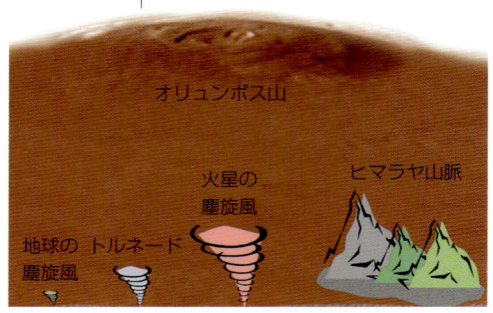

アリゾナ州にて。塵旋風の電磁気活動を調査中の科学者たち。火星大気塵光学電波（MATADOR）現場実験の一部。

領域に形成される。最も頻繁に塵旋風が起こるのは，地表が強く熱せられた場合である。暖かい大気は上昇して，周囲の全方向から冷たい空気を巻きこんで回転を始める。強力な旋風はまた，突風や地表の障害物により形成された小さな渦巻を飲みこむ。これらの渦を巻く風は，十分に力が強ければ，細かい塵の粒を大気中に吹き上げる。この塵がなければたいてい，回転する大気の柱は目に見えない。塵旋風は，渦を巻いた流れが川下に移動するように，背景の風の方向に移動する。背景の風が強力であれば押されてまっすぐ移動するし，比較的穏やかであれば弧を描いて動く。

　地球の塵旋風はたいてい，比較的穏やかで，ほとんど損害を与えない。塵旋風にまともにぶつかっても大した衝撃でないほどである（小さなつむじ風を追いかけてその中に入ることも可能だ）。しかし地球の塵旋風で脅威となる例外が少数ある。地球の広い砂漠地帯では，10階建ビルより高くなる塵旋風が起こる。オーストラリアでは高さ2.4 kmの怪物級塵旋風が報告されている。

　しかしながら，火星の塵旋風と比べると地球のそれが小さく見える。火星で最大の塵旋風は直径1.6 km，高さはエヴェレスト山より高い。秒速90 mの強風がこれらの竜巻の周りで鞭を振るう。火星の平均的な塵旋風と比べても，地球の典型的なトルネードが貧相に見える。火星の塵旋風が大規模になるのは，主として重力が小さい（地球の38%）ことと，気圧が低い（地球の0.6%）ことによる。

　しかしもっと驚いたことに，これらの嵐の怪物は実に穏やかである。火星の大気は薄いので，強風でも強い衝撃にならないのだ。オポチュニティーとスピリットの双子のローヴァーは，塵旋風に遭遇してもまったく損傷を受けなかった。

　これらの風の踊り子たちは大量の塵を運ぶ。火星の気圧は低いため，塵の小さい粒を吹き上げるにもハリケーンに近い強さの風が必要なの

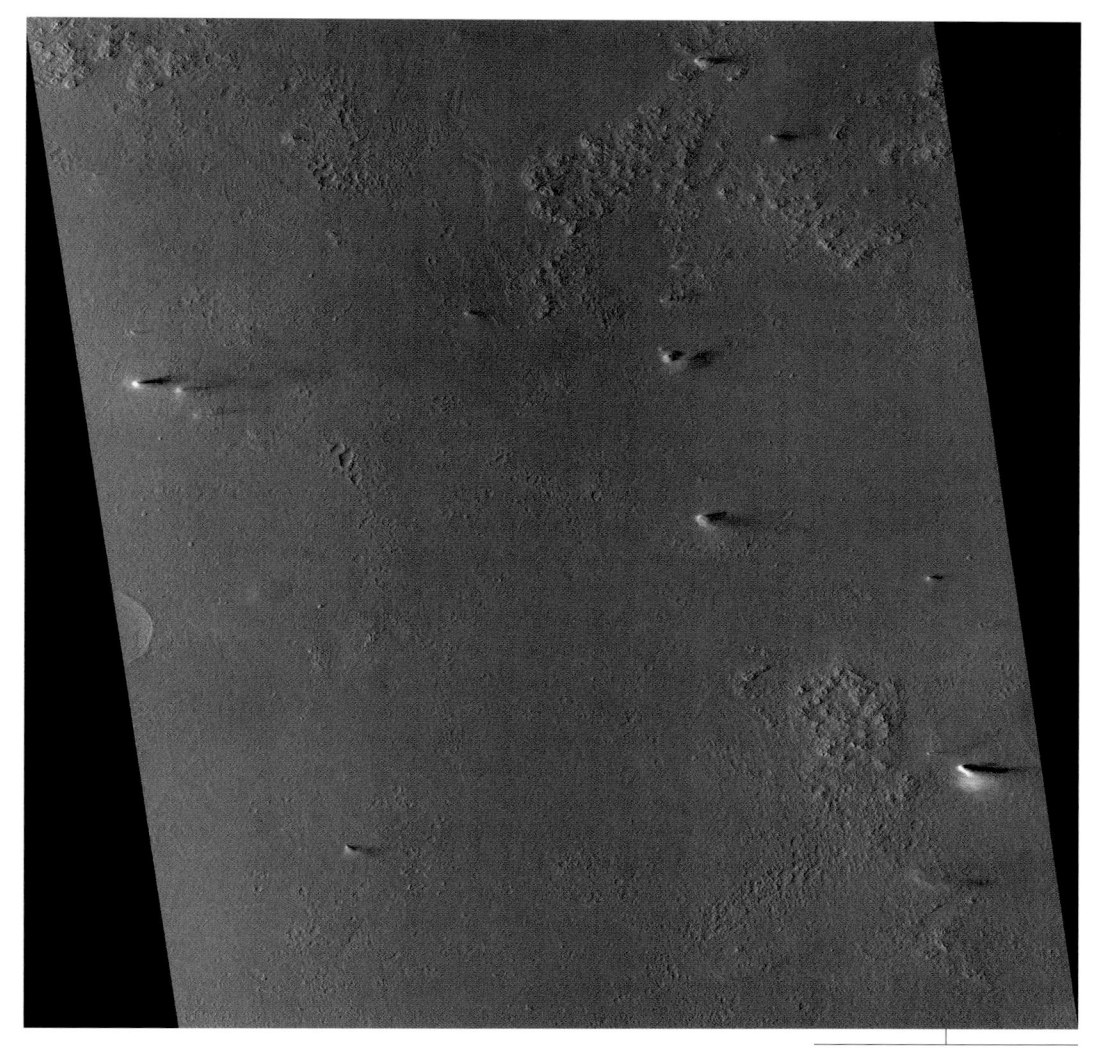

だ。塵旋風が地表をかき回すにつれて，塵の薄い層を吹き払って，その下の黒い層が露出する。塵旋風の通った黒い跡は一か月以上も残る。火星の塵旋風の跡は，深いヘラス衝突盆地からタルシス火山の頂上まで火星のほとんどいたるところに見つかる。北極圏にさえ観測されているが，それは極冠から吹き降ろされる乱気流により鞭打たれた塵旋風が残したと推測されている。

地表加熱により形成される塵旋風は，真夏にピークを迎えるという事実は首尾一貫している。しかしながら，塵旋風自体は一年中観測さ

火星，アマゾニス平野中の塵旋風の一部隊。塵旋風が塵を撒き散らすので有名な領域で，2006年11月，MROが検出した。この画像は30 km四方である。塵はほぼ毎日この惑星のどこかで吹き上がっている。

最高の掃除機——火星の塵旋風

火星の北平原に走る塵旋風の跡は，景色を変える。マーズ・リコネサンス・オービター（MRO）によるこの画像は差し渡しおよそ500 mの範囲を網羅している。大きさが1 m未満の物体が見える。

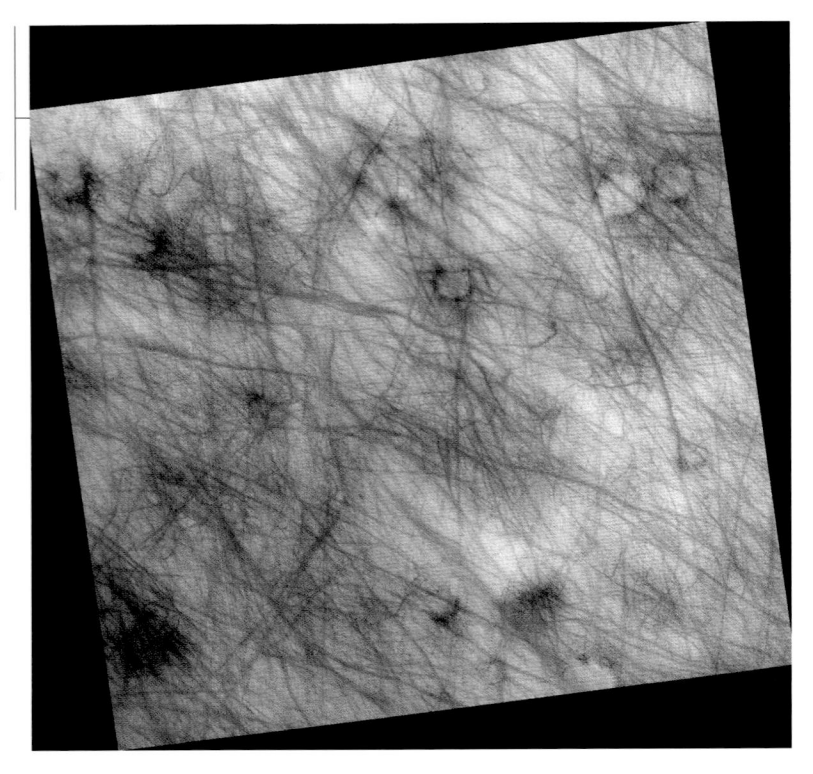

れている。頻繁に起こる塵旋風は，100年以上にわたって地球から観測されている，火星の北平原が季節により暗くなる現象を説明できるかもしれない。それはつまり，地表を強力に掃き清める「春の大掃除」なのかもしれない。

　これは軽く扱われるべき清掃作業ではない。何はともあれ，火星の地表は完全に塵に覆われているので，大掃除は特別な組み合わせ——エヴェレストより高く，ハリケーンほど強力で，そして大所帯（多数の塵旋風）——を必要とする。火星の塵旋風が，太陽系で一番強力な掃除機なのは疑う余地がない。

雨が激しすぎる ── 天王星と海王星のダイヤモンド製の雹

　ピシッ，ピシッ，ピシピシッ，ピシッ，ゴツゴツッ，ゴツゴツゴツッ，ゴツッ，ゴツゴツッ，ガン，ガン，バンッ！

　これは，あなたの車に大降りの雹(ひょう)が当たっている素敵な音だ。秒速50 mの速さで降る雹は，車のフロントガラスや家の屋根に深刻な損害を与える。毎年雹による穀物の損害は10億ドルを越え，財物損壊額はアメリカだけでもおよそ15億ドルになる。

　しかし事態はもっとずっとひどかったかもしれないのだ。幸い，水の氷は比較的柔らかい物質だ。温度にもよるが，氷の硬さはモース硬度で1.5から6の間にとどまる。雹はふつう0℃から−30℃という比較的暖かい温度でできるので，その硬度はおよそ2，人間の爪より少し柔らかいくらいだ（これが，雹の粒を爪でほじくることができる理由である）。雹がもっと硬い物質でできていたら損害がどれほどになるか想像してみよう。たとえば鉄粒，水晶のみぞれ，あるいは自然界で最も硬い物質，ダイヤモンドだったら？

　これは現実に起こっているかもしれない。氷の大惑星，天王星と海王星でのことだが，惑星中心部に向かってダイヤモンドの雹が降りつ

左は2006年，ハッブル宇宙望遠鏡による天王星の合成画像。この巨大氷惑星で最初に検出された大暗斑を四角で囲んだ。右は1989年，ヴォイジャー2号による海王星の大嵐と暗斑群。両惑星の青色はメタンが赤と緑の波長を吸収するのが原因である。両惑星内部の奥深くでメタンは圧縮されてダイヤモンドになり，固体の中心核に降り注いでいるかもしれない。

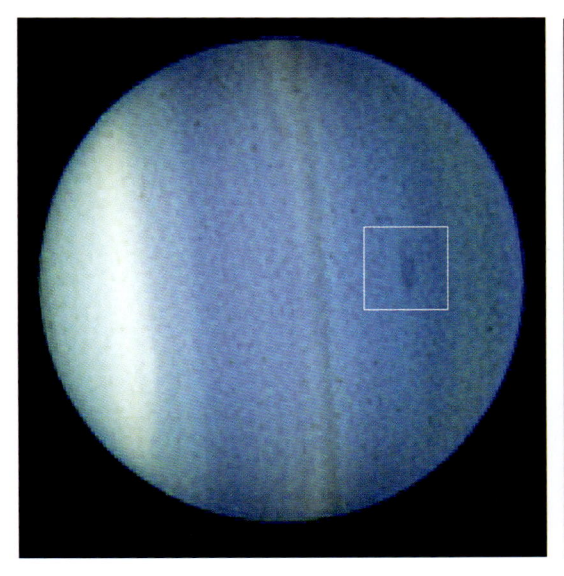

さまざまな物質の硬さ

物質の種類	モース硬度
黒鉛（炭素）	1
氷（0℃）	1.5
雹	1.5〜2.5
爪	2.5
金	2.5〜3
鉄	4〜5
氷（−70℃）	6
ガラス	6〜7
水晶	7
鋼鉄	7〜8
ダイヤモンド（炭素）	10

モース硬度スケールは非線形である。ダイヤモンドは黒鉛の1500倍硬い。

づいている。

　天王星と海王星はほかの大惑星（木星型惑星）と異なる。木星と土星は水素とヘリウムを合わせると99%を越える（ほかは窒素，酸素，そして大気に色をつける炭素化合物などの烏合の衆だ）が，天王星と海王星は大部分が水，アンモニア，そしてメタンの氷であり，水素とヘリウムは15%しかない。本当のところ，天王星と海王星は，組成からすると木星や土星の仲間である「ガス惑星」というより，その凍った衛星に近い。

　これらの相違について正確な原因ははっきりしていない。しかし最もありそうな説明としては，太陽系形成の初期段階における惑星核の大きさが挙げられる。ガス惑星（木星と土星）は岩石の核が十分大きかったため，軽い水素やヘリウムの元素を重力でひきつけることができたのに対し，氷惑星（天王星と海王星）の中心核は小さく，重い分子しかつかまえておけなかったのではないかという説明だ。氷の巨大惑星は成長過程で，残っていた水素やヘリウムをいくらかつかまえて，外側の大気の殻を形成できた。惑星内部からはメタンガスが浮き上がって，天王星と海王星を特徴づける青緑色を生み出した。

　しかしこれらの遠い外惑星の大気は，冷たすぎてダイヤモンドを生成するどころではない。このため，われわれは惑星の奥深くに潜る必要がある。凍った巨大惑星の大部分を占めるのは，水，アンモニア，そしてメタンの氷が半解け状態になった厚いマントルである。マントル内部の高い温度はメタンを，水素と炭素の混合物から分離するらしい。次に，高い圧力がこの自由な炭素を押しつぶして結晶格子に変え，非常に硬いダイヤモンドができる。ダイヤモンド製の霰（あられ）は，小さいものは塩の粒ほど，大きいものは石ころほどであるが，液体のマントルの中を通って降りつづけ，岩石の核をたたきのめす。この核はダイヤモンドの厚い層に覆われる。このダイヤモンドは地球上のどんなダイヤモンド鉱よりも重い。

　もちろん，まだ誰も天王星や海王星で実際にダイヤモンドを見つけてはいない。それどころか，実はそのようなダイヤモンドの存在を否

| 木星 | 土星 | 天王星 | 海王星 | 地球 |

■ 水素分子	■ 水素，ヘリウム，メタンのガス
■ 金属の水素	■ マントル（水，アンモニア，メタンの氷）
	■ 中心核（岩石，氷）

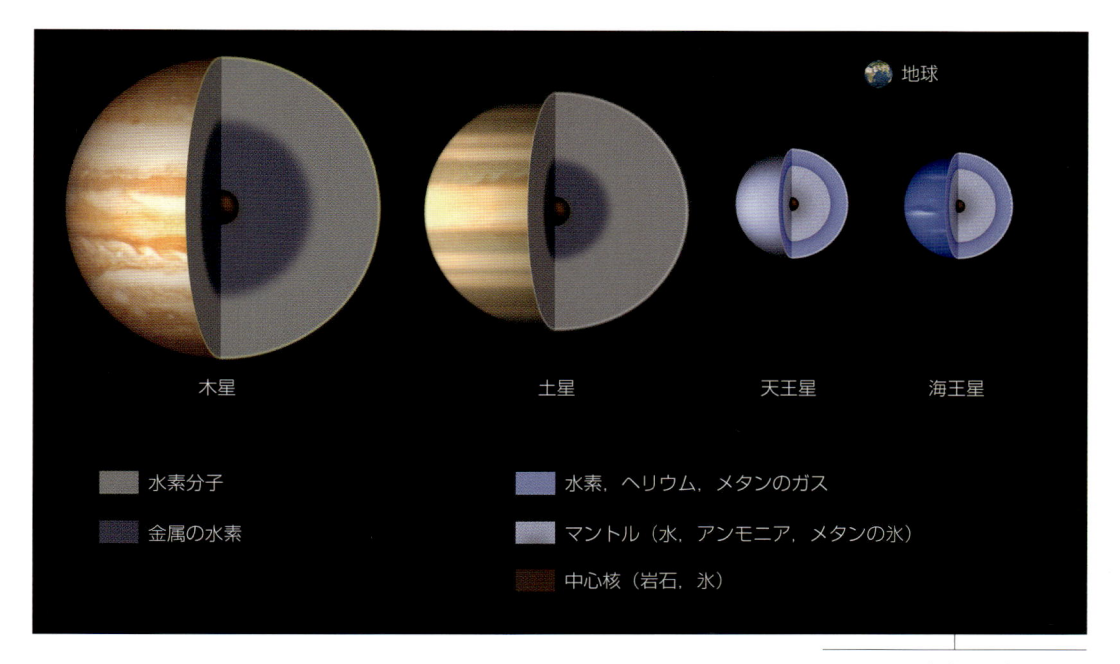

すべての巨大惑星の内部には，凍った岩石の核があるが，共通なのはここまでだ。木星と土星には高圧でできた金属水素の厚い層があり，その外側は水素分子とヘリウム分子で包まれている。対して，天王星と海王星には重い氷のマントルがあり，それを水素，ヘリウム，メタンの大気で包んでいる。図に同じ縮尺で地球を示した。

定する証拠が存在する。実験室では，液体のメタンは，巨大な氷惑星のマントルの中で見つかる圧力と温度を条件として，部分的に黒ダイヤモンドの「塵」に変化する（科学者は実験室に，これらの地球上ではありえない条件をつくりだす。ダイヤモンドの鉄床セルを使って地球大気圧の10万〜50万倍の圧力をつくりだし，レーザーで温度を1700℃を越える高温にする）。しかしながら，最近のコンピュータシミュレーションによれば，巨大な氷惑星にどれだけメタンが豊富だとしても，ダイヤモンドが短時間に形成されるほど十分な炭素がないのだという。これらの惑星の炭素含有量は1〜2%しかないので，化学変化でダイヤモンドを生成するには宇宙の寿命を費やしてもまだ時間が足りないのだと。

　天王星と海王星の内部活動について理解を深めるためには，そして矛盾の宝石を解き明かすためには，もっとデータが必要なのは間違いない。残念ながら，これらの氷惑星を探査する探査機ミッションは現在予定がない。唯一有望な，海王星への接近通過をもくろむNASAのプロポーザルも，探査機のエネルギー源となるプルトニウム不足のため2019年まで打ち上げできないとされる。打ち上げたところで海

巨大惑星の内部状態をシミュレートする実験。二つのダイヤモンドチップからなる鉄床セルで，物質（たとえば液体メタン）を圧搾して高圧にする。ここでは，レーザーがチップの片方を気化して衝撃波を送り，物質を急速に高温化する。この種の高圧実験により液体メタンは黒ダイヤモンドの塵混じりの炭化水素のスープに変わる。

王星到着は2028年のことになる。ダイヤモンドの雨が太陽系内で降るにしても，拾うのはかなり面倒なことになるのかもしれない。

第 4 部

極端な気候

最大で最悪な神の子たち ── エルニーニョとラニーニャ

　ペルー沿岸で魚がなぜか消える。インドネシアの熱帯雨林で山火事が大損害をもたらす。南アフリカが深刻な日照りになり作物がしおれる。そして同じ時期に，中央カリフォルニアの農地を大洪水が襲う。この現象は二年から七年おきに起こり，通常クリスマスのころに最高潮を迎えるため，ペルー人の漁師はこれを，「神の子（キリスト）」という意味のエルニーニョと呼ぶ。これは太陽系で最も損害の大きい気候変動の一つだ。

　エルニーニョは妹のラニーニャとともに，太平洋赤道域における強力な海洋・大気現象の一部である。エルニーニョ南方振動（ENSO）と呼ばれるこの気候破壊は，海流を乱し，暖かい大量の水を漂わせ，気圧と風のパターンを大きく変えることを意味する。

　歴史的に，エルニーニョとラニーニャという用語は，東太平洋での海面水温の上昇または下降を指す。その一方で南方振動は，タヒチとダーウィンの間の西太平洋の海面の大気圧変動と一致する。この数十年間に，科学者はこれらの二つの現象が複雑に絡みあって，地球規模で天候と気象に打撃を与えている事実を発見した。

　太平洋赤道域の平年の状態は以下のように推移する。地球が自転する結果，貿易風は継続して東から広い海域を通って吹く。これらの風が海面を西に押して，西太平洋に暖かい水の厚い層ができる。冷たい

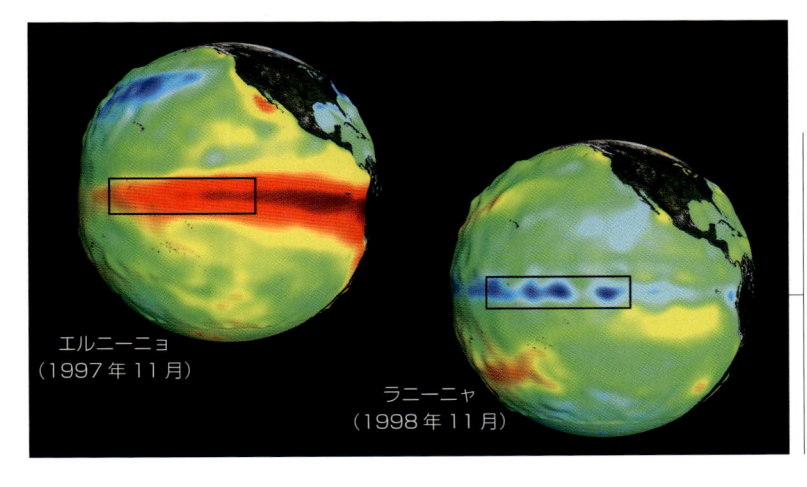

エルニーニョ
（1997年11月）

ラニーニャ
（1998年11月）

エルニーニョ／ラニーニャ現象が起こっているときの太平洋の海水面温度。平年より高温の場所を赤，低温の場所を青で示した。大袈裟に膨らんで表現された箇所は海水面変動を示す。各画像中の四角はニーニョ3.4海域（南緯5°〜北緯5°，西経170°〜西経120°）であり，エルニーニョとラニーニャの強度をモニターするのに使われている。

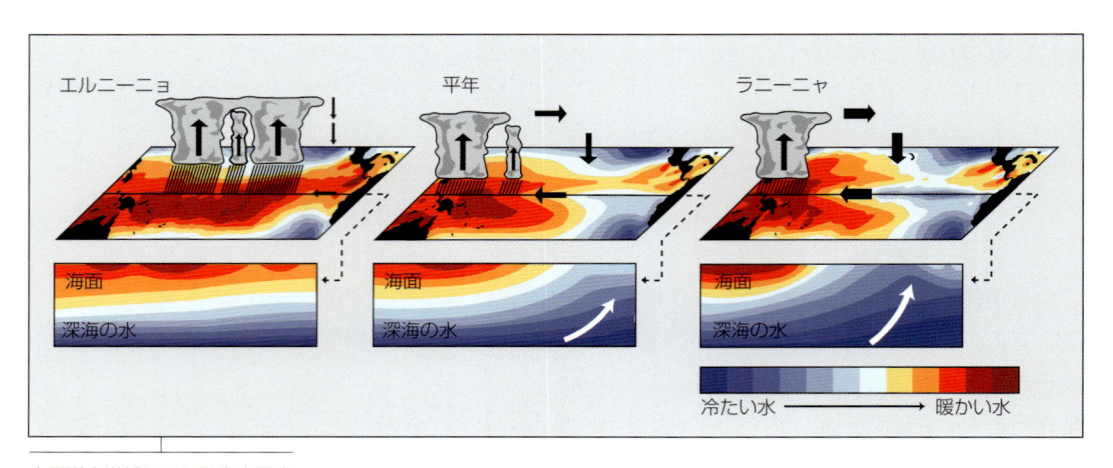

太平洋赤道域における海水温度と大気循環パターン。各図で右が南アメリカ方向，左がオーストラリア・インドネシア方向を示す。エルニーニョは，東太平洋海面温度が高く，降雨が東方へ移動するのが特徴である。深海からの冷水の上昇は，海面の暖水に阻まれる。対照的に，ラニーニャは東太平洋が低温になり，平年より貿易風が強まり，西太平洋で豪雨が起こる。平年およびラニーニャ現象中に現れるウォーカー循環セルは，エルニーニョ現象中には認められない。

深海の水は，東太平洋の海面近くの暖かい水と入れ替わり，深海から栄養分（有機堆積物の上品な言い換え）をもたらして，植物プランクトンの繁栄を支える。海洋の食物連鎖の基礎であるこれらのプランクトンが繁栄することで，エクアドルとペルー沿岸は世界一流の漁場になっている。

　西太平洋のこの暖かい水はまるごと，勢力の強い熱帯低気圧に対する強力な熱源となる。西に頑固な低気圧が形成され，大雨になる。四か月も続くインドネシアのモンスーンが豊かな多雨林を育み，世界で最も高さのある雷雲をダーウィン沿岸で発生させる。対流圏のてっぺんで風は東へ回帰し，ウォーカー循環と呼ばれる太平洋広域循環が完成する（南方振動の発見者にちなむ命名）。東太平洋では雲のない大気が海面まで下降するために晴天が続く。

　しかしこの通常状態は長くは続かない。名前とは裏腹に，太平洋は決して「太平」ではない。

　太平洋海盆を巨大な浴槽と考えてみよう。東から風が吹くと，暖かい水が西に積み上がる。西太平洋の平均海水面はおよそ25 cm上昇する。この大きな水の塊は長くは保たない。しばらくすると，太平洋の巨大な浴槽の水は跳ね返って戻りはじめる。暖水の塊は東へ移動し，それに伴って大気も押し戻される。対抗する貿易風は減衰し，太平洋中域の気圧は低下し，雨雲がインドネシアから移動する。

　これがエルニーニョだ。深海から湧き上がる冷たい水は今や東太平洋海面の暖水の厚い層に阻まれ，ペルー沿岸では栄養分が60%も

減少するため，魚は餌を求めて移動する。海鳥やアシカも飢える。名だたるガラパゴス島のイグアナの死亡率は90％に達する。インドネシアの農場主が土地を切り開いてつけた火は，通常はモンスーン性の豪雨で消えるのだが，制御不能になって燃えさかる。

次に，太平洋の海水が西へ押し戻される。貿易風は強まり，海面の暖かい水はインドネシアやオーストラリア方向へ戻る。しかしこの水は通常の場所を通りすぎて，西太平洋でいっそう高く積み上がる。東太平洋では，海面水温は平年より低くなり，躍層（海面の暖かい水と深海の冷たい水の境界）は非常に浅くなる。

1997年から1998年にかけてのエルニーニョ現象は記録上最強であり，高波と豪雨がカリフォルニアの海岸を浸食した。

これがラニーニャ，つまりENSOの冷たいヴァージョンだ（ラニーニャは，最初，アンチエルニーニョと呼ばれていた。しかしこれを訳すと「アンチキリスト」になってしまう）。インドネシアとオーストラリアで激しい洪水が起こる一方で，南アメリカでは深刻な旱魃になり，ガラパゴス島では豊かな生態系が展開する。

ENSOの影響は太平洋赤道域を越えて広がる。移動する暖水の塊は世界規模で気象パターンに影響する。ジェット気流を偏向させ，台風発生域を移動させて普通は発生しない場所で起こさせる。エチオピアの破壊的な旱魃と飢饉は，1982年から1983年にかけての強いエルニーニョ現象と関連があり，中央ヨーロッパを引き裂いた記録的な大洪水は1997年から1998年にかけてのエルニーニョに関連する。ラニーニャも同様に地球規模で破壊を尽くす。大西洋でハリケーンが激しくかつ頻繁に発生するようになり，北アメリカ大陸中央部で激しいブリザードが起こり，そしてバングラデシュでは大洪水で死者が出る。

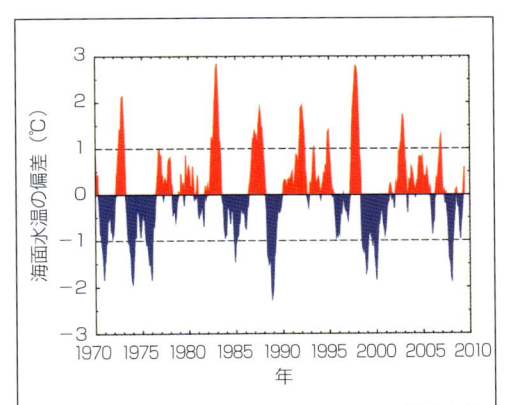

季節変化をもたらす地球の自転軸の傾きの次に，ENSOは単独で，地球の短期的気候に最大の

太平洋は二年から七年おきに，エルニーニョ現象とラニーニャ現象が，不規則なパターンで交代する。最初は太平洋中の4海域がENSOをモニターするために使われた。2003年に，海域3と海域4のコンビネーション（Niño3.4）における海水面温度（SST）が，地球規模の広い気候変動を最もよくとらえていることがわかった。このプロットは，40年以上にわたるNiño3.4における週間の平均海水面温度の偏差を図示した。偏差が正方向に0.5を越える値はエルニーニョ，負方向に0.5を越える値はラニーニャを示す。±1℃を越えるNiño3.4指数は強いENSOフェイズを検出する。

最大で最悪な神の子たち——エルニーニョとラニーニャ

エルニーニョとラニーニャが，ジェット気流の流れを平年時から変えることによって，北アメリカの平年の冬型の天気を変える。

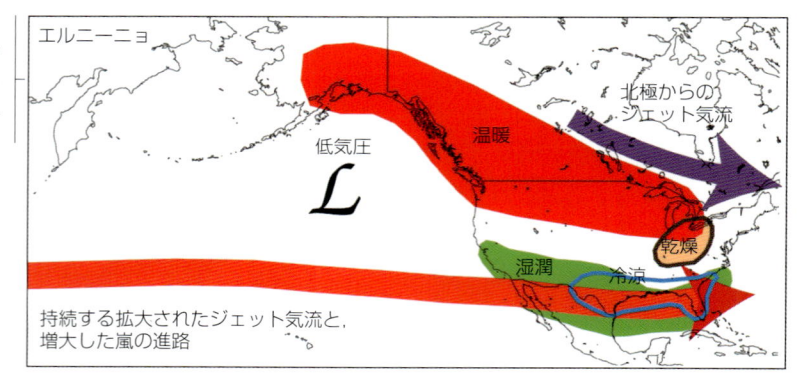

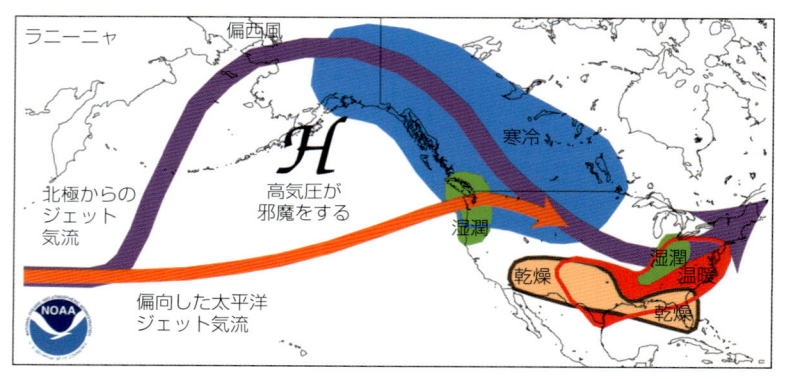

衝撃を与える。太陽系のほかのどの惑星にも，このようなものはない。エルニーニョとラニーニャは，地球街区で最も大きくかつ最悪な気候の赤ん坊たちなのだ。

カラカラな温室 —— 手に負えない金星の温室効果

お手上げだ！　温室効果がわれわれの惑星を支配している！
夏は精錬所 —— 鉛を溶かすほど熱い！
全球規模の温暖化よ，ようこそ！　海よ，さようなら！

　このような人騒がせな見出しでは，道理をわきまえた人間（科学者は通常このカテゴリーに含まれる）なら誰でも，気候変動と差し迫った滅びについて懐疑的になるに違いない。しかし，この警告は地球については大して意味をなさず，明らかに金星に適用されるものだ。

　誤解しないでほしい。地球に起こっている気候変動はきわめて重要である。何といっても，2005年は観測史上（1850年以来の）最も暖かい年であり，年輪年代学によれば，おそらく過去2000年で最も暖かい年であった。南極の氷床をボーリングして得たコアを分析した結果，地球温暖化に強く貢献している大気中の二酸化炭素（CO_2）が，

金星の紫外線画像。1979年に金星探査機パイオニア・ヴィーナス1号が撮影した。厚い雲が，温室効果が手に負えなくなって猛烈に暑い金星の地表を隠している。

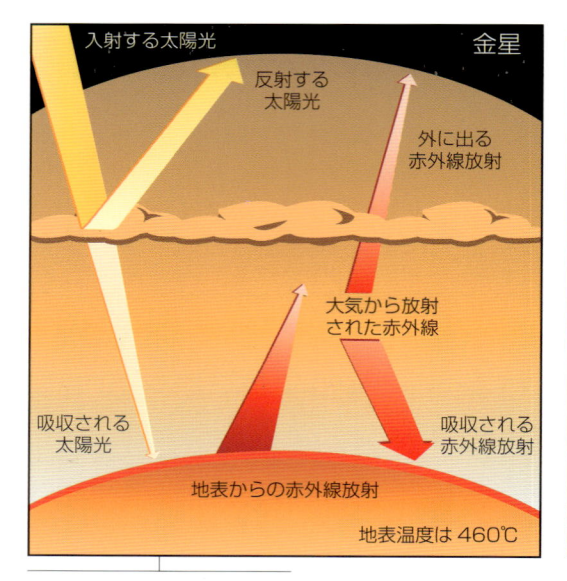

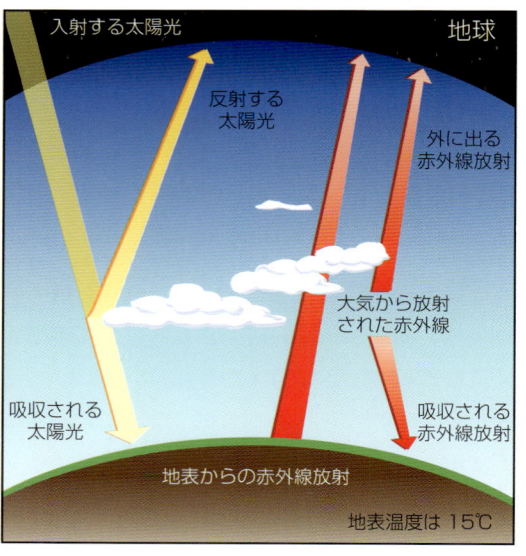

放射バランスと温室効果について金星と地球を比較した。金星地表に届く太陽光は地球より少ないが，CO_2 が大部分を占める高密度の大気が，赤外線放射を大量に地表近くに蓄える。金星の温室効果は地球の十倍強い。

2008年に過去65万年での最大量で歴史的な水準を記録した事実がわかった。2007年の気候変動に関する政府間委員会（IPCC）の報告では，「気候システムの温暖化は疑う余地がな」く，そしてこの気温上昇の最大の原因は人類，つまり化石燃料の使用と土地利用の変化（90%の可能性：地球環境系の複雑さを鑑みれば，著しく強力な統計値である）なのだという。地球で温暖化が進行しているのは明白である。

　地球と比べたら，金星の気候は暖房の効かせすぎである。地球の姉妹星とよくいわれるように，金星は地球と大きさ，密度，そして化学組成がほぼ同じである。金星全体を厚い雲が包んでいるために，かつて金星は熱帯生物でいっぱいの蒸し蒸ししたジャングルを宿しているのだと思われていた。

　金星は地球より暖かいと思うかもしれない。何といっても金星は地球より4200万kmも太陽に近いのだ。しかし金星の気候を支配しているのは太陽だけではない。厚い硫黄酸化物の雲が，入射する太陽光の80%を反射している。このため，金星の地表に届く入射量は，地球よりも少なくなる。とすれば，金星の地表温度は地球より57℃も低くなり，凍りつくように冷たくなるはずだ。

　しかし観測はその逆を示している。金星の地表温度は460℃で，鉛が溶けるほど熱い。そしてこの熱さは乾燥している。というのは，金

星の水ははるか昔に全部沸騰して地表から蒸発してしまったからだ。このカラカラ温度は太陽光だけのせいではない。驚いたことに，この温度は赤道から極地まで，また昼夜を通じてほぼ均等なのだ。それはあたかも，ぬくぬくした毛布が金星をすっぽり包んで，芯まで暖めているかのようだ。この毛布とは実際は CO_2 に満ちた大気で，金星に手に負えない温室効果を及ぼしている。

　全球的な温暖化は，入射と放射の微妙なバランスが乱されるときに起こる。CO_2 のような温室効果ガスは，このバランスを変えかねない。温室効果ガスは可視光放射をさほど吸収してくれない（つまり，そこには可視光の「窓」がある）。しかしさまざまな赤外線はきわめてよく吸収する。赤外線の一部は「赤外線の窓」を通じて宇宙に逃げる。さもなければ，各惑星は冷めにくくてたいへんだっただろう。

　温室効果は以下のような経過で起こる。太陽放射が可視光の「窓」を通って地表に到着し，暖める。暖まった地表は温度を下げようとして，エネルギーを赤外線として放射する。この赤外線が宇宙に出ていく前に，温室効果ガスが吸収して上下方向に赤外線放射をする。上向きの赤外線放射は最終的に宇宙へ出ていくが，下向きの放射は地表に戻って温度をさらに上げる。この話の核心は，（放射という形で）地表に届くエネルギーが，太陽から直接来るよりも多くなるということ

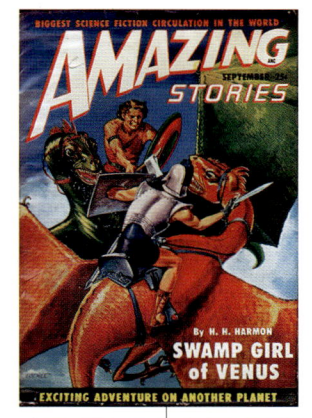

「発行部数世界最大のサイエンスフィクション専門誌『アメージング・ストーリーズ 1949年9月号』。今月は，H. H. ハーモン著『金星沼地の美女』，よその星での血沸き肉踊る冒険譚！」
20世紀前半の科学者とSF作家は，金星に奇怪な生物がいる可能性を示唆していたが，湿原のない金星に翼竜がいる証拠はない。しかし金星がアツいのは本当だ。

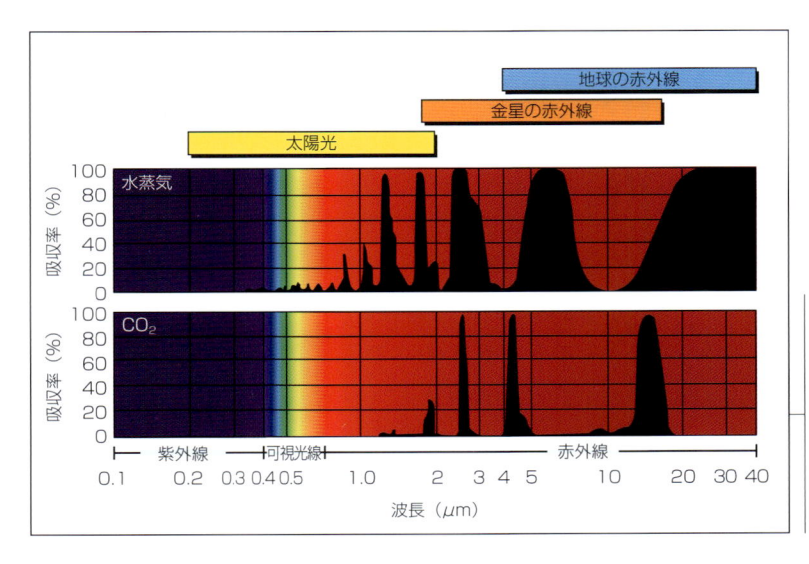

温度が異なるため，太陽，金星，そして地球が放射する波長のピークはそれぞれ異なる。水蒸気と CO_2 は赤外線をよく吸収するので，温室効果をもたらすガスと考えられている。地球では水蒸気がおもな温室効果ガスであるが，金星の気候を制御しているのは CO_2 である。

カラカラな温室——手に負えない金星の温室効果

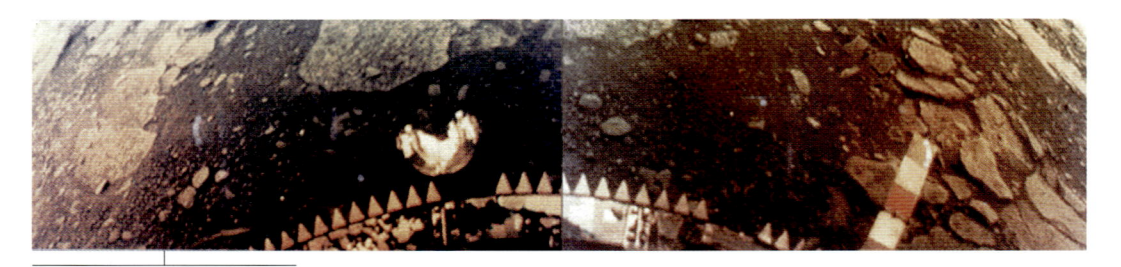

太陽系で最も暑い惑星表面の，数少ない可視光画像の一枚。ヴェネラ13号の着陸船は1982年3月に金星に投入されて，わずか2時間7分しか保たなかった。この画像の下のほうに着陸船の一部が見える。

である。

　大気によるこの赤外線放射は効果が高い。平均して，地球の地表が大気と雲から受け取る放射量は，太陽から得るより88%も多い。この比率は金星ではもっと極端で，大気はほぼ1000倍の放射量を地表に届ける。この温室効果がなければ，地球も金星も氷点下の温度になる。

　なぜ金星では温室効果がこれほど強いのだろう？　金星の大気は地球大気の90倍重いので，水深910mの海中で受ける水圧と同じ圧力が地表にかかる。さらに，この高密度な大気の96%はCO_2である。地球にある炭素の大部分は岩石中に隔離されているのに対し，金星にある炭素の大部分は大気中にある。高い大気圧により，CO_2が赤外線放射をいっそうよく吸収するようになる（熱を逃がす赤外線の窓が狭くなる）。熱をよく吸収するCO_2が過剰なため，温室効果は制御不能になり，地表からは赤外線はほとんど宇宙に逃げることができない。

　厚く窒息しそうな大気と，肉をあぶるカマドより熱い温度により，金星の地表は太陽系で一番暑い。全球規模の温暖化と温室効果は実際に警戒レベルにある。ちょっと金星に聞いてごらん。

ダーティーな気候変動 ── 火星全体を覆う大規模な砂嵐

　1971年，NASAは火星探査機マリナー9号を火星に送り出した。宇宙探査で，やむにやまれぬいくつかの疑問に取り組むためにである。火星の表面はどんなふうに見えるだろう？　1877年に最初にスキャパレリによって存在をほのめかされた運河は本当にあるのだろうか？　赤い惑星に進んだ文明は本当にあるのだろうか？　それまでの探査機は火星まで飛んで，この惑星の部分撮影を果たした。しかしマリナー9号は地球以外の惑星の周回軌道に投入される最初の探査機になるはずだった。当時の最新技術でつくられたカメラで，火星の80％近くを撮影して，火星表面に刻まれた高度文明の決定的な証拠を持ち帰るはずだった。

　惑星科学者が失望したことに，1971年11月に火星に到着したマリナー9号は，火星表面に特別なものを何も見なかった。全球規模の砂嵐が火星全体に猛威を振るい，惑星の地形はほぼ全部覆い隠されてしまったのだ。幸い，NASAはマリナー9号が嵐が止むまで待機しているようプログラムを直すことができた。塵が最終的に1972年1月

2001年の全球規模の砂嵐を，ハッブル宇宙望遠鏡がとらえた画像。左の火星右下に，小さい局所的な砂嵐が見える。数か月後，この砂嵐は火星全体を覆っていた（右）。

2001年6月26日　　　　　　　2001年9月4日

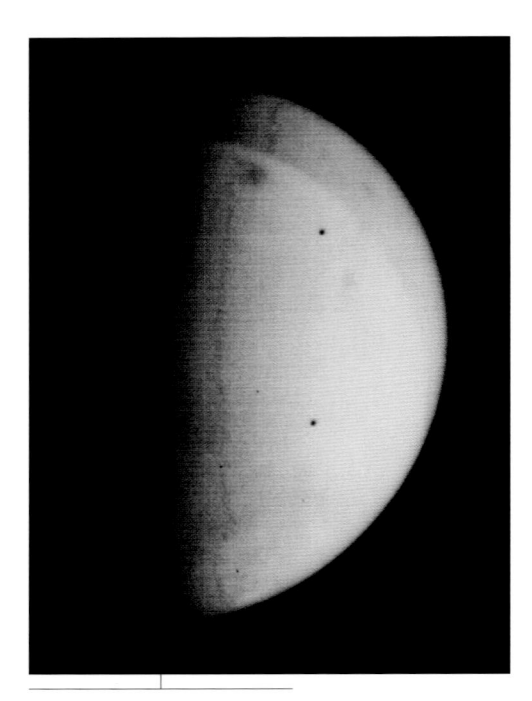

1971年，マリナー9号が火星に接近したときに撮影した火星。全球規模の砂嵐が火星を包んでいる。上端のぼんやりした黒い点は，太陽系最高峰のオリュンポス山で，砂嵐より高くそびえている。もっとはっきりした黒い影は，カメラレンズの補正ガイドであり，画像記録過程でできたゴーストも見える（この問題は次の探査機マリナー10号では改善された）。

に落ち着いたとき，マリナー9号はいくつかのめざましい発見をした。一番高い火山オリュンポス山，最深の峡谷マリネリス（マリナー9号にちなんで命名された），そして遠い昔には水が流れていたと思われる，長い涸れ川などである。しかし，進化した生命が開発した運河系の証拠は何もなかった。

科学の世界では，初期に起こった問題が，予想もできなかった機会をもたらすことはよくある。マリナー9号が立ち往生せざるをえなかった事態に，科学者が発奮した結果，火星全球規模の砂嵐についての理解が進んだ。結局それは，太陽系で一番極端な気候変動現象であると判明したのだ。

火星は巨大な砂漠（地球上のどの砂漠より乾燥している）であり，広大な砂丘，乾いた古代の水路，時を経て風化した山の峰を伴う。これらの荒れ果てた景色を包むのは，鉄を多く含む赤い砂の薄い層である。通常の厚さは数mm，しかし場所によっては2mの深さになるところもある。火星は，中国神話では「火の星」であり，一方ローマでは血まみれの戦争の神であったが，その根拠である忌わしい赤色が，実際はごく薄い，錆びた鉄が積もった層によるというのは，ちょっと皮肉である。

赤い塵が火星全体を染めているため，火星では全球規模の砂嵐がつきものだと思うかもしれない。局所的な塵旋風と小規模の局所的な砂嵐は規則的に発生するのだが，全球規模の砂嵐はそれほど頻繁には起こらない。1956年以来，惑星全体を覆うほど大きな砂嵐は8回しか発生しておらず，その中で最近のものは2007年だ。さらに火星南半球の春と夏にしか発生しないのが特徴である。

全球規模の砂嵐は，特別な材料が揃わないと起こらない。第一に，塵を大気中に吹き上げるのに，きわめて強い水平方向の風（秒速20〜30m）が必要である。火星大気は密度が地球大気の0.6%しかない。火星地表に衝突する大気分子数が非常に少ないため，塵を空中に吹き飛ばすのにそれぞれの大気分子がより大きな運動エネルギーを必要とする。第二に，その風は持続して吹いていないといけない。数時間か

ら数日しか続かない．塵旋風と小規模の局所的な砂嵐は，惑星全体を覆うほど大量の塵をかき混ぜることはまずできない．第三に，垂直方向の風が激しく吹いて，大量の塵を成層圏に吹きこむ必要がある．火星上層で起こっている全球規模の大気循環パターンは，そこで塵を火星全体に行き届かせることができる．

どのようにしてそれほど強く持続する風が火星に発生するのだろう？　一つには，極領域の春に起こる極端な温度変化（温度差が大きいと，風も強くなる）による．冷たく高密度な大気が，極冠から吹きおろされて，ふもとの氷のない領域の暖かい空気を追い散らす．それと似ているが，高地の冷たい大気が比較的険しい傾斜地を吹きおろして暖かい盆地に到着する．これは，火星南半球にある大きな衝突地形，ヘラス盆地の底で 2001 年に起こった全球規模の砂嵐の例である．そして火星の公転軌道は楕円形なため，南半球の春と夏に太陽に近づき，この季節は温度差がいっそう大きくなり，強い風が吹くようになるのである．

全球規模の砂嵐が発生すると，火星全体で大気の温度が急激に上昇し，地表温度は急激に冷える．大気中の塵が入射する太陽放射を吸収して，気温を上昇させる．地上では，砂嵐の間空が非常に暗くなり，温度は劇的に下がる．2001 年の砂嵐のピーク時には，その前年に比べて上層大気の温度は 40℃ 上昇し，昼間の火星全体の表面温度は 23℃ も下がった．

しかし火星の気候変動は砂嵐が終わっても止まらない．かつて火星で暗く見えた領域は，いまはもっと薄い色の塵に覆われており，地上で多くの太陽光を反射する．2001 年の砂嵐から 2 年経っても，火星全体の地表温度はまだ以前より 2℃ から 3℃ 低下したままであった．これは決して軽視できるものではない．この塵による数か月以内の気温の低下は，温室効果が促進された結果，次の 50 年間に全球規模で地球で起こるであろう気温上昇と，規模では同じくらい重要である．

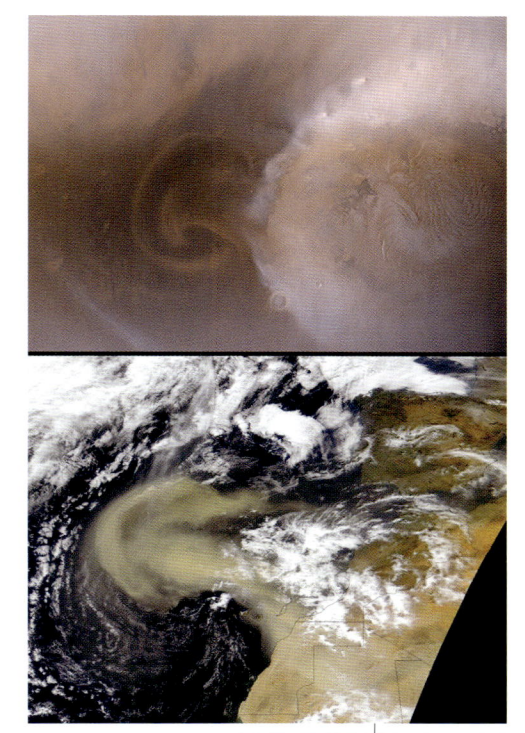

温度差が原因で強い風が吹いて，火星（上）でも地球（下）でも塵が巨大な舌状構造となる．火星の北極冠から吹き降ろされる季節性の冷たい風は，極冠の端からおよそ 900 km も塵を吹き飛ばす．地球でも似た大気循環が，陸と海の温度差によって，アフリカの塵を大西洋を越えておよそ 1800 km 吹き飛ばす．

ダーティーな気候変動——火星全体を覆う大規模な砂嵐

ヴィクトリア・クレーターにて，火星探査機オポチュニティーのローヴァーが見た暗い昼間。局所的な砂嵐が 2007 年の火星の夏季に空を猛烈に暗くした。1 Sol は火星の 1 日を表し，地球の 1 日よりおよそ 40 分長い。τ は塵の光学的な厚さ（空が澄んでいるほど数字が小さい）を表す。しかし太陽光への影響は指数関数的である。Sol 1235 では直射日光の 99% 以上を塵が遮っている。太陽光入射量の減少により，火星地表温度は急降下する。

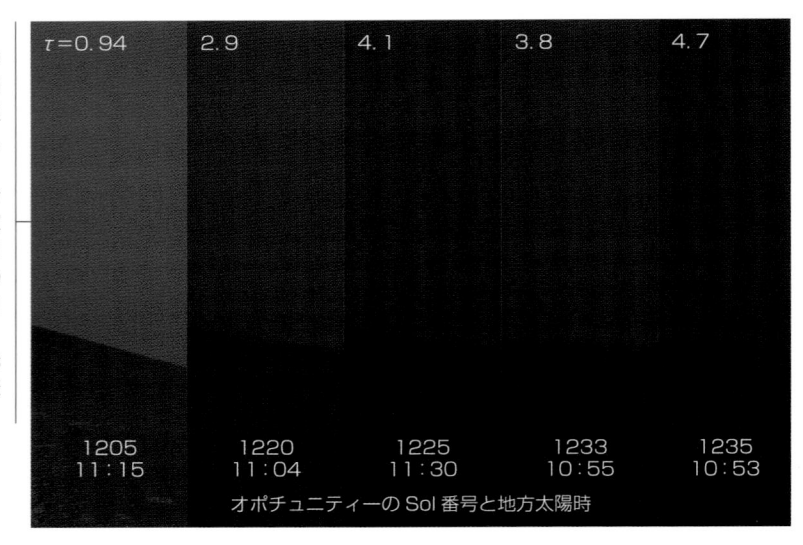

$\tau=0.94$　2.9　4.1　3.8　4.7

1205　1220　1225　1233　1235
11:15　11:04　11:30　10:55　10:53

オポチュニティーの Sol 番号と地方太陽時

　それでは，地球でのシナリオを想像してみよう。渦巻く砂嵐が地球全体をすばやく覆い，太陽を遮る。春は暖かいはずが，凍てつく低温になる。塵が大気を満たし，空を赤く煤けた色合いに染める。再び澄んだ空に戻っても，気温は数年間低下したままになる。このシナリオは地球ではまず起こりそうにないが，火星では数年おきに起こっていることだ。これは太陽系で起こる気候変動のうち，一番塵の量が多い，きわめて汚い気候変動の実例なのである。

きわめて奇怪な季節変化 —— 天王星

　地球の気候が大きく歪んだらどうなるか，ちょっと想像してほしい．あなたは夏至に北極に立ち，そこで熱帯の暖かさを享受している．太陽は決して沈まず，来る日も来る日も真上の大体同じ位置にとどまっている．実際は，あなたはうだるような一日がいつ終わって，次の日がいつ始まるのか判別しがたい時をすごすことになるだろう．ところで，赤道近くのエクアドルに住むあなたの友達は，太陽をほとんど見ることがない．そこでは太陽は，地平線すれすれをかすめて360°回るだけで，赤道地帯は永久に薄闇の中にとどまるのだ．地球の反対側，南極と南半球の大部分は深宇宙の冷たい闇を眺めるばかり…長い，中断されることのない冬の夜だ．

　北極南極と赤道地帯が役割を交換したら，惑星は半分ずつ，いつまでも消えない光の中か終わらない闇の中かのどちらかに固定される．そんなのはあまりにも変で，本当にありそうには思えない．しかし，天王星では現実に起きていることである．

　天王星は太陽系で最も理解が進んでいない惑星である．ウィリアム・

1986年，惑星探査機ヴォイジャー2号が見た天王星の，天然色画像（左）と擬似カラー画像（右）。これらの画像の中心から，南極は少しずれている。天然色画像の右端に沿ってぼやけているのは，昼夜境界線を示し，その先の北半球はまったくの闇の中にある。擬似カラー画像は，紫外線，紫色の光，そしてオレンジ色の光で撮影した画像を合成したもので，コントラストを極端に上げたおかげで極近くの大気の模様がわかるようになった。闇の中にある領域（昼夜境界線の向こう）は，擬似カラー画像では白く写っている。

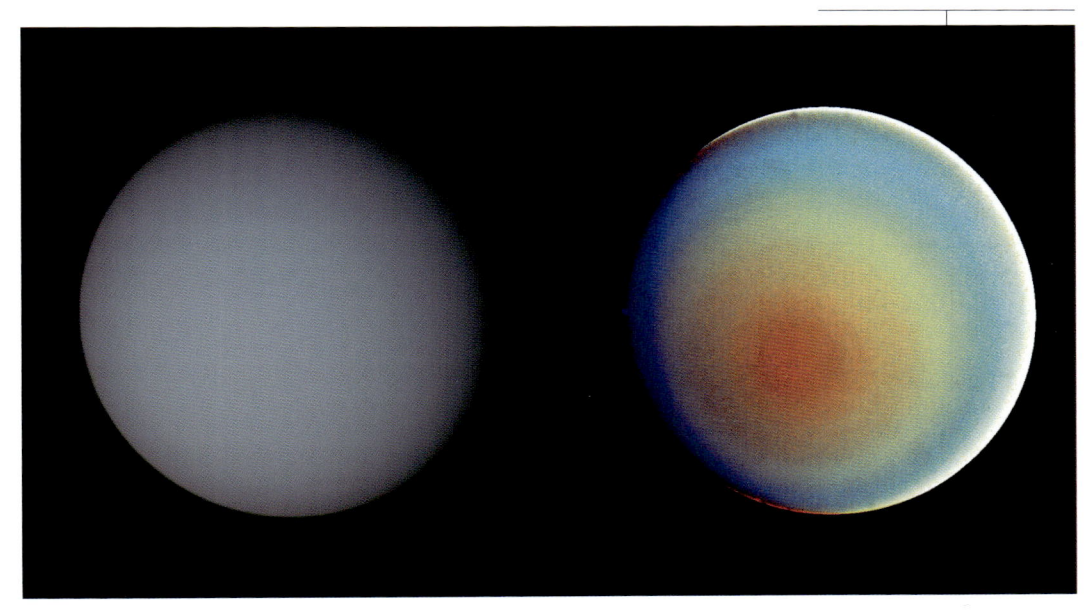

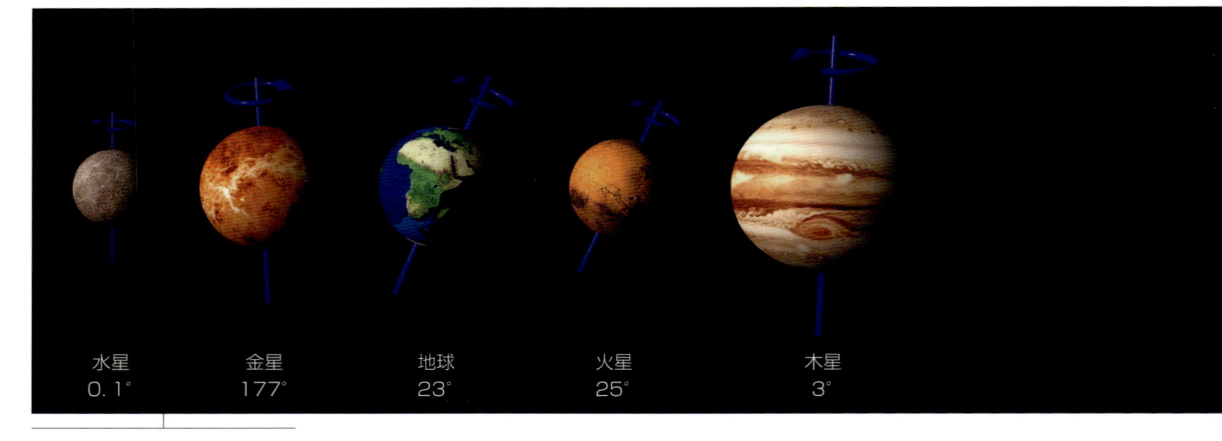

水星	金星	地球	火星	木星
0.1°	177°	23°	25°	3°

八惑星の赤道傾斜角（自転軸の傾き）。傾きが大きいと，季節変化も大きくなる。天王星の赤道傾斜角は98°なので，北極と南極には，強烈な夏と真っ暗な冬が訪れる。

ハーシェル卿によって発見されたのは1781年であるのに（ハーシェルは最初この惑星を彗星だと思っていた），この遠い惑星は20世紀末になるまで，詳細に観測されたことがほとんどなかった。惑星探査機ヴォイジャー2号が1986年に天王星まで飛んだときに見たのは，メタンを含んだ大気による青緑色をして，ほかの大惑星にみられる荒れた嵐がない比較的穏やかな惑星だった。実際は，大気構造を識別するために，ヴォイジャー撮像チームは観測データにきわめて強い画像処理を施す必要があった。

　この巨大な惑星は退屈どころではなかった。おもに大礫から巨礫サイズの粒子が複数の環を形成して，天王星の周りを回っている。一方，不定形をした小さな衛星は，お互いどうし衝突しそうなほどカオス的に相互作用している。しかし最も衝撃的な特徴は，この惑星は側面を下にするほど傾いて見えることだった。天王星の自転軸は軌道面から97.9°傾いている（自転軸の傾き，あるいは赤道傾斜角が90°より大きいということは，南極が実際は北を向いていることを意味する）。ほかの惑星同様おもちゃのコマのように自転するのではなく，天王星は太陽の周りを旅する間，側面を下に自転している。天王星がひっくり返ったのは，太陽系ができて間もなくほかの惑星クラスの天体と大規模衝突を起こしたのが原因らしい。この例外的な自転軸の傾きのせいで，天王星の季節は大混乱だ。

　惑星の季節変化は赤道傾斜角によって起こる。傾きが大きいほど，

土星
27°

天王星
98°

海王星
30°

季節ごとの差が大きくなる。たとえば木星では，自転軸がほぼ垂直なので，季節変化はほとんど認められない。惑星が軌道上を移動する間，惑星の異なる部分が太陽に向かって突き出される。地球は傾きが中くらい（23.4°）なので，北極が太陽に向いている北半球の夏は比較的温和である。6か月後，北極が太陽から離れて突き出されているときは，北半球は穏やかな冬を迎えている（北極圏の住人は異を唱えるかもしれない）。

　こうした季節変化は天王星ではきわめて激しくなる。赤道傾斜角が大きいので，極の一方は夏中太陽に直向するし，もう一方の極は暗い太陽系の果てを指す。一回の公転に84年かかる（人間の平均寿命よ

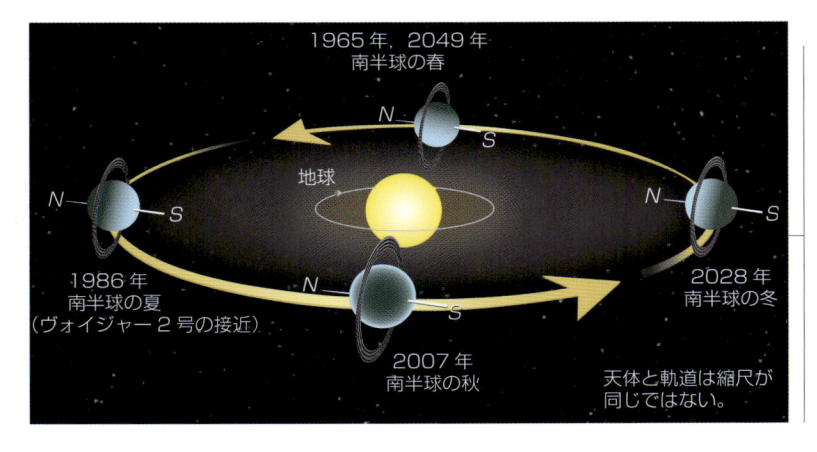

1965年，2049年
南半球の春

1986年
南半球の夏
（ヴォイジャー2号の接近）

地球

2007年
南半球の秋

2028年
南半球の冬

天体と軌道は縮尺が同じではない。

自転軸がほぼ水平の天王星は，1986年，ヴォイジャー2号が天王星に接近したとき，南極が太陽に直向していた（南半球の夏）。地球で21年がすぎたあと，太陽が赤道の真上に移動したため，天王星は南半球の秋を経験している。南半球の冬は2028年に最盛期を迎え，そのとき南極は太陽の反対側，遠い深宇宙に向いている。南半球の春分は，最近では1965年であったが，次に迎えるのは2049年である。

きわめて奇怪な季節変化──天王星

地上の望遠鏡に補償光学系を装着すると，大気の擾乱から起こるボケが解消されて，いままでで最も高画質の天王星の画像が得られる。ケック天文台で二つの異なる波長で撮影した近赤外線画像は，この方法の効果をはっきり示す。左は補償光学系を外したもので，右は装着したもの。上段の画像で白い点は天王星の衛星ミランダである。下段では天王星の環は除去されている。画像中では南が左少し斜め上にあたる。南極を囲む明るい雲の環と，北半球の明るい嵐の雲に注目。

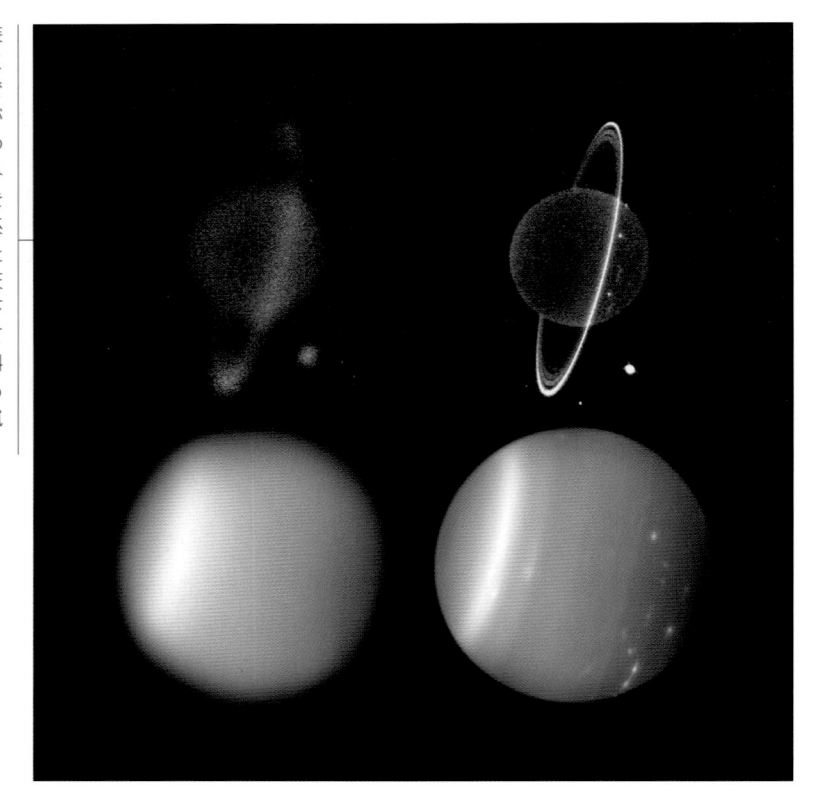

り長い）ため，灼熱の夏はおよそ21年間続くのだ*！ 幸いなことに，春と秋はもう少しふつうだ。太陽は赤道の真上を通って，天王星全体が等しく昼と夜を経験する。それにもかかわらず，天王星の一年を平均すれば，両極は太陽光を赤道に比べて二倍以上受ける。

　一見したところ，天王星の奇妙な季節変化は，異常なほど温和だ。ほかの木星型惑星とは異なり，天王星はエネルギーの大半を自らの内部で生成するのではなく太陽に頼っている。太陽光の吸収率に基づく単純な試算では夏は極のほうが赤道よりおよそ6℃ほど高温になる。しかし天王星の温度は極から赤道まで驚くほど差がない。天王星における天候システムが，信じがたいほど効率的に，極から赤道にエネルギーを移動するのであれば，このように温度が一様になるだろうが，

＊　特記のない限り，「年」は1地球年＝365.24地球日のことである。

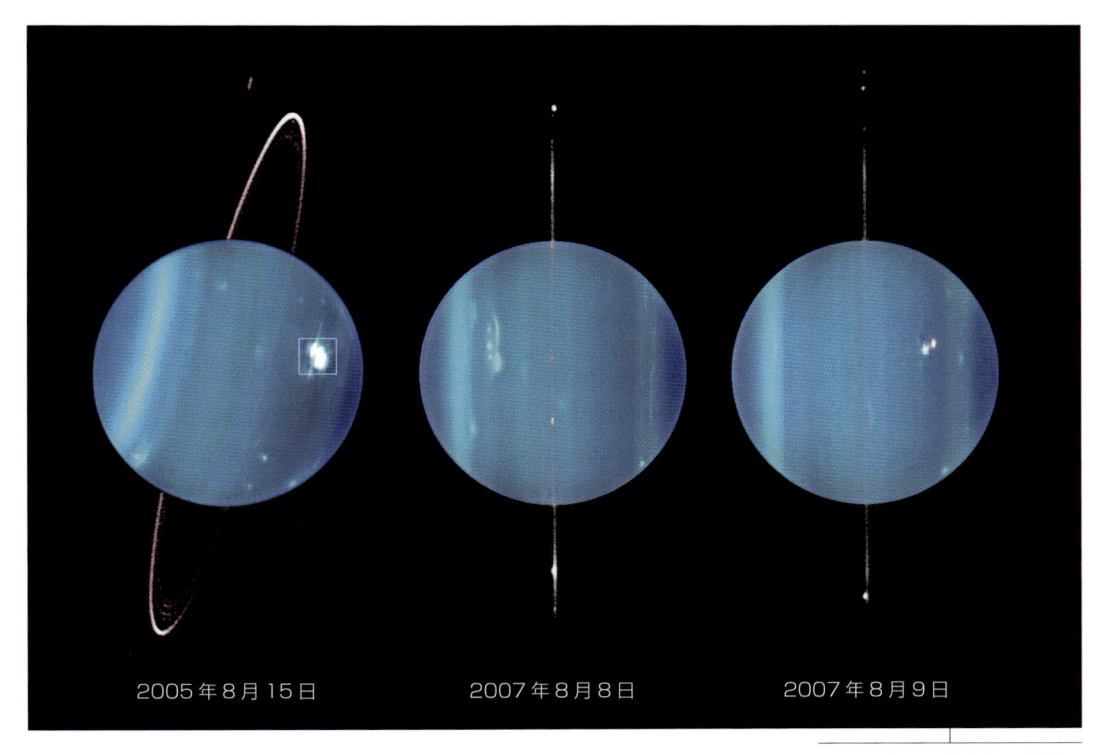

2005年8月15日	2007年8月8日	2007年8月9日

ハワイ島,マウナケア山頂のケックⅡ望遠鏡による近赤外線画像は,天王星で勢いを増した気象を示す。すべての画像で南極が左,赤道は環の直下にある。天王星は2007年に分点に達したので,環はちょうど真横を向いている。天王星の季節は南半球の夏から北半球の夏に移行しているので,北半球に太陽光が戻り,そこでの嵐も活発になった(□の中)。明るい南極環はその前の数年間よりかなり暗くなった。その一方で新しくできた北極帯は明るくなった。

そのようなシステムがとくに存在する証拠はない。

　存在していないというのは,いままでのところ,だ。地上の次世代巨大望遠鏡と,進んだ撮像技術のおかげで,ヴォイジャー2号のカメラではとらえられなかった嵐の検出が可能になった(こうした嵐がヴォイジャーの接近時にも発生していたと仮定すればの話だが)。そして都合がよいことに,天王星は新たな季節に移行しつつある。1986年のヴォイジャー訪問時には,天王星は南半球の夏だった。しかし南半球の秋分(秋の始まり)が2007年に起きている。北半球は42年ぶりに太陽のほうを向いているのだ！　したがって,北半球の天候はもっと激しく活動するようになっている。大規模の春の嵐,北極を取り巻いて発達中の雲の環,ハリケーンに似た渦巻が現れている(上の図の□)。同時に,南半球は長い凍った冬に滑りこみはじめている。

　次の数年の観測により,天王星の姿を具体的に描く試みは続く。最近の研究が示したように,太陽から数えて第七惑星の天候と気候は,

きわめて奇怪な季節変化——天王星

不活発どころではない——冷たい天王星の北半球は42年間の冬眠から目覚めて,ことはどんどん刺激的になっている。季節が移りつつあるいま,天王星は,太陽系で最も激しい気候変動を経験しているところだ。

地獄で雪玉を探す ── 水星

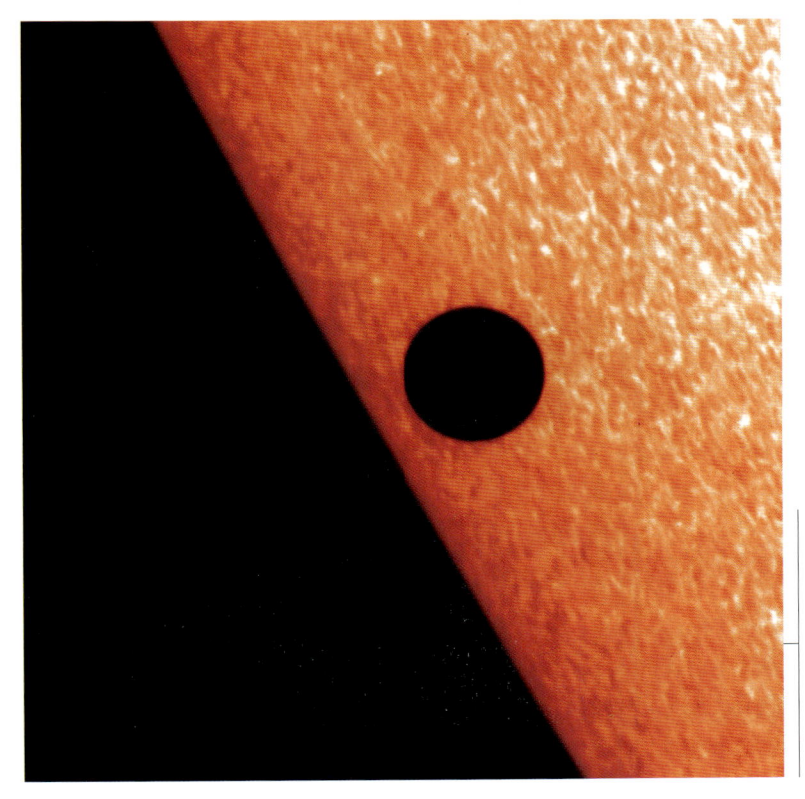

2006年11月8日に水星は太陽の手前を通過した。日本の太陽観測衛星「ひので」搭載の太陽光学望遠鏡で撮影した画像。この小さな地球型惑星は，楕円軌道を通過する間，太陽に4600万kmまで近づく。そのため水星の受ける太陽放射量は地球の最大量の10倍以上多い。

　水星は熱い。それは明白だ。この小さな岩石質の天体は平均して太陽から0.4 AU（6000万 km）しか離れていない*。太陽系で最も内側の惑星の正午の地表温度は，じりじり焦げる427℃を越える。惑星全体で平均すると169℃ぐらい。鉛を溶かすほどではないが，水を沸騰させるには十分だ。だから水星は灼熱地獄，つまり太陽の熱風を受けて，地獄のように熱い不毛の荒地だろうといえる根拠がある。そして実際のところそのとおりではある…もちろん，水星には氷があるという一点を除けば。
　読み飛ばしてはいないだろうか。氷がある？　水星に？　誰が想像

＊　1天文単位（AU）は，太陽と地球との平均距離である。

アメリカ，ニューメキシコ州，アメリカ国立電波天文台の超大型電波干渉計（VLA：上），ゴールドストーン・アンテナ（NASAのディープ・スペース・ネットワークの一部：左下），そしてプエルトリコ，アレシボ天文台にある電波望遠鏡（右下）。これらすべてが，水星の氷を検出するために使用された。

できただろうか。実際，1991年より前にはほとんどの人が想像していなかった。1991年は，レーダー天文学者たちがNASAのゴールドストーンの70m電波望遠鏡，超大型干渉電波望遠鏡群（VLA，25mの電波望遠鏡を27基配列したもの），そして巨大なアレシボ電波観測所の総力を結集し，小さな水星を集中的に観測した年だ。

水星の昼間は炙られるように暑いのに，夜（太陽に向いていない）側は−173℃の低温になる。もし水星が自転をしていなかったなら，そこは氷にとって十分冷たい環境だ。数世紀の間，水星の自転は潮汐力で太陽にがっちり結びつけられていると考えられてきた。それはそのとおりだったが，誰もがそう思っていた共鳴1:1（公転一周につき自転一回）の同期自転ではなかった。実際の水星は公転を二周する間に三回自転していた。

第4部 極端な気候

この小さな惑星の公転軌道は高い離心率をもつため，円軌道というより楕円軌道である。水星軌道の離心率は太陽系の八惑星で最大の0.2056，対して地球軌道の離心率は0.0167（真円軌道の離心率は0になる）である。このように大きい離心率をもつため，水星は予想されていた（月や，太陽系辺縁の大型衛星のような）1:1の同期自転ではなく，安定した3:2の共鳴に潮汐力で固定されている。この3:2の自転共鳴は，惑星の同じ側がいつも太陽に向くわけではないことを意味する。水星には，ずっと夜が続く部分はない。

　冷たい夜側もやがては昼の光を見ることになって，427℃に熱せられるのであれば，なぜ氷があるかもしれないといえるのだろう？　最高温度はそのとおりなのだが，それはあくまでも一番高いところでの温度である。これほど熱くなるのは，太陽が真上から照らす（地方太陽時の正午）ときだけで，それも赤道近くのことでしかない。地球と異なり，水星の自転軸はたいして傾いていないので，この小さな惑星は季節変化をほとんど起こさない。太陽に突き出されたり（逆に遠ざけられたり）することがないので，両極では太陽は地平線近くにしかみられない。水星の両極では，燃える太陽は正午にも頭上には来ない。

　それが，水星に氷を見つける鍵だ。太陽は地平線に対して非常に浅い角度から差しこむので，極領域にあるクレーター床が，影の中に永久に入っていて…そして決して太陽の熱の恵みを受けることがないというのもありうる。クレーターの縁の壁が十分高いので，水星の両極に到着するわずかな太陽光も遮断できる。クレーター床はつねに闇の中にあるので，そこでは温度が－173℃を越えない。というわけで，氷が数十億年も消失せずに残るほどそこは低温である。

　わかった，こういいたいのだろう？　なるほど氷はあるのかもしれない，しかし本当に，そこに氷が存在すると思っているのかと。レーダー天文学者についてさっき言及したのを思い出してほしい。彼らは現実に，そうした氷の証拠を見つけたのだ。レーダー波を水星にぶつけるのは，地球から，最も太陽に近い惑星を調査する限られた方法の一つだ。反射して戻ってきたレーダー信号の特性は岩石より氷にずっとよく一致する──水星極からのレーダーの後方散乱は，火星極冠からのものととてもよく似ている。

　この水は，水星に衝突した彗星によってもたらされたのかもしれな

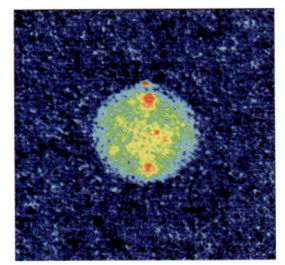

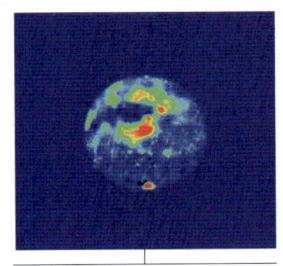

ゴールドストーン天文台とVLAのレーダーによる1991年の水星（上）と1988年の火星（下）。水星北極からの明るいレーダー散乱反射波（赤）は，火星の極冠で反射されたレーダー光と似ている。

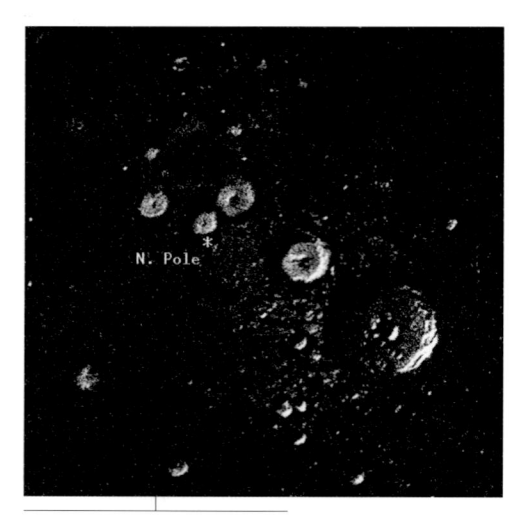

地球と水星との位置関係が理想的なため，アレシボ望遠鏡は内惑星の極領域を見ることができる。レーダー散乱が明るい部分は，つねに影になっているクレーター床と一致し，氷が存在する可能性が非常に高い。

い。あるいは，水星そのものの内部にあった水（火山から噴出したガスは，地表に微量の水の氷がある説明になる）かもしれない。永久に影となっているクレーターは，冷たい罠として働き，どんな水も保持して両極への道を開く。日の出とともに生じるクレーターの影に入っていない水はすべて，昇華して失われる運命にある。

　明るいレーダー反射は水の氷以外の何かによるのかもしれない。レーダー散乱の特性が氷のそれとよく似ている，濃縮された硫黄化合物という可能性もある。しかしそこまでであれば，やはり凍った水だとするのが最も単純な説明になる。本当はどちらなのか，水星をもっと近くから見ることができるようになるまではわれわれは確認できない。

　幸い，水星探査飛行は現在二つ，稼動中と計画中のものがあり，明るいレーダー散乱を返す極の堆積物の性質を決定する助けになると期待されている。NASAのメッセンジャー探査機は，1975年のマリナー10号以来初めて水星に訪れたのだが，水星への接近飛行をすでに三回完了し，2011年3月に水星軌道に予定どおり投入された。またESAのベピ・コロンボ・プロジェクトは，2014年夏ごろの打ち上げに向けて準備中である。これらの探査飛行に洗練された観測機器一揃いを搭載したわれわれは，いまや水星の両極に氷があるかどうかについて，地獄で雪玉が解けずに残る以上の可能性で確かめられると期待してよいのかもしれない。

第 5 部

環っかと何か

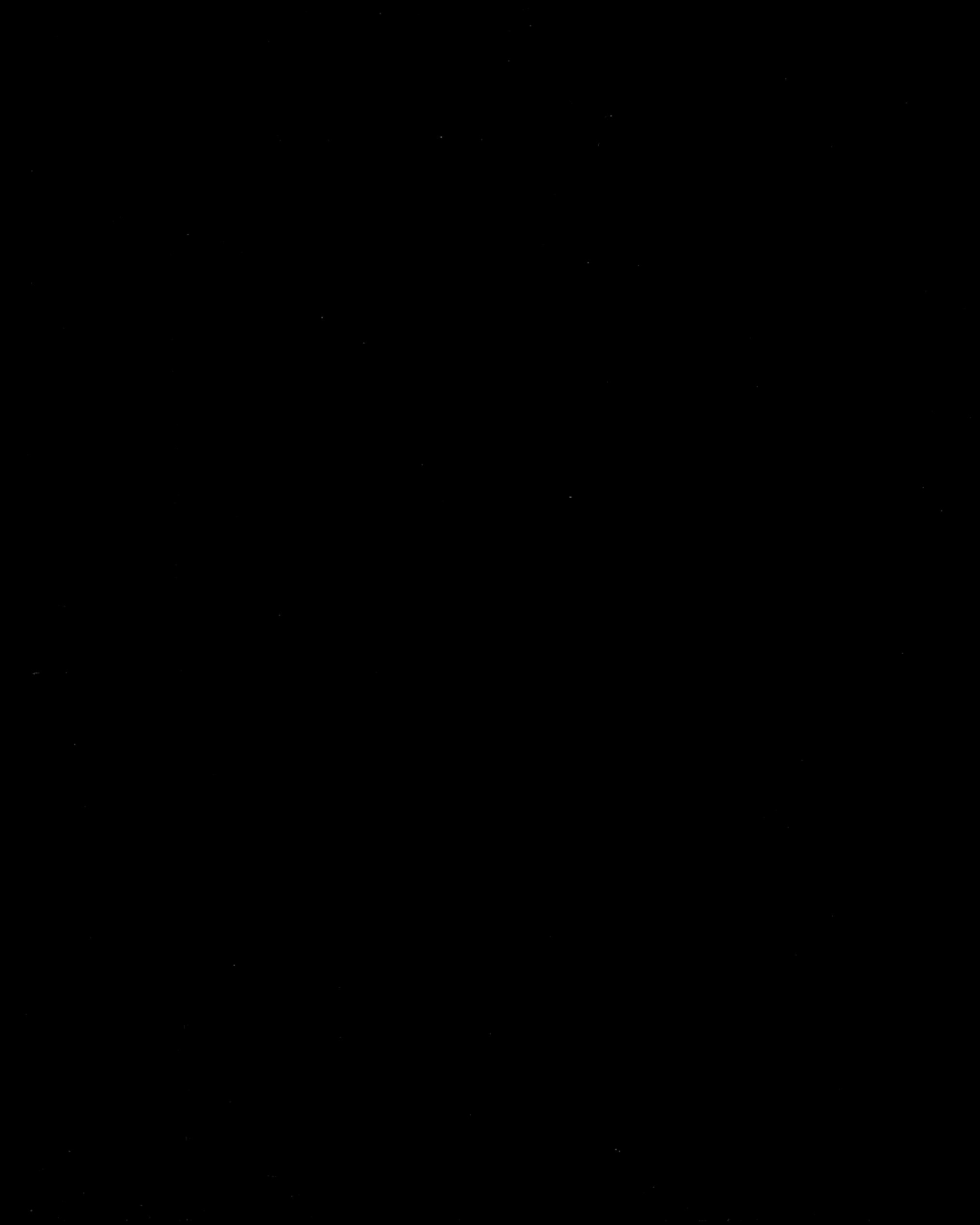

あの素敵な王冠 ── 土星

2006年9月15日，カッシーニ探査機が見た土星の環。明暗の差を強調したこの画像は，広角カメラで約3時間かけて撮影した165画像を合成したものである。太陽は土星面の向こうに隠れているため，環を背後から照らすことになった。この向きから光が当たることで，それまで見ることができなかった暗い環が数本新たに見つかった。明るいメインリングのすぐ外，10時方向で，薄い青色をした点は，遠く離れた地球である。

ああ，土星…そして驚くべき土星の環よ。太陽系の中で青い地球以外で，土星ほど即座にそれと認識される惑星がほかにあるだろうか？ 土星特有の，太陽系の宝冠のように目立つ環は，発見以来ずっと天文学者と惑星科学者を魅了しつづけてきた。

土星は肉眼でも，夜空に薄い黄色のさまよう星として見えるが，環は科学技術の助けを借りないと見られない。近代天文学の父であるガリレオ・ガリレイは，新たに発明された望遠鏡を空に向けて，天を理解しようと試みた最初の科学者たちの一人（最初の一人でないとすれば）であった。

今日の水準では，ガリレオの望遠鏡は貧弱で，せいぜい20倍（20×）かそこらの倍率にすぎなかった。あなたが近所のスポーツ用品店に駆けこんで，手頃な値段の双眼鏡を買えば，夜空をもっとよい光学品質で見ることができる（そしてぜひそうするようお勧めする）。

しかし，1610年のガリレオの時代に最新式だった望遠鏡は，特筆すべき，そして説明しがたいものを映し出した。土星に「耳」がある，というのだ。さらに不可解なことに，この二つの耳は数年おきに消えたり現れたりするのだ。

その後，オランダの天文学者クリスチャン・ホイヘンス（ガリレオより性能が2倍よい望遠鏡を使った）が，その「耳のような持ち手」は実は，土星の周りの薄い固体の環であると述べるまで50年かかっ

ガリレオによる土星のスケッチ。上は1610年，下は1616年。

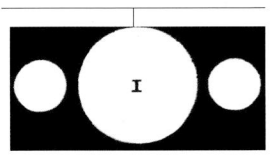

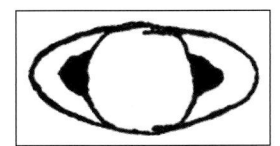

た。17世紀末、ジョヴァンニ・カッシーニが、環の暗い隙間に気づき、土星には少なくとも二つの環があると示唆した。1856年、スコットランドの数学者・物理学者であるジェームズ・クラーク・マクスウェルは土星の環は一枚の板ではなく、土星の強い引力の結果として無数の小さな粒子で構成された天然の造形物であると証明した。

土星とその環はその後継続して4世紀もの間調査されていたが、それらの理解が飛躍的に進んだのは最近数十年のことであり、以下の惑星探査機がこの大惑星と環の近接画像を撮影したことが大きい。1979年のパイオニア11号、1980年のヴォイジャー1号、1981年のヴォイジャー2号、そして土星に関して偉大な発見をした天文学者二人にちなんで名づけられたカッシーニ-ホイヘンス探査(2004年から現在)。これらの機械による探査で、土星の環はガリレオ、ホイヘンス、そしてカッシーニが想像していたよりずっと複雑で繊細な構造をしていることがわかった。

土星の環は発見順にAからGまで名前をつけられた七つの主要な環で構成されている。環をなす無数の粒子の大きさは、砂粒から一軒家ほどの巨礫までさまざまだが、ほとんど純粋な水の氷でできている。メインリング(A環からC環)は最も明るく、粒子密度も高い。地上の望遠鏡を使って発見できたのがこれらの環だけなのは当然ではなかろうか？ 暗いほうのD環からG環は、小さい塵ほどの大きさの氷の粒からなり、土星の向こう側から太陽が照らしているときに一番よく見える。つまり地球の観測点からは見えない。

環は最初、滑らかで規則性のある構造に見えたのだが、近づいて調べると、驚異的に複雑な構造を有することが判明した。環の中には、小さい環、間隙、縄目のある環、こぶのある弧、貝殻模様のついた縁、そして渦を巻いた高密度の波といった奇妙な構造が見つかった。これらの構造の多くは、土星と衛星との決定的な重力の相互作用が原因で

地球軌道からハッブル宇宙望遠鏡(HST)がほぼ1年おきに見た土星。1996年10月のように、真横に近い角度から見ると、1610年にガリレオが使ったような小型望遠鏡では地球から環は見えない。地球から見て環が横向きになった一番近い時期は、2009年9月であった。

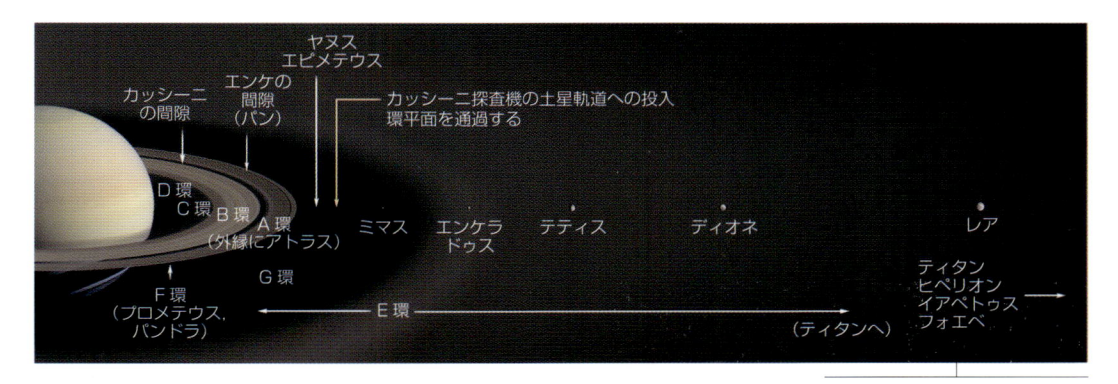

土星の環を衛星の一部と並べて比較した。環は水平方向へ大きく（40万km近く）広がっている。これは地球と月の平均距離より大きい。環は非常に薄く，厚さ数十mしかない。

できたものである。

　この相互作用の一つは，環を形づくっている粒子の軌道が，衛星の軌道運動と同期するときに起こる。この軌道の共鳴はブランコに乗った子どもを押すのに似ている。あなたが正確なタイミングでブランコを押せば，少し押す力がそのたびに加算されて，ご機嫌なちびさんはもっともっと高く上がる。押すタイミングを間違えると，揺れる動きを助けるどころか妨げる羽目になる。土星の衛星の規則的な公転は，小さな引力を起こし，それぞれの軌道を回っている個々の粒子に作用する。もしも衛星の軌道が条件に合えば，引力が加算されて氷の塊を吹き払うか，環粒子の運動を邪魔して可動範囲を制限する。

　共鳴効果の最も顕著な例の一つは，A環とB環の間のカッシーニの間隙である。遠くから粒子がないように見えるカッシーニの間隙には，隣接した環より，暗い，少ない粒子しかない。

　衛星ミマスの軌道は土星からカッシーニの間隙よりずっと遠くにある。しかしミマスと環の粒子は強い2：1の共鳴を起こし，暗い間隙から物質を吹き飛ばす。環の粒子はミマスが土星の周囲を1周する間に2周する。ブランコを押すたびに大きく揺れるように，2：1の共鳴は粒子を押してもっと外側の軌道に押し出す。そしてついにはカッシーニの間隙ができる。

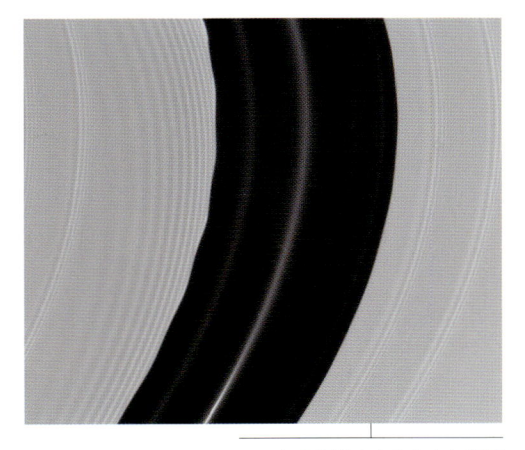

　ミマスとは対照的に，パンドラとプロメテウスは羊飼い衛星であり，衛星たちの引力は環の粒子を軌道から押し出すより閉じこめる。牧羊

エンケの間隙の中を小さな衛星パンが公転するにつれて，精巧な弧，貝殻のような縁，そして渦を巻いた高密度の波といった模様が環に刻まれる。まるで，水を切って走る船がつくる航跡のようだ。

あの素敵な王冠——土星

パンドラ（左）とプロメテウス（右）が，縄目模様のF環軌道内に物質を囲い込んで，環の構造を保つのを助け，いっそう複雑にする.

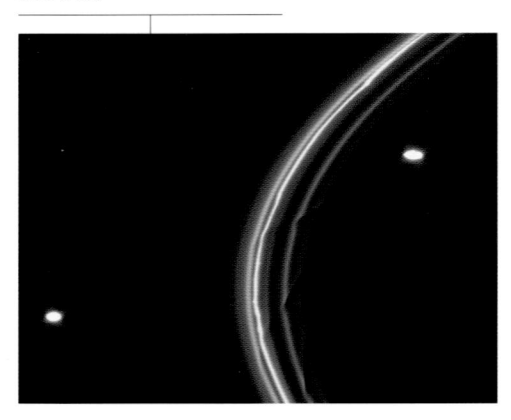

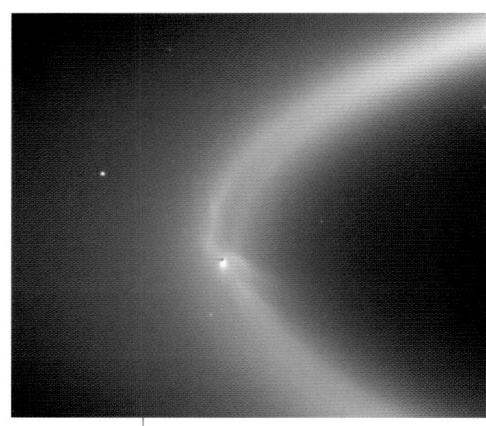

犬のようにこの二衛星はぼやぼやした天の羊たちを集めて囲いに追いこむ．羊飼い衛星は土星軌道上をそれぞれ独自の速度で運動する間に，重力で軽くつまんだり押したりする作用をする．これらの引力は合成されて，小さな氷の粒をF環軌道上に保って…そう，一本の環にする．そしてこれらの衛星の相互作用が続くために，この狭い，縄目模様のF環は，土星の環の中で最もダイナミックに活動する環となる．

しかし，衛星と環の相互作用に関する最近の発見で，おそらく一番驚異的なのは，衛星エンケラドゥスとフォエベに関するものだろう．この二衛星は，巨大なE環を組み立てるしくみにがっちり組みこまれている．エンケラドゥスは，南半球にある虎縞から，水蒸気と氷の結晶を激しく吐き出して，E環に材料を補給する．その間にフォエベ表面から小惑星衝突によって噴出された氷と塵が，既知の中では最大かつ一番ぼやけた環を形成する．衛星フォエベ同様，E環はほかの環に対して27°傾いており，軌道の向きは反対である．新たに発見されたE環からの塵は，車のフロントガラスにぶつかる虫のように，土星の奇妙な衛星イアペトゥスに降り注ぐ．おそらくこれが，この衛星の太極模様の原因なのだろう．

衛星への天体衝突と，衛星から噴出された物質とで，希薄な外側の環の氷と塵の供給源は説明できるが，メインリングがどのように形成されたのかはまだ確かなことはわからない．A環，B環，

衛星エンケラドゥスの南極領域にある氷成火山が噴火して，水蒸気と細かい氷粒子を噴出した．衛星表面から逃げ出したこのH_2Oは，最終的に土星を回る軌道に入り，E環の材料を継続して補給する．

そしてC環は，地球の氷河と氷床を全部合わせたより20%も多い氷からできている．地球全体からすればごく少ない割合ではあるが，それでも，カスピ海を満たす水量の450倍を越える．たいした水量だ．

これほど大量の水は最初どのようにして，土星の周りの円盤軌道への道を見つけたのだろう？　原始太陽系星雲の中で土星が形成されたときに，氷の粒が加速して土星に沿った円盤に投入されたのかもしれない．あるいは，おそらく近くを通りすぎた彗星が引き裂かれ

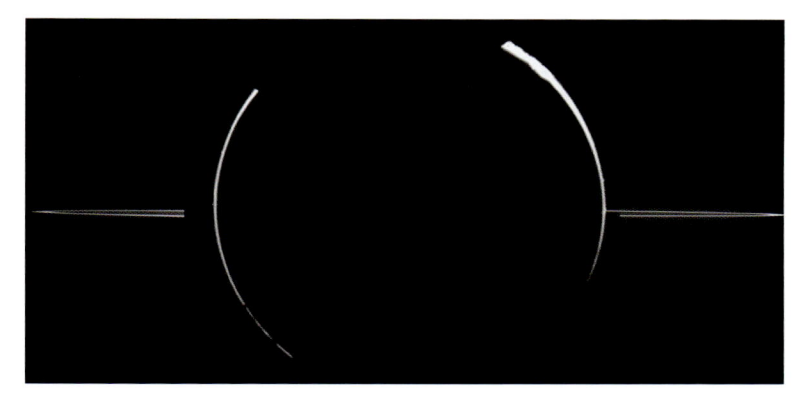

て（シューメイカー-レヴィー第九彗星のように），巨大なガス惑星を回る軌道につかまったのかもしれない。おそらく二つ（それとももっとたくさん）の衛星が衝突して，凍った屑がそれらの衛星のもともとの軌道上にばらまかれたのかもしれない。しかし衛星どうしの衝突よりもっと可能性が高いのは，大きな一つの衛星（ミマスより大きいもの）がさまよい出て土星に近づきすぎて，土星の潮汐力によりバラバラになったという説明である。土星に環が形成された原因は，惑星科学で未解決の謎として残っている。ガリレオが不思議な「耳状の取っ手」と呼んだ発見から400年も経ったのに，土星の環の未解決の謎はますます増えている。

　惑星で環をもつのが土星だけではないといったら，驚く人がいるかもしれない。太陽系の木星型惑星はみんな環に囲まれている。加えて，探査機カッシーニのオービターによる最近の測定によれば，土星の衛星レアも，非常に希薄な環を自前でもっているらしい。これらの貧弱な環は，きらめく土星の環の一揃いに比べると影が薄い。だから，仮に土星の環だけが太陽系で唯一の環でなくとも，全体の規模，明るさ，そして複雑さは，太陽系で最も象徴的で，最も素敵な環と呼ぶにふさわしいだろう。

ほかの大惑星の環。1996年，ガリレオ探査機のオービターが木星の環を真横から見た（左上）。2003年，地球軌道上のハッブル宇宙望遠鏡（HST）が見た天王星の環（右上）。そして，1986年，ヴォイジャー2号が見た海王星の環（下）。これらの環は土星の見事な環より，ずっと希薄で暗い。

あの素敵な王冠——土星

数十億もの小天体 ── オールトの雲

　彗星がどこから来るのか考えたことがあるだろうか？　あの，ぼんやりした不思議な光の筋，夜空で幻影のように見える彗星だ。仮に，あなたにかなり変わった叔父さんがいたとして，（そうそう，お父さんやお母さんがあまり話題にしない）その叔父さんはおそらく，「彗星は氷の玉でできた大きな謎の雲から来るんだよ」と話してくれたことだろう。天上の氷の塊が，数十億個くらい集まっていて，そこから風を切って宇宙にビュンビュン飛び出してくるのが彗星だと。もちろん，叔父さんが教えてくれたほかのホラ話と同じで，太陽からずっとずっと遠くの，数え切れないほどたくさんの凍った天体なんて，誰も実際に見たことはない。叔父さんがいうには，宇宙空間の氷の玉は太陽からすごく遠いので，太陽もかろうじて手放さずにいられるくらいなのだ。あまりに頻繁に何かが氷の玉の一つをちょいと引っ張ってヒューっと押し出すので，凍った塊は太陽系の内側に旅立つ。それが太陽に十分近づくと，暗かった氷の塊は初めて，彗星の幻のような輝きとして見えるようになるのだ，と。

　われわれの知識に照らすと驚いたことに，あなたの変わり者の叔父

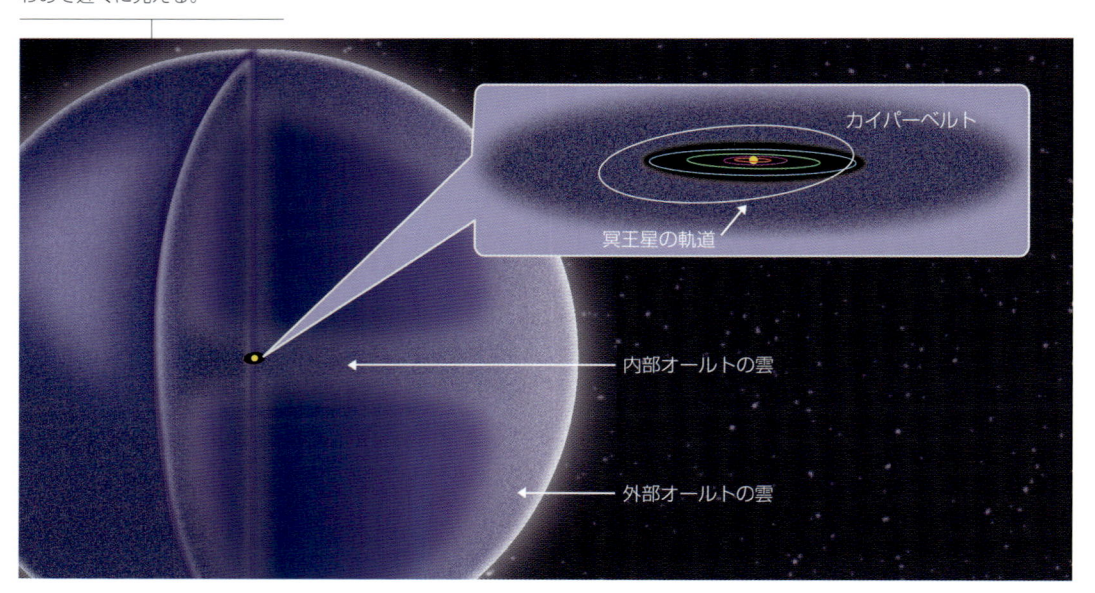

太陽系辺縁の数十億もの氷天体の分布図。球形をした外部オールトの雲には，太陽の重力は非常に弱くしか及ばない。ドーナツ形の内部オールトの雲には，彗星核が外部オールトの雲の十倍も多く含まれる。図に挿入したカイパーベルトと惑星の軌道は，オールトの雲に比べるときわめて近くに見える。

カイパーベルト
冥王星の軌道
内部オールトの雲
外部オールトの雲

第5部　環っかと何か

さんがいった彗星の起源はおおむね正しい。オールトの雲（エピック-オールトの雲とも呼ばれる）は，冷たい天体の仮想種族のことである。そこには彗星核（彗星の冷たい内部）が数兆個もあるかもしれない。遠くのこれらの氷塊を全部合わせたら，地球全体の40倍を越える重さになる。一つ一つは小さいが，本当にたくさんあるからだ。

太陽系辺縁部に彗星の巣があるという仮説は，1932年にエストニアの天文学者エルンスト・エピックによって提唱され，後にオランダの天文学者ヤン・オールトが似た仮説で，長周期彗星（太陽の周りを一周するのに200年以上かかる）の自らの観測記録を説明づけた。

オールトは長周期彗星のいくつかの興味深い事象に注目した。第一に，太陽系の外から来たと信じられる軌道をもつものはない（つまりすべて太陽の周りを回る軌道にある）こと。第二に，軌道の特徴として，初めて回帰した彗星の大部分は，当初の太陽から最遠の地点（遠日点）までの距離——つまり，摂動を起こして太陽系内部に向かう前の出発点と太陽までの距離がほぼ等しいこと。最後に，長周期彗星は全方向から等しく太陽に向かってくるように見える——つまり，それらは球形の雲の中に無作為に分布しているらしいこと。これらの観測は，遠くに長周期彗星の巨大な巣があるという仮説にオールトを導いた。

オールトの雲は，太陽系で唯一の，凍った小天体の潜在供給源であるというわけではない。実際は，太陽系辺縁は複数の凍った天体の巣が入り組んでいる領域である。一番内側のものはカイパーベルトで，そこにある天体で最もよく知られているのは，最近準惑星に格下げされた冥王星である。カイパーベルトは太陽から30 AUの海王星軌道から，55 AUほどの距離まで広がっている。発見されたカイパーベルト天体（KBO）の軌道は安定しているため，カイパーベルトは長周期彗星の供給源ではなさそうだ。

カイパーベルトに重なって存在するのは散在円盤である。そこにある天体は太陽に30〜35 AUまで近づくが，軌道は高い離心率をもつ（円形でない）ため，太陽から100 AUより遠ざかる場合もある。既

近日点に近づく1997年にクロアチアの上空で観察されたヘール-ボップ彗星は，オールトの雲からきたと考えられている典型的な長周期彗星である。

知の準惑星で最大のエリスはこの散在円盤天体（SDO）の典型である。SDOは安定した軌道をもたないため，海王星の引力の影響を受けやすい。このため，この散在円盤は，公転周期が200年未満の彗星（短周期彗星）の大部分の巣である可能性が最も高いと考えられている。しかしSDOの軌道は現存する長周期彗星を説明できない。

　調査期間が1世紀の4分の3を越え，われわれの長周期彗星に関する知識が増したにもかかわらず，オールトの雲という存在は，有効な仮説のままなのはなぜか？　なぜなら，実際にそれを見た人がいないからだ。オールトの雲を構成する凍った天体はきわめて遠く，通常太陽から2000から20万AUの距離にあると考えられている。だから天文学者は，ずっと近くにあるカイパーベルト天体や散在円盤天体（SDO）を観測することはできるが，オールトの雲に位置することが確かな天体で，特定できたものはまだない。

　オールトの雲には小天体が数兆個もあるはずなので，その存在を観測によって確定するのは時間の問題でしかない。望遠鏡技術の向上と，掃天観測をいっそう徹底することにより，ますます遠くの天体を記録的なペースでどんどん発見できるようになっている。オールトの雲天体の有力候補の一つは，セドナという名で知られている「はぐれ天体」である。

　2003年に発見されたセドナは，高い離心率の軌道をもち，遠日点では太陽から1000 AUも離れる。太陽に一番近づいたとき（近日点と呼ぶ）でさえ75 AU以上離れていて，カイパーベルトの境界の外に出ている。実際は，セドナはつねに遠すぎて，海王星の重力の影響をたいして受けない。このため，セドナは太陽系の主力隊の分遣天体とみなされている。この理由のため，セドナの発見は，散在円盤の一部ではなく（以前思われていたよりずっと近かったので）内部オールトの雲天体とみなすべきかどうかが議論されている。

　オールトの雲はどのようにして，原始彗星の供給源を形成したのだろうか？　そしてなぜそこの小天体はときどき，勢いよく太陽系を横切って飛んでくるのだろうか？　皮肉なことに，これらの遠い氷天体は，最初はもっと太陽に近いところで形成されたと考えられている。

想像図。セドナから見た太陽は，遠くで輝く明るい恒星の一つにすぎない。セドナの地表で手に針をもって腕をいっぱいに伸ばしたら，その針の先で太陽面を隠すことができる。セドナは太陽から非常に遠く，その軌道は離心率が非常に大きいので，オールトの雲天体の潜在候補である。

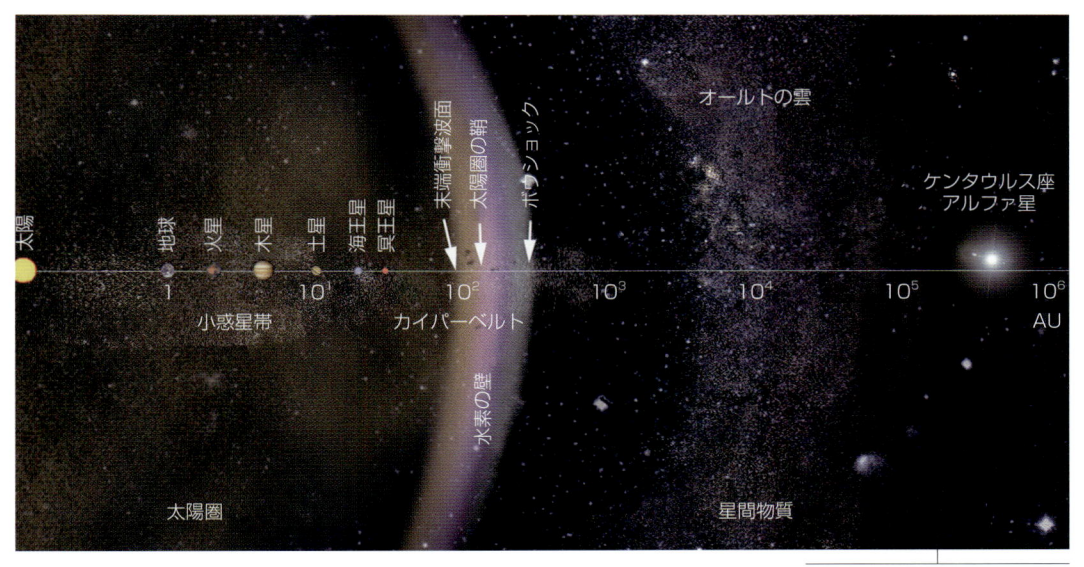

原始太陽系星雲が濃縮されて惑星を形成したあと，これらの凍った小天体は，できたてほやほやの大惑星たちの重力が相互作用して，太陽系の辺境まで弾き飛ばされた。しかし太陽系の外に飛ばされたり，続く衝突で消滅したりすることもなく，ついにはゆるく太陽に結びつけられて，ある意味で安定した軌道に落ち着いた。

太陽がこれらの原始彗星をつかまえておく力は非常に弱く，非常に小さな摂動にも影響されやすい。よその通りすがりの恒星か，大質量の分子雲か，あるいは銀河の潮汐力――われわれの銀河系（天の川）の重力場の密度が場所により異なる原因――が氷の塊を押し出して，太陽に向かって送り出し，長周期彗星にする。

オールトの雲の中にどれだけの天体があるか，正確にはわからない。いままでのところ，オールトの雲の中の小さな一部分，太陽系の最も内側をかすめて飛ぶわずかな天体しか見ることができていない。そこには，20世紀末の天文学者カール・セーガンの言葉を借りれば「数十億もの」(billions and billions)小天体があるらしい。たくさんの凍った天体が太陽系の内側から太陽系の外縁部へ，またその逆方向，太陽系の外縁部から太陽系の内側へ投げこまれ，まるで巨大な雪合戦のように見えるオールトの雲の中には，太陽系で最多の小天体が貯めこまれていると考えられている。

太陽から100万AUまでの距離。併記したのは対数目盛で，距離の印は，その一つ前の十倍遠いことを意味する。オールトの雲の遠いほうの境界は，太陽の支配的な重力が及ぶ限界になる。ケンタウルス座アルファ星のように近傍の恒星，われわれの太陽系に一番近いご近所星は，オールトの雲の中の天体を摂動によって，太陽系の内部へと送り出す。

数十億もの小天体――オールトの雲

彗星大接近 ── シューメイカー-レヴィー第九彗星の木星衝突

望遠鏡での観測がうまくいくかどうか，疑わしい夜だった。嵐が近づいていた1993年3月24日の晩，空は巻雲に覆われていた。アメリカ，南カリフォルニアのパロマー山天文台で，天文学者のキャロラインとジーンのシューメイカー夫妻，そしてデイヴィッド・レヴィーは，辛抱強く空が晴れるのを待っていた。彼らは，未知の彗星や小惑星を発見するため，空の同一領域を1時間の間隔を空けて2枚，長露出で撮影する作業を，細心の注意を払って行っていた。もしもその間に，背景の星に対して移動した天体があったら，2枚の画像を立体視するとそれだけが3D映画のように飛び出して見える。その日彼らは，新しい乾板はもっと観測条件がよい夜のためにとっておき，長く放置された乾板を使うことにした。

忍耐は報われた。奇妙なしみ（乾板の不備によるものではない何か）が，木星と一緒に写っている乾板が2枚あった。彼らが撮影したのは，前例のない，後にシューメイカー-レヴィー第九彗星（SL9）と名づけられる彗星だった。この三人が共同で発見した九番目の彗星になる。

ハッブル宇宙望遠鏡による木星と，ばらばらになったシューメイカー-レヴィー第九彗星の合成画像。木星面の黒い点は，木星の衛星イオが落とした影で，衛星はこの画像の影の右に位置していた。木星と彗星の大きさは，このイラストの目的のために修正されている。

この彗星は多くの点でほかの彗星と異なっていた。第一に，SL9は，ほかのほとんどの彗星が太陽の周りを回るのに，木星の周りを回る軌道を描いた。過去の軌道から計算すると，SL9は最初，太陽の周りを，大きな離心率をもった楕円軌道を描いて回っていた。しかし1929年（キャロライン・シューメイカーが生まれた年だ），SL9は木星に近づきすぎて，この大惑星の強い重力場にとらえられたのだ。

第二に，多くの彗星は核を一つだけもつが，SL9には一列に並んだ21の核があって，そのためつぶれた形に見えたし，個々の核を分解すると「連ねた真珠」のようだった。これもまた，木星の強い重力

ハッブル宇宙望遠鏡による，木星衝突2か月前（1994年5月17日）のシューメイカー-レヴィー第九彗星。A核がほかの分裂核を先導して軌道を回っている。この彗星核の連なりは，長さ110万kmにも及んだ。

場の仕業だった。木星のロッシュ限界（木星半径の2.4倍）の内側では，他の天体は木星の強い重力場に耐えられずに引き裂かれてしまう。SL9は1992年に，木星のロッシュ限界を通り抜けたので，一つだった彗星の核（直径1〜4 km）は割れて21の破片になった。

　しかしおそらく最も驚くべきは，計算によれば，SL9は，1994年7月に木星に衝突するという事実だった。実現すれば，彗星が別の惑星に衝突する現場を人類が初めて直接観測できることになるのだ。

　迫る衝突に興奮が沸き起こった。衝突は，木星の縁のちょうど向こう側で起こるが，木星が高速で自転するために衝突の数分後には衝突地点が直接見られるようになる。世界中の天文学者が望遠鏡をこの大惑星に向けた。地上の大型望遠鏡はこの衝突現象に対して共同し，ハッブル宇宙望遠鏡とガリレオ探査機も，SL9の観測を最優先にした。木星に近く，ほかの望遠鏡とは観測できる角度が違うため，ガリレオ探査機が唯一，衝突を直接見られる観測機器であった。

　SL9の華々しい最期は異例の6日続いた。21回の衝突はそれぞれ三つの段階に分けられる。彗星の破片が木星の大気に突入して起こる流星の輝き，破片が爆発して，高温ガスのきのこ雲が発達し，噴き上

G核の木星衝突によるきのこ雲の輝き（左）。オーストラリア，ニューサウスウェールズ州にあるサイディング・スプリング天文台の赤外望遠鏡による。W核の衝突による発光をとらえた7秒間の連続写真（右）はガリレオ探査機による。

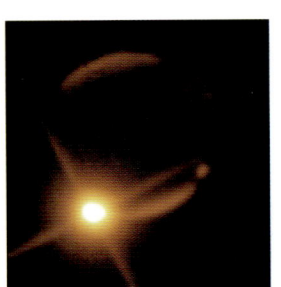

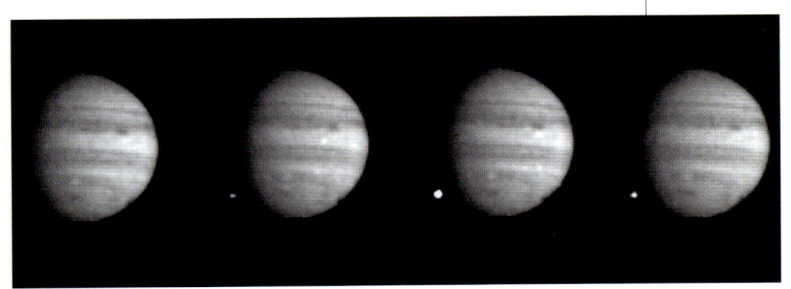

彗星大接近 ── シューメイカー-レヴィー第九彗星の木星衝突

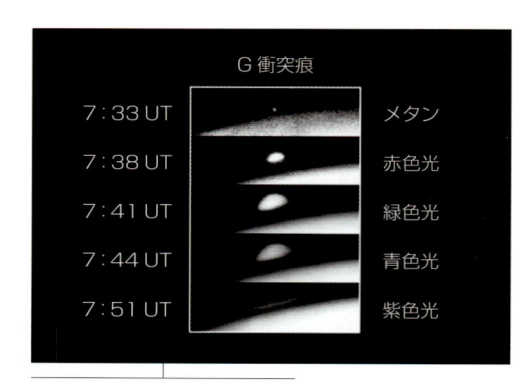

	G 衝突痕	
7 : 33 UT		メタン
7 : 38 UT		赤色光
7 : 41 UT		緑色光
7 : 44 UT		青色光
7 : 51 UT		紫色光

ハッブル宇宙望遠鏡が，G核の衝突時の2段階（第2《きのこ雲》段階と第3《雲の落下》段階）をとらえた。輝くきのこ雲は，近赤外線（メタン）と可視光でたやすく検出された。一方，雲の落下段階は一番下の画像（紫色光）で見ることができる。すべての画像で，きのこ雲と木星の間に隙間があるように見えるのは，木星の影である。

がった物質が木星に降り注ぐ，激しい跳ね返りである。1994年7月16日，A核がマッハ50（音速の50倍）で巨大惑星にぶつかった。その結果起きた爆発は高温のきのこ雲（大きさは地球の半分，温度は太陽表面の4倍）を形成した。

最大規模の衝突は，G核によって7月18日に起こり，それは木星に，いままで刻まれた模様の中で一番目立つ黒い痕を残した。伝播した衝撃波によって大きな同心円も形成され，降り注ぐ破片は衝突中心部から6000 kmの範囲に広がった。総合して，SL9の衝突はトリニトロトルエン（TNT）10^{13} t 分のエネルギー（広島に落とされた原子爆弾の7億倍に相当する）を生み出したのである。

もしSL9が地球に衝突していたらどうだったろう？ 直径が1〜4 kmの彗星は地球を全球規模で破壊する。半径5000 km以内の生命は火球の爆風で吹き飛び，衝撃で噴出物が再び地面に突入する。オゾン層は数年間破壊される。厚い塵の雲が地球全体を包み，数か月の間太陽光を遮るため，光合成が停止し，世界規模で飢饉が起こる。

幸い，地球の引力は木星より小さいため，彗星が衝突する確率も木星より低く，SL9ほどの大きさのものが衝突する確率は20万〜200万年に一回程度だ。木星でも，直径1.5 kmほどの彗星が衝突するのは100年ごとに一回くらいで，SL9のようなタイプの衝突は実に稀だ。

彼は月へと旅立った

月に行くのはジーン・シューメイカーの夢だった。健康上の理由で宇宙飛行士にはなれなかったが，ジーンは地質学とクレーター調査でアポロ宇宙船乗組員の訓練を助けた。その特筆すべき生涯のうちで，ジーンは800個以上の小惑星と20個以上の彗星を発見し，惑星地質学分野の発展に貢献した。1997年，ジーンはオーストラリア内陸部でのクレーターハンティング中，突然の自動車事故で亡くなった。

2年後，ジーンはついに月へと旅立った。彼の遺灰を詰めた小瓶は，月に時速6000 kmで衝突して月面下に埋まっている水の氷を蒸発させるミッションを帯びた探査船ルナー・プロスペクターに搭載された。ジーンは地球以外の天体に埋葬された初めての人類だ。衝突クレーター研究で世界をリードした惑星科学者ジーン・シューメイカーが，月面に自らクレーターを刻むというのは，彼の業績を称えるのに実に相応しいことではないだろうか。

ハッブル宇宙望遠鏡による，G核とその衝突痕。時間の順序は右下から左上であり，右下からG核衝突5分後，G核衝突1.5時間後，G核衝突3日後（L核衝突1.3日後），そしてG核衝突5日後（L核衝突3.3日後）。

G核のきのこ雲は，最初の画像でも木星の縁よりも外に伸びている。第二の画像では，G核の衝突痕跡の一番外側の環が地球の大きさほどに広がっている。最後の2画像では，左がG核，右がL核による衝突痕跡。時間が経つに従って，衝突が残した環を荒れ狂う風が崩している。

　天文学者たちは，ひたむきに夜空を探査しつづけている。観測条件が理想とはほど遠い晩にもだ。その献身は，次に起こる大規模な彗星衝突の予測として報いられるかもしれない。

そこに惑星はなかった ── 小惑星帯

　それは1800年のこと，ハンガリー生まれの天文学者フランツ・クサーヴァー・フォン・ツァハ男爵は友人である世界中の天文学者23人を集めて組織化した。その目的は火星と木星の間を周回する未知の惑星を見つけることであった。ツァハは，あるたいそう効果的な惑星探査規則に基づく予測のもとに，太陽系の一部分，火星と木星の間を探しつづけていた。その規則は，当時知られていたすべての惑星に当てはまっていたので，誰もが当然そこに惑星があるはずだと思っていた。最初に組織的な大規模共同探索を行ったことにより，新たな惑星の筆頭発見者として年代記に記録されることを彼は望んでいた。

　今日ティティウス-ボーデの法則として知られる「奇跡的な」惑星どうしの関係は，惑星の太陽からの距離が，その一つ手前の惑星のもののおよそ2倍にあるという，単に幾何学的な観測値に基づくものである。この法則は，当時知られていた太陽系の惑星の中で，内側の4惑星（水星，金星，地球，そして火星）にはよく当てはまる。しかし火星と木星の間に広い空きがあるので，その先の木星と土星に適用す

この火星軌道と木星軌道の間の小惑星帯（メインベルト）を描いた想像画には，球形をした大ぶりの小惑星一つ（準惑星ケレスのような）が見える。ここ，メインベルトは，太陽軌道を回る岩石と塵の残骸に満ちている。

る前に「一つ抜けがある」と仮定した場合のみ説明がつく（土星は，惑星発見に際しこの法則の有効性を誰もが疑っていなかった時代に知られていた，最遠の惑星だった）。

　1781年のウィリアム・ハーシェルによる天王星の発見で，ティティウス-ボーデの法則は信頼性をいっそう増した。新たに見つかった惑星の距離は，この法則による予測によく合致していたからだ。この法則の見かけの有効性は天文学者，とくにドイツ人の天文学者ヨハン・ボーデ（この法則に命名された人物の一人）を導いて，火星と木星の間のそこには未発見の惑星が一つあるはずだと結論づけさせた。

　この惑星発見法則を手に，未知の惑星を探す試みは始動した。しかし皮肉なことに，「そこにあるはずの惑星」を実際に見つけたのは，ツハ男爵のメンバーではなく，パレルモ天文台長であったジュゼッペ・ピアッツィであった。彼は1801年に最初彗星だと思われた天体（しかし彼自身「もっとよいものでないかと期待していた」）を，惑星があると予測された距離に単独で発見した。この小天体はケレスと命名されたが，これが最終的に小惑星として知られるようになる天体の最初だった。

　現在，火星と木星の間で太陽周回軌道を回る小天体は数百万個といわないまでも数十万個はあることが知られている。この領域は遅くとも1850年以来小惑星帯と呼ばれている。しかしそのときはまだ小惑星は13個しか見つかっていなかった。

　小惑星が見つかれば見つかるほど，ティティウス-ボーデの法則の有効性は輝きを失った。惑星発見の予言は，1846年の海王星発見の際には外れ，以後発見されたどの天体にも合わなかった。実際には，一部の惑星に当てはまっているからといって，ほかの惑星にもティティウス-ボーデの法則が成り立つという強い科学的根拠は何もないのである。この法則が単なる偶然とわかってがっかりした天文学者もいた。その一方で，惑星がある種の規則的な間隔を空けて形成されるのに，軌道どうしが相互作用した可能性を思いついた天文学者もいた。

ティティウス-ボーデの法則採点表

天体名	予想値	実際の値
水星	0.4	0.39
金星	0.7	0.72
地球	1.0	1.00
火星	1.6	1.52
ケレス	2.8	2.77
木星	5.2	5.20
土星	10	9.54
天王星	19.6	19.19
海王星	38.8	30.07
冥王星	77.2	39.48

ティティウス-ボーデの法則により，予想できる惑星などの太陽からの距離を，AUを単位としてこの表に示した。ケレス（準惑星で，小惑星の中では最大）はこの法則に合致するが，凍った大惑星海王星と，準惑星冥王星は合わない。

そこに惑星はなかった――小惑星帯

メインベルトの小惑星は火星軌道と木星軌道の間に位置する。ケレスとヴェスタという二大小惑星（図では特別な表示をしていない）だけで，小惑星帯全体を合わせた質量の40％以上を占める。軌道間の距離は実際の縮尺を反映していない。

そこに「惑星が一つ」あるはずだったのに，代わりに複数の小惑星があることが明白になったとき，小天体は，太陽系が形成されて間もないころに，もっと大きいふつうの惑星が，何か破壊的な現象でばらばらになった残骸であると考えられるようになった。多少疑問を残しながらも当初は受け入れられたものの，「壊れた惑星」説は時の試練に耐えられなかった。今日では，この小惑星帯は，太陽系形成で使われなかった材料の残りと考えられている。つまり，合体してもっと大きな惑星になることができなかった微惑星であると。

近くの重い木星との重力相互作用が，小惑星帯が岩石の集合体として残っているおもな原因である。木星の強い摂動が惑星形成を阻んでいるのだ。微惑星は衝突点まで加速した結果，合体するのではなく，ばらばらに壊れたのだ。あるいは，加速して不安定な軌道に突入し，一緒に小惑星帯から押し出されたのだ。カークウッドの間隙がこのような重力による天体掃除の証拠である。現在の小惑星帯にはおそらく，原始の小惑星帯に存在していた天体の一部しか残っていない。

しばしば描写されるほど（この項の冒頭に載せた画像を含む），実

際の小惑星帯には天体がぎっしり詰まっているわけではない。質量という点では，地球の月の 5% 未満しかない。数十億個近い小天体が広大な範囲に散らばっているので，天体間には何もない空間がかなりある。映画やコンピュータゲームのように，渦を巻いて飛んでくる無数の岩の塊をひょいひょい避ける必要はなく，逆にかなり意識してがんばらないと小惑星に衝突する（あるいはされる）ことはない。初期の宇宙探査計画では懸念されていたのだが，いまのところ小惑星帯を通過する際にトラブルにみまわれた探査機は一台もない。NASA のガリレオミッションについては，木星に向かう途中で接近できる十分近い小惑星を探し出すために，特別な努力が必要だった。

　小惑星のすべてが小惑星帯を構成しているわけではないし，小惑星帯にある天体のすべてが小惑星であるというわけでもない。小惑星帯の外縁で，彗星に見える実例が二，三見つかった。通常の彗星と異なり，メインベルト彗星は小惑星帯の中に非常に円に近い軌道をもち，軌道の一部（たとえば最も太陽に近づく近日点辺り）でのみ塵の尾を出す。

　一方，小さな岩石体も，太陽系の複数の領域で発見されている。トロヤ群と呼ばれる小惑星，これは木星のラグランジュ点（太陽と木星の重力がちょうど軌道上の小惑星の遠心力とつりあっている点で，五つしか存在しない）近くにたむろする。かなりの数の近地球小惑星

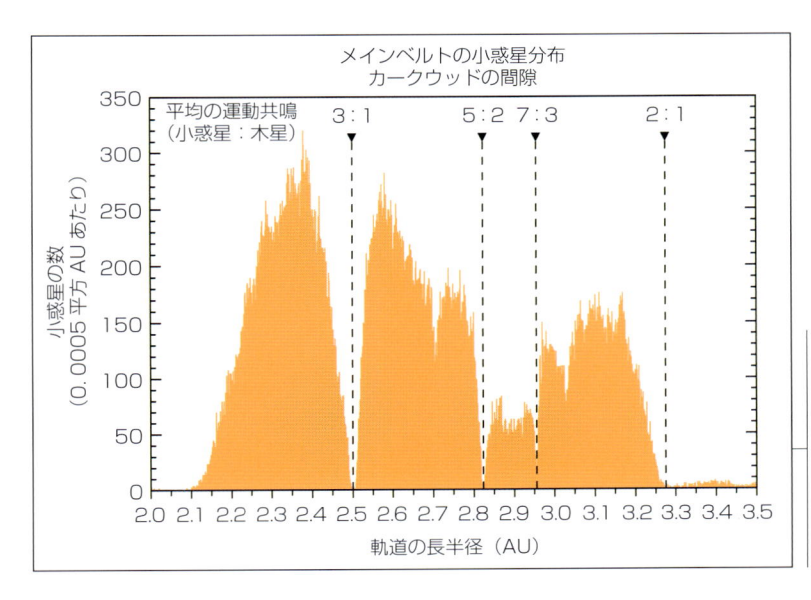

**メインベルトの小惑星分布
カークウッドの間隙**

平均の運動共鳴（小惑星：木星）　3:1　5:2　7:3　2:1

小惑星の数（0.0005 平方 AU あたり）

軌道の長半径（AU）

メインベルトで，太陽からの距離あたりの小惑星数を数えたら，ある距離のところで，数が急に減少することがわかる。これらの間隙は木星と軌道の共鳴が起きているところで，そこでは天体が木星の重力による摂動で吹き払われてしまうためにできた。

いままでに探査機が訪れた小惑星を，同じ縮尺で示した。名称，大きさ，訪問した探査機，接近年は画像の下に記載した。NASAのドーンミッションは2011年に小惑星4番ヴェスタの周回軌道に入り，2015年には1番ケレスに到着予定である。ESAのロゼッタ探査機は2010年に21番ルテティアに接近し，2014年にはチュリュモフ-ゲラシメンコ彗星（67P/Churyumov-Gerasimenko）の近くを飛行予定である。

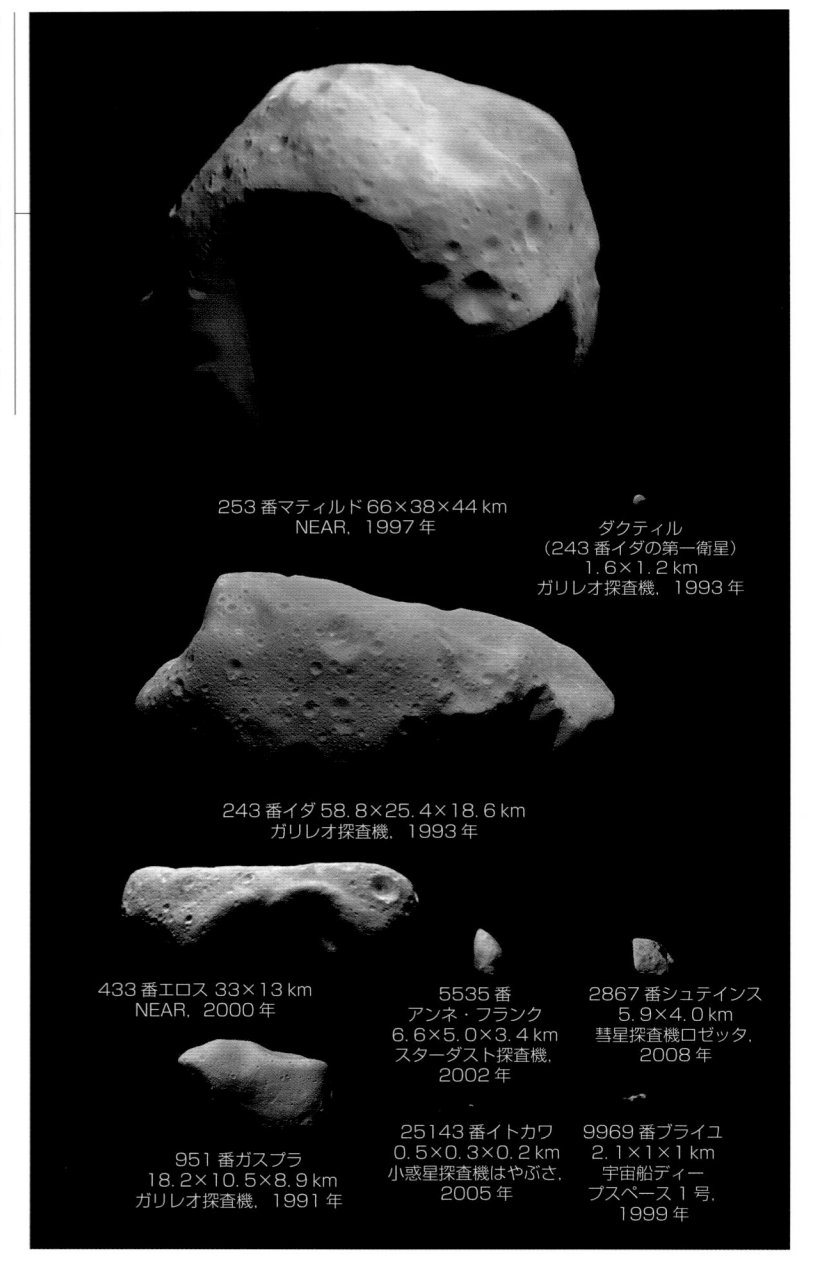

253番マティルド 66×38×44 km
NEAR，1997年

ダクティル
（243番イダの第一衛星）
1.6×1.2 km
ガリレオ探査機，1993年

243番イダ 58.8×25.4×18.6 km
ガリレオ探査機，1993年

433番エロス 33×13 km
NEAR，2000年

5535番
アンネ・フランク
6.6×5.0×3.4 km
スターダスト探査機，
2002年

2867番シュテインス
5.9×4.0 km
彗星探査機ロゼッタ，
2008年

951番ガスプラ
18.2×10.5×8.9 km
ガリレオ探査機，1991年

25143番イトカワ
0.5×0.3×0.2 km
小惑星探査機はやぶさ，
2005年

9969番ブライユ
2.1×1×1 km
宇宙船ディープスペース1号，
1999年

（NEA），これは地球に衝突する危険を秘めている。不安定なケンタウルス族，これは木星と海王星の間で太陽周回軌道を描く。そして数十億個はないかもしれないが，数百万個の岩石や氷の小天体が，カイパーベルト，散在円盤，そしてオールトの雲の中にある。

　現在，小惑星帯は初期の太陽系の様子を知る手がかりを握っている。小惑星帯に残存している小惑星は，太陽系の内側領域にある地球型惑星の材料として使われずに残った微惑星であるらしい。小惑星帯で二番目に重い小惑星ヴェスタは，乾燥して進化した（古く見える）小惑星である一方，準惑星ケレスには水やおそらく希薄な大気があった証拠がある。大きさや化学組成が異なる小惑星を訪れることで，NASAのドーン計画と，ESAのロゼッタ探査機は，われわれの太陽系がどのように展開したか探る手がかりを見つけようとしている。

　そこにあるはずの惑星探しから，ばらばらになった惑星へ，そして惑星になれなかった小天体の集合へと，われわれの小惑星帯に対する理解は，たゆまぬ観測と探査がもたらす新たなデータにより展開してきた。すべては単純に幾何学的な位置関係であって，おそらく科学的には何の有効性もないが，この法則はそれでも多くの天文学者を導いて，そこにはなかった惑星を探させてきたのだ。

地球を粉砕した天体衝突 —— そのとき月は生まれた？

課題 君の任務だ。引き受ける以外の選択肢はない。それは太陽系の歴史で最も解決が困難な謎の一つを解くことだ。たやすくはあるまい。ヒントはわずかで，結論しだいでは地球が粉々になる。君は，月の起源を解き明かさねばならない。

関連情報 これは些事ではない。実際，月は本当に大きい。ほかの地球型惑星で匹敵する大きさの衛星をもつものはない。火星は小惑星サイズの小型衛星を二つもち，水星と金星はともに衛星をもたない。冥王星の衛星であるカロンを除けば，月の母惑星に対する大きさは，太陽系のほかのどの衛星より大きい。地球・月系は準惑星系の中でも突出している。月だけが，冥王星とカロンをあわせたよりも重いのだ。

月が地球に及ぼす重力（その影響は毎日潮の満干として見ること

打身だらけの月の地表に残された傷のほとんどは，いまから38億〜41億年前の後期隕石重爆撃期につけられたもので，そのとき若い月に微惑星がいくつも衝突して無数のクレーターができた。暗い領域は月の「海」で，衝突後にできた大衝突盆地に黒い玄武岩の溶岩が満ちたものだ。明るい領域は古い時代の高地で，小さいクレーターが散らばっている。皮肉なことに，最初に月をつくったのは大規模衝突である可能性がある。

ができる）は，気候にも少なからず影響を与えている。地球の赤道傾斜角は23.4°で安定しており，季節の推移が規則正しいのはこのためである。41000年ほどの周期で，この傾きは±1°の範囲で前後にふらつく。巨大な月が，引力で執拗に修正しつづけていなかったら，地軸のふらつきはこんなものでは済まない。たとえば火星の赤道傾斜角は，18°から80°まで変わるのだ！　自転軸が安定しているので，地球の気候は長期にわたり比較的安定している。そのおかげで地表には液体の水が流れて，複雑な生命が繁栄してきた。

　言葉を変えれば，巨大な月が誕生したことが，われわれの故郷の惑星に生物進化をもたらしたといえる。月がなければわれわれはここにはいなかっただろう。

地球と月のツーショット。1992年にガリレオ探査機が地球に近接飛行し，この印象的な画像を撮影した。月（左上）は左から右へ移動中である。地球に対して比較的月が大きいために，地球の自転軸の傾きが安定して，地球の気候も安定した。

　ヒント　月の誕生の謎を解く最初の手がかりは，内部の化学組成だ。地球型惑星とは異なり，月の内部は比較的一様である。重い物質が著しく欠如する月の密度は地球全体より地球のマントルに近い。アポロ月探査による月の地震（月震）データ，月軌道を周回した探査機による重力と磁場測定，そして進行中のレーザー探査測定（そうだ，科学者は月に向けてレーザー光を発射している），これらすべてが，質量が月の3％に満たない，異常に小さい鉄の中心核を示している。

　次のヒントは，月の岩石標本と月の隕石からくる。驚いたことに，月の岩石には地球のマントルに含まれるのと同種の酸素同位体が含まれる。そこには融解温度が高い元素（ウランやチタンのような）が豊富にあり，容易に揮発して失われる化合物（水や二酸化炭素のような）を欠くため，月の岩石は，月面で熱いマグマの海が凝固してできたらしいと想像される。

　最後に，月の起源に関するいかなる仮説も，地球・月系の全角運動量を説明できなければならない。この角運動とは地球の自転（1地球日），月の自転（月の1日），そして地球と月がともに共通重心を回る運動（月の1か月）のことである。

　今日では，月の同じ側がつねに地球に向いており（月の自転は潮汐力により公転と同期している），そのため月の1日は月の1か月と等

1969年のアポロ11号ミッション中に，地震計を据えつける宇宙飛行士バズ・オルドリン（左）。地震（月震）測定は，月の内部に関する重要な情報をもたらした。月の岩石標本（右）は，1972年，アポロ16号ミッション中，高地で採集された。これは月の角礫岩の典型例で，隕石体によって壊された月の表面が，天体衝突の強い熱と圧力の下で溶け，再び固まってできた。白い岩石片は45億年前の長石で，月の地殻が最初に固まったときに形成された。

しい。しかしこれは，これまでもずっとそうだったわけではない。

さまざまな仮説　　月の起源を探すに当たり，少なくとも以下の4つの仮説を考慮すべきである。これらのいずれも証明されてはいない。であるから，これ以外に，知られている事実に合致する説明を構築するのになんらはばかることはない。

1878年，最初に提唱された仮説は，ジョージ・ダーウィン（生物学者であるチャールズ・ダーウィンの息子）による**分裂説**である。この仮説によれば，地球が高速で回転していたために，地球から分裂してできたのが月だという。数年後，オズモンド・フィッシャーが太平洋海盆は月誕生の名残であると述べた。この仮説は月が地球のマントルと類似している事実を説明できる。しかし物質の固まりを振り落とすのに必要な角運動量はもっとずっと大きいはずだ。加えて，広大な太平洋海盆は，プレートテクトニクスと大陸移動の結果できたということをいまやわれわれは知っている。

捕獲説では，月は太陽系の別の場所でできたが，さまよっていた月が地球に近づきすぎたために重力につかまったのだと主張する。不運なことに，地球のマントルに似た月の化学組成は重力による捕獲では説明できない。そして角運動量の保存はこの仮説に疑問を投げかける。一組のダンサーがフロアの別々の場所から高速で互いに近づくように，地球と月も正確な回転数で踊るためには，非現実的なまでにすばやく速度を落として合流する必要があるのだ。

二重惑星説の趣旨は，地球と月は太陽からの距離が等しい二重天体として形成されたというものである。この仮説は鉄の中心核問題（「仮に地球と月が同じ過程でできたならば，地球には鉄がたくさんあるのに，月にはほとんどないのはなぜか」）を欠点としてもつ。同様に，二重惑星説が正しいなら，地球と月は似た割合で揮発性物質（たやすく蒸発する物質）をもっていなければならない。

　巨大衝突説は，大きさが火星ほどの天体が，初期の地球に衝突して，地殻を取り除き，マントル物質を宇宙に放り出したのだとする。月は撒き散らされたこれらの物質のごった煮，鉄を欠いた破片が合体してできた。現在の観測に合う角運動量を得るためには，衝突される前の地球は現在の金星のように，逆向きに自転していなければならない。この仮説は，月の内部が一様である事実，月の岩石組成が地球のマン

巨大衝突説は，太陽系の歴史の早い時期に，大きさが火星ほどの天体が若い地球に衝突したために，表面が溶けて，高温の破片が軌道に散らばったのだとする。月はこのかけらから形成され，使われなかった残りは地球に再び降り注いだのだ。

地球を粉砕した天体衝突——そのとき月は生まれた？

トルに似ていること，月は形成された当初は高温だったこと，そして地球・月系の現在の角運動量をたやすく説明できる。

そう，人気は高いが，巨大衝突説にも問題はある。衝突によって起こる激しい衝撃と高い温度は揮発性物質の放出を説明できるが，月に残存する揮発性物質の比率は，現在の理論予測に合わない。さらに，月に鉄が少ないとはいえ，月は実際には地球のマントルよりも多くの鉄を有している。この余分な鉄は，地球へ衝突した火星ほどの天体からもたらされたのか，それとも，地球の中心核の一部が撒き散らされたとでもいうのだろうか？

隠されている情報　君も理解しただろうが，答えは単純ではありえない。われわれは考察のための情報をわずかしかもたない。巨大衝突が地球に残した傷跡はすべて拭い去られて久しい。衝突が地球の表面を溶かして，地質年代を刻んでいた時計をリセットしてしまったのだ。実際，知られている中で最も古い地球の岩石は，月の最古の岩石より1億年も後のものだ。地球はわれわれに，わずかしかヒントを与えてくれないらしい。

月もまた必要な情報を隠している。われわれが月の標本を収集したのは一握りの地点にすぎない。別の地点で標本を採集して化学分析を行い，もしそれが鉄をもっと高い割合で含んでいれば，巨大衝突説を無効にできる。月震（月の地震）の測定がもっと進めば，月内部の構造についてもっとよく理解できるに違いない。一方で月軌道からもっとよい精度で重力と磁場を測定できれば，月の中心核について有意義なヒントが得られるだろう。

必然的に，君はこの謎を解き明かす証拠を集めるために月に立ち戻らねばならない。幸運を祈る。連絡を絶やさず進捗状況を報告するように。人類の未来は君の肩にかかっている。

第6部

過激な電磁現象

ねじれすぎた磁力線 —— 太陽

　数百年間にわたって文明を襲うかもしれない大災害が，いままさに迫っている。それは宇宙から来る強いX線攻撃としてやってくる。機密扱いの軍事衛星は一瞬で停止し，送電網は焼けつき，下水処理施設はよどんで悪臭を放ち，航空管制システムは沈黙する。ハイテク社会は一瞬にして機能停止し，世界経済は20兆ドルを越える損害を被る。もっと悪いことに，強いX線放射は，地球を保護しているオゾン層の10%を破壊し，皮膚ガンにかかる確率を歴史的にみて異常な割合まで急上昇させる。

　いや，これは宇宙人が侵攻を開始したわけではない。この現代社会における大災害，異常な一連の事件は，太陽系で一番強力な磁石，太陽が首謀者だ。

　太陽は数百万個もの磁石でできている。その一つ一つがテキサス州

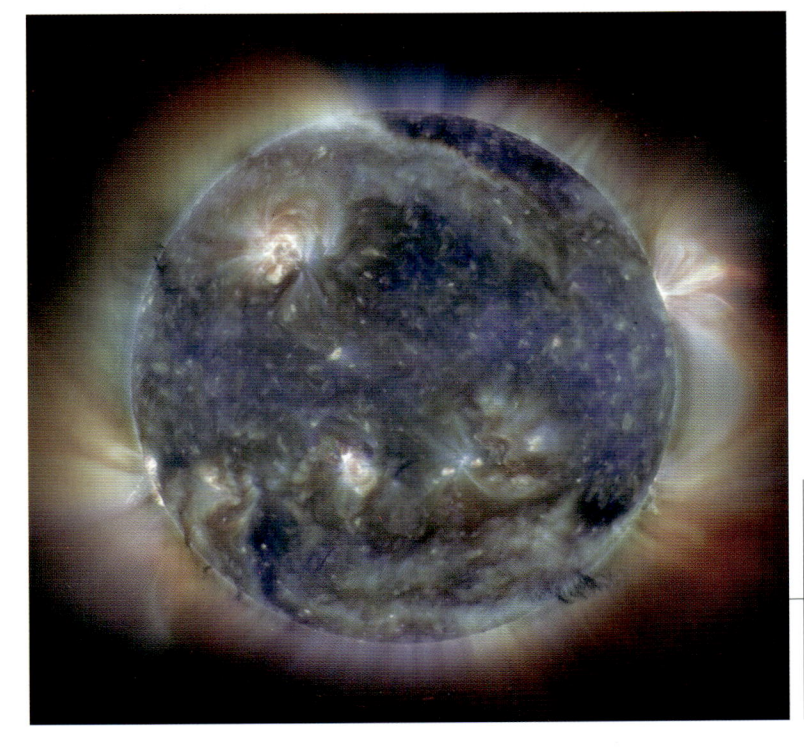

太陽系で最強の磁石。三つの異なる極紫外線（青＝17.1 nm，黄＝19.5 nm，赤＝28.4 nm）で撮影した画像を合成したこの画像は，明るい太陽フレア，弧を描く磁力線，そしてコロナ中に伸びる高温プラズマの流れといった太陽活動を表している。

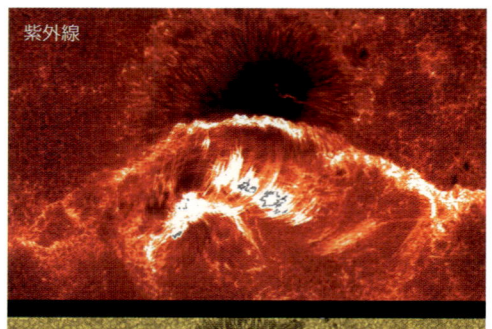

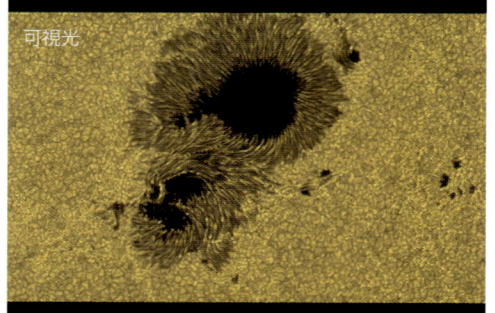

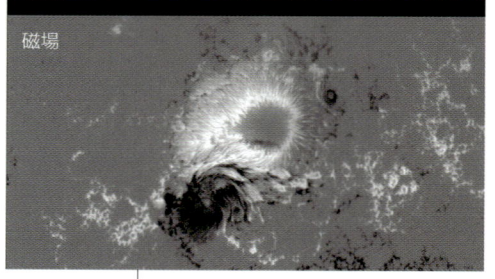

ほど大きな泡で，その中でプラズマが乱れ飛んでいる。電気を帯びた粒子であるプラズマが，太陽のかき乱された外層で円を描き，局所的な磁場を生成する。棒磁石のように働く単純な双極磁石もときどき見つかるが，もっとありふれているのは，双極，四極，もしくはそれ以上極をもつ磁石が複雑に組み合わさった構造だ。

　これらの強い磁場はしばしば，太陽の激しく活動する表面，つまり光球上の，太陽黒点と呼ばれる比較的暗い領域の中に現れる。黒点中のプラズマは強い磁場にとらえられているので，太陽の煮えたぎっている対流に加わることができない。このつかまったプラズマは急速に冷やされて（そのためにまだ暗く見える），周囲の対流している高温ガスより輝きを失う。

　帯電した粒子は磁力線に沿って流れるので，発光するプラズマはしばしば磁場を縁取る。磁場を帯びた光る繊維構造が太陽黒点の外縁に沿って現れる。この繊維は，上からは暗い目を放射状に取り巻くまつげのように見える。横からはこのプラズマは，太陽黒点から弧を描いて流れる優美な軌跡に見える。

2006年12月13日に二つの太陽黒点が衝突し，激しい太陽活動が起こった。上段の紫外線画像には電離した水素原子（陽子）の明るいフレアが見える。中段の可視光画像は大規模な黒点の繊維構造が相互作用しているのをとらえている。下段の画像は視線方向の磁場を表したもので，白が正極，黒が負極を示す。衝突の近くからねじれた磁場が出ている。大きいほうの黒点には地球が六個入る。

　しかしこの繊細で，平穏に見える弧は食わせ物である。磁力線はその中で移動するプラズマにより変形し，ねじれたりつなぎ変わったりして新しい構造をつくる。

　輪ゴムを想像してみよう（手元に一つもってくればなおよい）。両手の親指と人差し指にひっかけて輪を伸ばす。片手を返して親指と人差し指の位置を入れ換える。ねじれた輪ゴムは，中心で交差して輪が二つできている。磁力線であれば，この二つの輪は交点で磁力の短絡が起こって，激しく互いに分離し，この過程で大量のエネルギーが解放される。

　太陽で磁力線の分離や再結合が起きているときは警戒せよ！　かたくねじれた磁場を伴う太陽黒点の近く，明るい太陽フレアが，原子爆

弾1000万個と同じエネルギーを爆発的に放出する。帯電した粒子は加速して光速に近い速度で飛び出し、温度は百万度を超えてじりじり焦げている。最も暴力的な、クラスXと呼ばれる太陽フレアは、X線を大量に放射するので、地球全体に電波障害を引き起こす。

高温のプラズマが太陽表面から出る曲がった磁力線に沿って流れる。光る弧は穏当なクラスMのフレアで、強さはクラスXの10分の1だ。

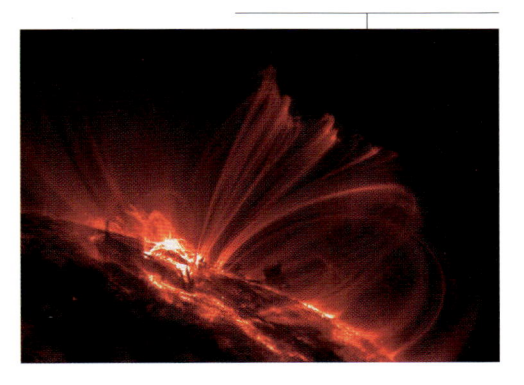

　磁力線の再結合はまた、太陽から荷電粒子を大量に放出し、大規模のコロナ質量放出（CME）を形成する。太陽フレアとしばしば連動するCMEは危険きわまる高速で、太陽コロナ（周辺大気）の10％を宇宙空間に放り投げる。ふつうの太陽風は地球到達まで三、四日かかるが、最速のCMEはなんと17時間しかかからない！　この強いプラズマ球は地球磁気圏を押しつぶして、目も眩むようなオーロラを伴う強い磁気嵐を発生させる。

　2003年11月4日、記録的なクラスX28+の太陽フレア（高エネルギーのX1磁気嵐の28倍以上の強さ）が、衛星センサーを限界まで振り切った。それは幸運にも、地球を直接狙ってはいなかった。1859年の場合は違い、最初に観測された太陽フレアからのX線と高エネルギーCME陽子が地球を直撃した。地球の磁場はふつうこの種の猛攻撃から盾になって守ってくれるのだが、1859年の太陽磁気嵐は地球磁場の反対側、つまり太陽の反対方向から襲ってきたために緩衝装置とならなかった。この位置関係のせいで、二つの磁場が南北でたやすく結合してしまい、それで大事件が起こった。電信局（当時のハイテク施設）が、大規模の磁気パルスによる誘導電流により、電信線が過負荷になって燃えたのだ。これに近い現象は今後も、電力に依存しているわれわれの生活に大混乱をもたらす可能性がある。

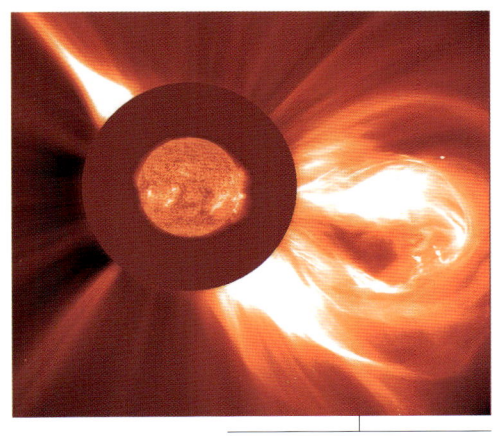

大規模なコロナ質量放出（CME）は荷電粒子を宇宙へ放出する。CMEを観測するために、遮蔽板（赤）を使って太陽を覆い隠す。ほぼ同じ時刻に撮影した太陽の紫外線画像を、この遮蔽板中に挿入している。

　太陽の黒点活動は、平均して11年の周期をもつ。2008年1月の極小期（そして磁極の反転）から始まった今回はかなり穏やかで（最近百年間で一番静かだ）、いまわれわれは、1645年から1715年のマウンダー極小期と似た、きわめて低調な黒点活動に直面している可能性があると推測されている。この期間は、ヨーロッパと北アメリカが身

ねじれすぎた磁力線――太陽

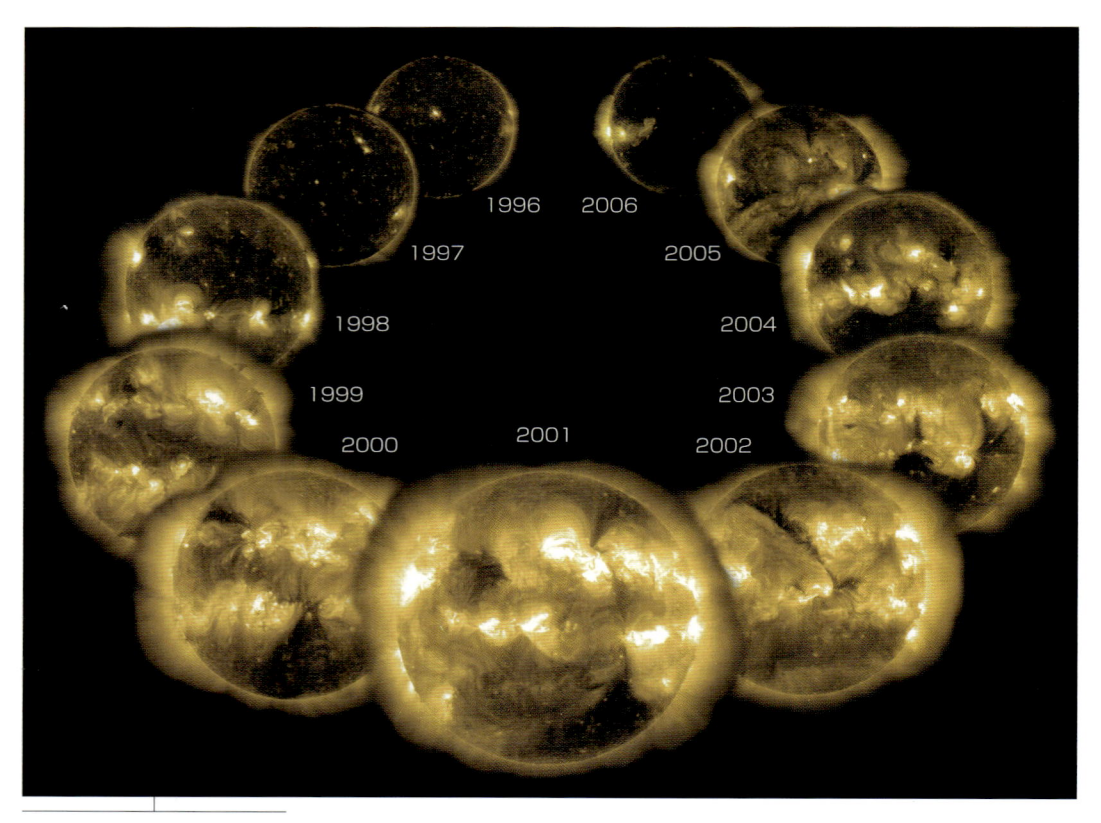

紫外線画像を，太陽活動周期の極小期（1996年）から極大期（2001年），再び極小期に近づく2006年まで並べた。

を切るように寒かった小氷河期と一致する。

　しかし最近の静かな時期は，太陽活動が単にまだ始まっていないだけだというほうが，もっと確からしい。太陽黒点の新たな群が赤道近くで活動を開始している。活動サイクルが極大期に向かうに従って太陽フレアとCMEはもっと活発になるだろうし，そうすればもっと危険な可能性もある。太陽活動がいっそう活発になるとともに，「悪い」磁極性をもつ激しい太陽風が高速で地球に向かってくる頻度も劇的に増加する。次の太陽極大期は2013年と予想されており，そのときにきわめてねじれた磁力線がまた現れるだろう*。

＊　（訳注）2012年現在，太陽活動は上昇中である。

宇宙で膨らむシャボン玉――太陽風

　人間は太陽の中で生きているといったらどうだろう？　いや，南カリフォルニアの海岸や，スペインの海沿いで暮らすことではなくて，文字どおり"太陽の中"でだ。まず最初に，筆者がどうかしてるんじゃないかと思うかもしれない。実際は，太陽は1億5000万kmも彼方にある。しかしいいたいのは，太陽には容易には見ることができない部分，つまり，宇宙の中で太陽が電磁気を及ぼしている範囲の境界，プラズマの巨大な泡があるということだ。この泡，すなわち太陽圏は，太陽風と呼ばれる太陽大気が大きくうねりながら伸びた部分で形成されている。人間は太陽圏の中で生きている。ほかの太陽系天体（惑星，小惑星，カイパーベルト天体など）と一緒に，太陽プラズマを浴びながら。

　多くの面で，太陽風はその名が意味するちょうどそのもの，太陽から吹く激しい風である。出発点は太陽の大気――太陽の透明な，一番外側の，コロナとして知られる領域だ。物理的過程の全体の詳細は完全にはわかっていないものの，太陽コロナのプラズマが過熱（その下の光球より2階級温度が高く）されて，太陽から猛スピードで吹き飛ばされることが観測によって示された。高温かつ高速の，電気を帯びた太陽風粒子は，150万℃を越えた高温と，秒速300〜900kmの高速

巨大惑星への訪問を完了した後，NASAのヴォイジャー1号と2号は，太陽系辺縁へ向かって旅を続けている。両探査機の現在のミッションは，太陽圏探査である。ヴォイジャー1号は2004年に，太陽からの距離94AU地点で末端衝撃波面を越えて太陽圏の鞘に入った。ヴォイジャー2号はその3年後に太陽から84AU地点で末端衝撃波面を越え（あるいは末端衝撃波面に乗り越えられた。末端衝撃波面は何度も行ったり来たりしていたので）。注目すべき両探査機は太陽圏界面に向かって進行中であるが，太陽圏の限界に到達するまでには10年から20年ほどかかるかもしれない。

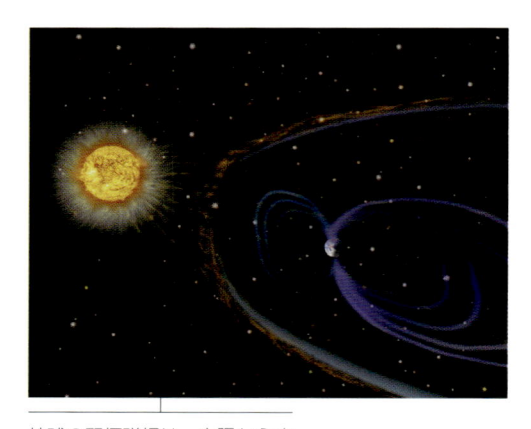

地球の双極磁場は，太陽から吹き出す太陽風によって偏向し歪む。地球の磁場を突き抜けて進む荷電粒子は，極方向へ流れこんでオーロラを起こすことがある。

で外に飛び出す。太陽風が地球に達するまでに，温度は冷やされて数十万℃にまで下がるが，速度は変わらず，平均秒速 400 km で吹く。

一方，高温かつ高速な太陽風は，中身がぎっしり詰まっているわけでは全然ない。地球大気の密度は太陽風の数倍高い。$1\,cm^3$ 中に数個の粒子しかないので，地球に着いた太陽風は，ヘアスタイルを乱すこともできそうにない。

しかし低密度に騙されてはいけない。このそよ風は痛烈な一撃となる。外向きの流れは，彗星核から逃れたガスを吹き飛ばして，つねに太陽と反対側を向く長いイオンの尾を形成させることが可能だ。惑星の磁気圏を歪めて引き伸ばされた涙型にし，惑星大気に荷電粒子を当てて輝くオーロラを起こす。惑星は磁場があろうがなかろうが，太陽風によって大気成分をむしりとられる。地球の月のように大気をもたない天体は，古い無防備な表面を太陽風にさらされて，風化したり黒くなったりする。

一種のプラズマとして，太陽風はきわめて優秀な電導体であり，太陽系最大の磁石（太陽）の磁場と簡単に相互作用する。太陽の磁場は

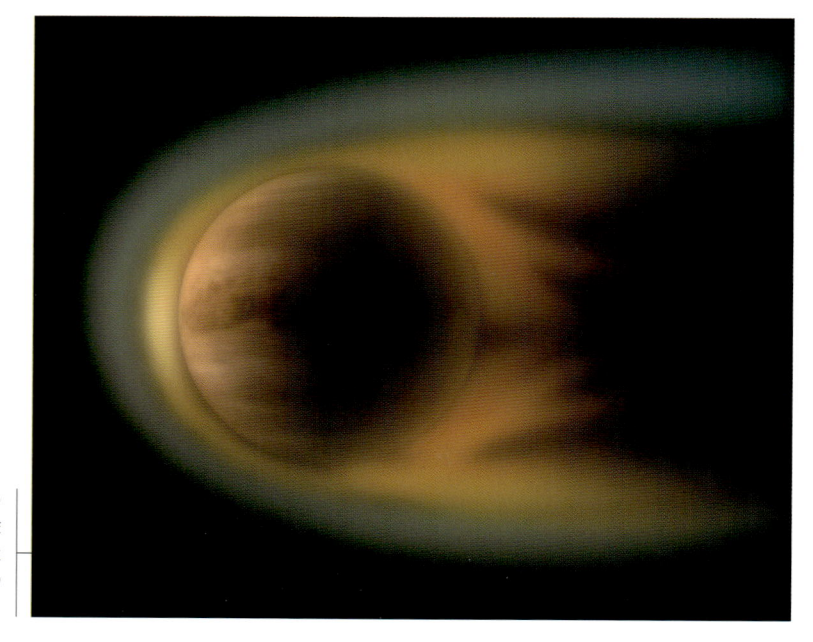

太陽風プラズマは惑星大気から物質を引き剥がす。これは，金星がどのようにして水を失ったかを説明するメカニズムの一つの可能性である。

プラズマの中で「凍結」され，太陽風によって宇宙空間に運ばれる。これは太陽系全体に浸透する惑星間磁場をつくりだすだけでなく，太陽の自転を遅れさせもする。角運動を太陽風粒子経由で外に転送することと，磁気ブレーキ（太陽の自転により磁力線が巻かれてできたコイル内の電圧）の両方のために，太陽の回転は時間とともにかなり遅れていく。

太陽風の影響はここにとどまらない。いったん太陽から十分遠ざかれば，外向きに流れる太陽風は星間物質のプラズマ（そう，「ほかの恒星」からも恒星風が吹く）によって減速させられるまで超音速で飛ぶ。太陽風が超音速から亜音速に減速すると，太陽風プラズマの密度と温度が急激に変化し末端衝撃波面になる。そこからは，亜音速の太陽風は，太陽圏界面（太陽の泡の境界）に達するまで外に流れつづける。

太陽圏界面の向こうは，太陽風より星間プラズマと星間磁場が優位を占める。ここで太陽の影響力は消えると思うかもしれない。しかし外宇宙を渡る太陽軌道の前縁で，太陽圏は星間プラズマを圧縮してボウショックにする。それはまさに船が水をかきわけて進むときに弓形の波ができるのと似ている。この圧縮されたプラズマは紫外線を放射して光る。これをフェルミ光と呼ぶ。

この電磁泡に関するわれわれの理解は単に理論上だけのものではない。2000年にハッブル宇宙望遠鏡は，太陽圏の「外」，太陽から230 AUの彼方に，ボウショックの弱いフェルミ光を検出した。太陽圏内の末端衝撃波面はもっとはっきりしていて，直接観測されている。NASAの両ヴォイジャーはこの末端衝撃波面を越えて太陽圏の鞘に入った。十年後か二十年後に，ヴォイジャー1号は太陽圏界面を越えて星間空間に入り，地球発の最初の星間探査機となる運命である。

幸いなことに，太陽から噴き出したきわめて巨大な泡についてもっと学ぶために両ヴォイジャーが太陽圏界面に達するまで待つ必要はない。2008年秋，太陽圏界面の実地調査という特定目的のために星間境界探査衛星（IBEX）が打ち上げられ，

台所シンクで太陽圏のモデル実験ができる。シンクの乾いた水盤を星間物質とする。蛇口から落ちる流れが水盤に当たって広がるのは太陽風，水が「外向きの速い流れ」から「排水口に戻る流れ」に変わるところでできる「こぶ」が，末端衝撃波面である。水が重力と戦うのを止めて，水盤上でこれ以上広がらないところが太陽圏界面である。

宇宙で膨らむシャボン玉──太陽風

IBEX（星間境界探査衛星）により発見された高エネルギー中性原子（ENA）のリボンは，星間磁力線が太陽圏界面に接する領域に一致するように見える。IBEXの検出したENA数により太陽圏界面を塗り分けている。赤は探査機が検出したENAの数が最も多いことを示し，黄色と緑はそれより検出数が少ないこと，青と紫は最も少ないことを示す。太陽圏界面の磁力線は，星間磁力線と相互作用して，曲げられる。軌道により，ヴォイジャー1号と2号はこのENAリボンを観測できなかった。これら2探査機は末端衝撃波面を越えてこの限界領域に入ったためである。

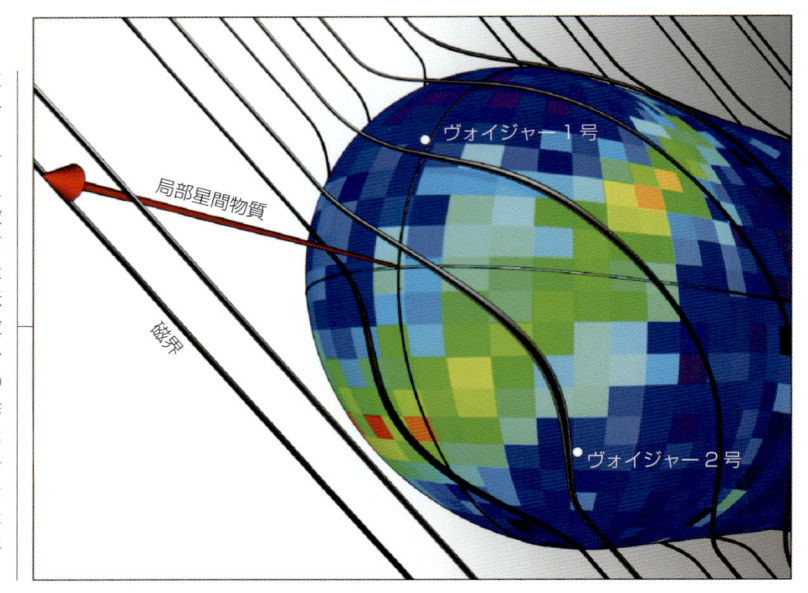

すでに宇宙の中の太陽の泡の境界について，多くの魅力的な新発見という成果を上げている。その一方で，SOHO, WIND, STEREO A/B, SDO, そして日本の「ひので」を含む観測衛星の一団が，組織的に太陽風を継続して監視している。何はともあれ，"太陽（圏）の中"で暮らしている間は，太陽から目を離さないでいるほうがいいだろう。

最大のプラズマスクリーン ── 木星の磁気圏

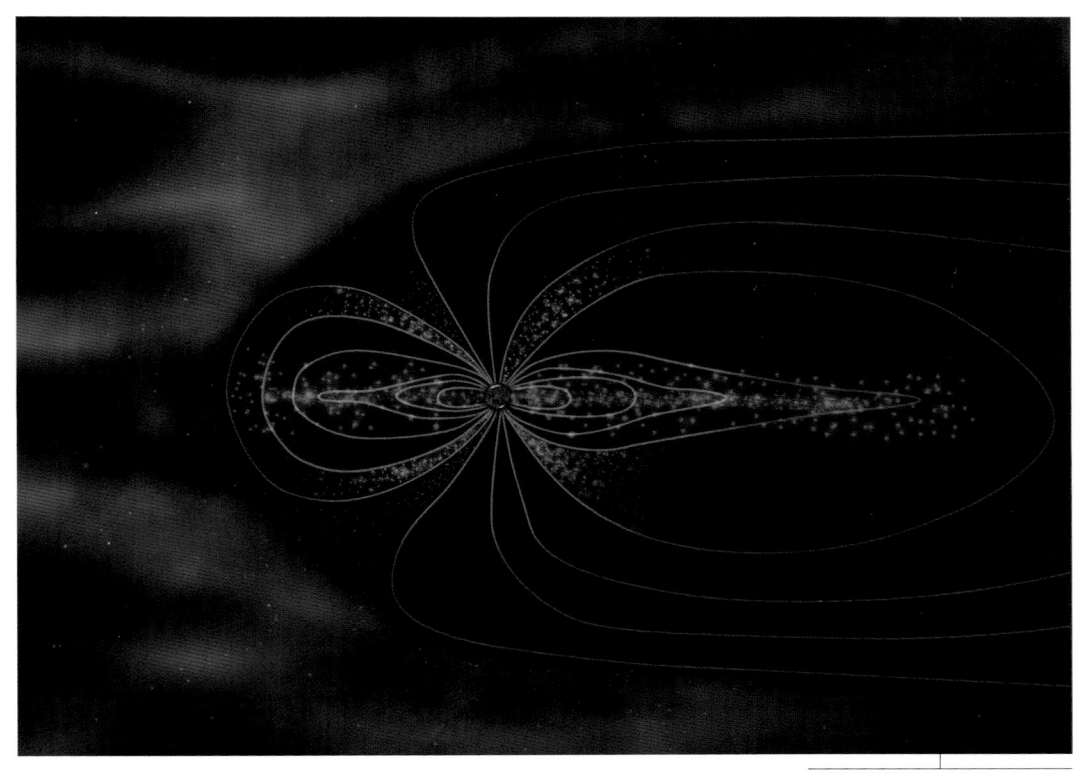

　広大なプラズマスクリーンをもつテレビの前で，驚いて立ちつくしたことはあるだろうか？　鮮やかな色彩がディスプレイ中を舞い踊り，細かいところまで実物よりもはっきり見えるようだ。テレビは日ごとに大きく鮮明になっていくように思える。今日世界で最も高解像度なプラズマテレビは，居間の壁一杯を占める大きさだ。しかし太陽系で一番大きいプラズマスクリーン（木星の巨大な磁気圏）からすれば，どんなテレビセットも可愛らしく見える。さらにいえば，太陽系内の何もかもがミニチュアに見える。

　テレビのプラズマスクリーンは基本的に以下のように働く。キセノンとネオンのガスが，二枚のガラス板の間，ピクセル（画素）と呼ばれる小部屋にとらわれている。ガラス板に接した電極がこの小部屋に

木星の磁気圏は，太陽からのプラズマ（太陽風）と木星と衛星からなる，内部で生成されたプラズマを分離する。火山衛星イオはこの木星磁気圏の中に場所を占めており，放たれた粒子（白色の点）は，放射線と粒子どうしの衝突により電離する（金色の点）。木星の強い磁場（水色の線）がこれらの荷電粒子をとらえて，巨大なプラズマスクリーンとして働く。土星軌道を越えて伸びる木星の磁気圏は，太陽系で最大の構造である。

電流を流し，電離した気体（プラズマ）を生成する。プラズマイオンが互いに衝突するときに紫外線が放射される。この紫外線が背景のガラス板に当たるときに発色が起こる。ガラス板に塗られた蛍光物質が紫外線を吸収して，蛍光物質の種類により，可視光線のさまざまな色を放射する。この過程が，一台のプラズマテレビに百万個以上あるピクセル一つにつき，一秒間に1000回起きている。

木星のきわめて広いプラズマ「スクリーン」とは，実際は木星の磁気が影響する限界，磁気圏のことだ。この磁気を帯びたマンモス泡は，太陽から噴き出された高速イオンから木星を守っている。長く伸びた涙形の磁気圏はその中に木星を包み，太陽風をその周囲に吹き流す。見る角度によって（そして仮に裸眼で見ることができるならば），遠く引いた地球上の観測者には，木星の磁気圏は太陽の十五倍も大きく広がる。土星軌道を越えて6億5000万 km 先まで流れる木星磁気バリヤーは，太陽系最大の物体といえる。

この磁気圏の中で驚くべきことが起こる。電子が光速に近い速さで飛んでいる。木星の強い磁場につかまったプラズマが衝突して，強い電磁放射が起こり，輝く光のショーが空を切り裂いてひらめく。これはまるで，巨大なプラズマテレビを見ているようなものだ。

木星の磁気圏の中で最もユニークなのは，衛星によって起こるものだ。衛星軌道は木星の磁気圏の中にすっぽり入っているため，大きい衛星はつかまったプラズマの大供給源となる。太陽系で最も活動的な場所である火山衛星イオは，大量の硫黄と酸素を吐き出して，公転軌道に沿ってドーナツ型のプラズマトーラスを形成する。最近カッシーニ探査機により，エウロパの軌道にもまたガストーラスが一つ検出された。おそらくそれは，この凍った衛星の表面に，木星からの高エネルギー粒子が衝突してできたものであろう。

荷電粒子は磁力線に沿って流れるが，まっすぐ飛ぶことはなく，代わりに，磁力線の周りにねじれた弧，つまり渦を巻いて流れる。磁力線は木星の北極と南極の近くで収束する。これは，惑星に近づくにつれてイオンが非常に狭いスペースにぎっしり詰めこまれるようになる

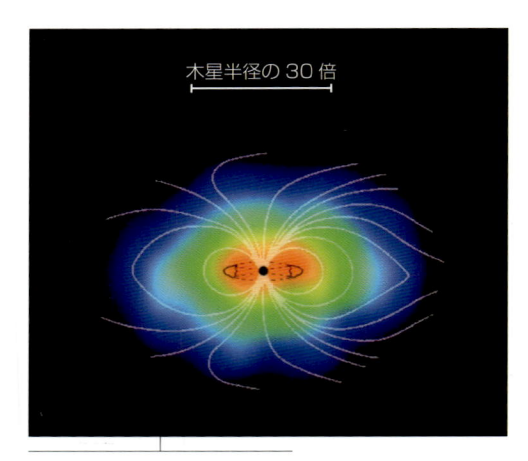

木星半径の30倍

カッシーニ探査機が，磁気圏につかまったイオンの衝突で飛び出した中性原子をとらえることで，見えない木星磁気圏を目に見えるようにした。荷電粒子は磁力線（白線）に沿って流れる。一方中性原子は磁場の影響を受けないので磁気圏から逃げ出すことができる。黒く縁取られたイオのプラズマトーラス近くで激しい衝突が起こる。この画像で太陽は左側に位置している。

ことを意味する。これらのイオンは木星大気に衝突して，惑星を横断する華麗なオーロラを展開する。イオ，エウロパ，そしてガニメデは木星オーロラの中に輝く電気の足跡を残したことが観測されている。

　それではなぜ，木星の磁気圏はこんなに大きいのだろう？　これには，太陽風，木星の自転，そして磁場の強さという，三つの大きな要因がある。

　木星の磁場はつねに磁気圏界面（木星磁気圏の外側の境界）で太陽風と戦っている。遠い木星軌道に達するまでに，太陽風は拡散して，比較的弱い圧力を木星磁気圏に対して及ぼす。木星での太陽風の力は地球でのそれの25分の1であり，木星を保護する磁気の泡がもっと遠くまで伸びるのを許す。

　木星内部は10時間に1回自転している。（実際は，木星の自転速度の精密な測定は磁気圏によって可能になった。荷電粒子が，木星とともに自転する磁場に突き刺さると，周期が惑星の自転と同じ電波信号を発する。）この高速回転が事実上，磁気圏が引き伸ばされて回転する円盤型になる原因である。これは，空中でひっくり返されるピザ生地に似ていなくもない。

　しかし結局，木星の磁場は途方もなく強い（強さでは太陽のそれに次ぐ）ので，太陽系で一番強力なプラズマスクリーンを形成する。惑星の内部の奥深く，木星の大質量のために強い重力がかかった圧力釜の中で，電離した水素とヘリウムが絶えずかき混ぜられている。対流するイオンのシチューは地球の1万9000倍も強い磁力を生み出す。

　この強い磁場なしでは，木星の磁気圏は光速で進む電子を欠き，衛星たちと磁気結合しなくなり，光輝くオーロラショーも見られなくなる。木星のプラズマスクリーンは，50年前の小さな白黒テレビのように退屈なものとなってしまうだろう。

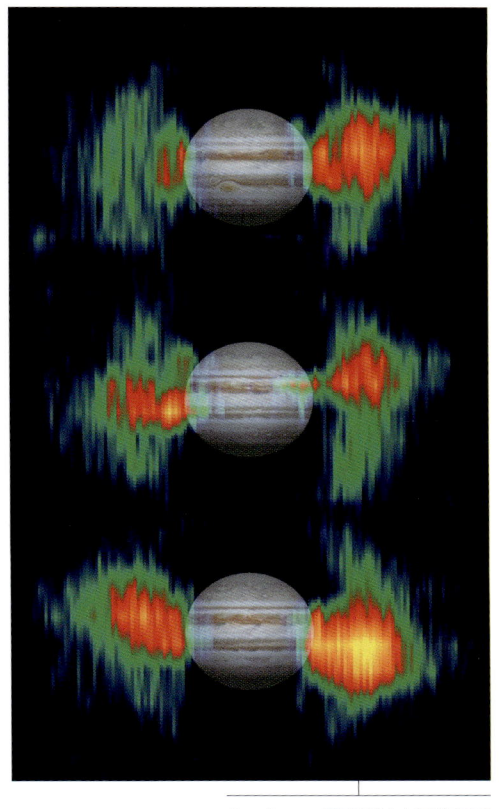

カッシーニ探査機は木星磁気圏内にとらえられた高エネルギー電子の出す電波信号を測定した。この電子は光速の99％もの速さで疾走し，強い放射の帯をつくる。この帯は赤道に対して傾いている。というのは木星の磁極は地理学上の両極と完全に一致してはいないからである。

最大のプラズマスクリーン——木星の磁気圏

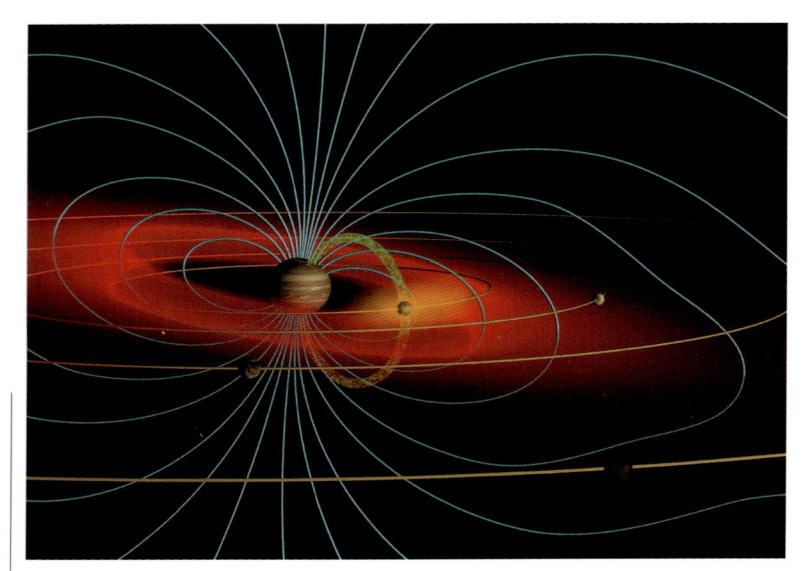

プラズマスクリーンの内部。ガリレオ衛星は木星と電磁的に結びついている（上）。一番内側の衛星イオは軌道上に高密度のガスでできたトーラス型を残す。その外側のエウロパはもっと弱いトーラスを展開する。磁力線がガリレオ衛星から木星に向かって流れる電流（プラズマ）の橋をかける。この磁気の橋が木星に残した足跡が，ハッブル宇宙望遠鏡が木星の北極圏をとらえたこの紫外線画像（下）中に見える。大オーロラ・オーヴァルの中心は磁極。白い矢印は衛星によるオーロラの足跡であり，それぞれイオ（左遠方），ガニメデ（中下），そしてエウロパ（下方中心より右）による。この足跡は，木星と衛星たちを結ぶ磁場の印である。

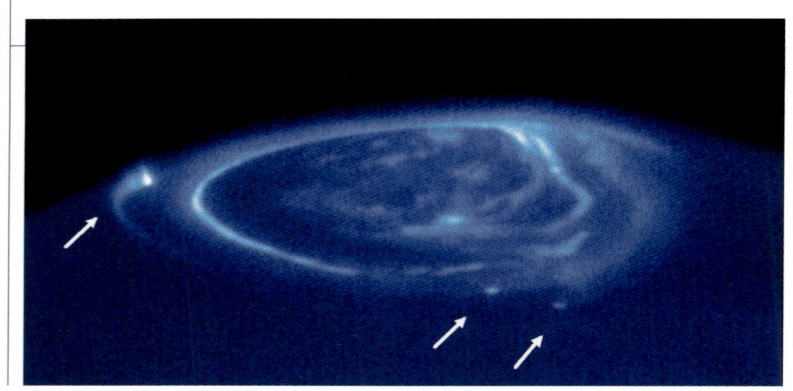

きわめて過激なイルミネーション ── 地球と木星のオーロラ

　緑，赤，青，紫，色とりどりの光が夜空に踊る。目も眩むような光線と神秘的な環の切れ端の中で。光のカーテンが揺らめき，幻想的に形を変え，そして背景の夜空に消える運命をたどる。イヌイットには，先祖の魂が空から華々しく帰ってきた現れであり，古代フィン族には，やんちゃな火狐が炎のしっぽで夜空を飾っているように見えた。誰でもオーロラのすばらしさに一度接したら，この現象に深く魅入られずにはいられない。

　しかしこの強力な光の祭典には危険が潜んでいる。夜間に色を舞い踊らせるこの現象は，電波通信を妨害したり，ハイテク衛星を損傷させたり，外宇宙を探る宇宙飛行士を傷つける可能性がある。北半球では北極光として知られ，南半球では南極光として知られるオーロラは，高緯度地方の上層大気で起こる。それは地球の磁極を囲む楕円形（オーヴァル）に形成され，輝きながらつねに変化を続ける。オーロラは静

アメリカ，アラスカ州，ベア湖での華麗な北極光。

1991年，太陽極大期中にスペースシャトル・ディスカバリー号から見た南極光。オーロラの鮮明な緑と赤は，地表から100〜500 km上空の励起した酸素原子による。

かなときは，拡散した光が止まって見えるが，活動時は瞬きする間に夜空を横切って飛ぶ。

オーロラを起こす鍵は，電気を帯びた粒子の上層大気への衝突だ。基本的な流れは以下のとおりだ。太陽の磁気嵐が高エネルギーの電子と陽子を太陽系の中に吐き出す。電離した粒子が集まった太陽風は太陽磁場を運び，それは地球（やほかの惑星）の磁場と強く相互作用する。複雑な電磁力学がいままさに起こる。磁場が分裂して再結合し，荷電粒子が加速し，そして莫大なエネルギーが解放される。こうなると非常に危険だ。高速かつ高エネルギーの粒子が送電網を機能停止させ，無防備の宇宙飛行士を瞬殺する。さらに地球の磁場が，これらの危険な粒子を，高速で渦を巻く弾道に乗せて両極に送りこむ。

幸いにも上層大気が，この高エネルギー粒子の猛襲から地上を守っている。荷電粒子が上層大気に当たると，中性の原子と衝突して電子を奪い，イオンラジカル（ラジカル）が生成される。ラジカルは，対をもたない電子（不対電子）をもつ原子または分子で，非常に反応しやすく，しゃにむにもう一つの電子を捜し求める（電子をペアでもっていれば原子も分子も化学的に安定する）。ラジカルが自由電子をつかまえると，光子を一つ解放する。酸素原子は緑と赤の光を出し，窒素分子は赤，青，そして紫の光を放つ。これが神秘的なオーロラの色である。

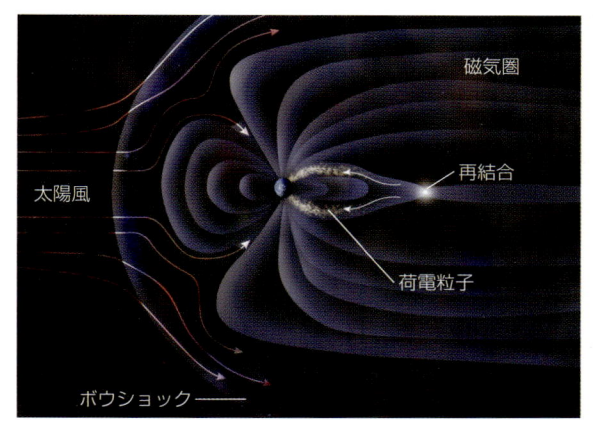

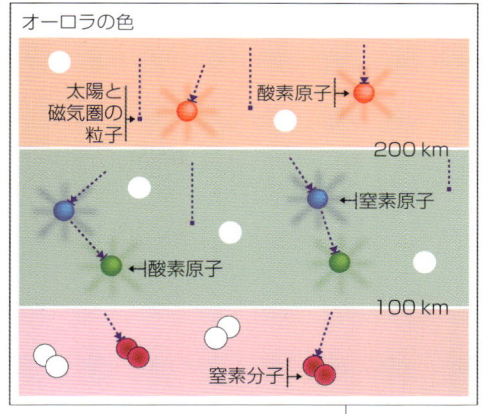

図中ラベル（左図）: 磁気圏／太陽風／ボウショック／再結合／荷電粒子

図中ラベル（右図「オーロラの色」）: 太陽と磁気圏の粒子／酸素原子／200 km／窒素原子／酸素原子／100 km／窒素分子

　地球のオーロラの秘密については，現在も研究の最中である。たとえば，オーロラを生み出す荷電粒子は，地球磁気圏の中の，プラズマシートと呼ばれるイオンの貯蔵所からくると長い間考えられてきた。しかし2007年，THEMISの観測衛星が揃って，地球と太陽の磁場が絡み合う磁気を帯びた「紐」を初めて観測した。この紐は太陽風粒子を地球の上層大気に直接送りこんで，華麗なオーロラを起こさせる。次に2008年，THEMISは強いオーロラが，月への途中3分の1の地点にある磁力線の再結合から吐き出された磁気の「サブストーム」中に起こるという事実を発見した。

　しかし地球のオーロラがどんなに「ラジカル」で高電圧であっても，太陽系で一番ラジカルな電光ショーというわけではない。その名誉は一番イオンラジカル（不対電子をもつイオン）を伴う——そう，一番過激な！——木星のオーロラに与えられる。

　木星のオーロラは一言でいうと，「きわめて」エクストリームだ。地球上の全都市を賄えるだけのエネルギーを生み出すハイパワーの木星オーロラは，可視光線だけでなく，電波，赤外線，紫外線，そしてX線も放射する。北極と南極にかかるオーロラのオーヴァルは，われわれのささやかな惑星を丸飲みできるほど大きい。

　地球のオーロラと似て，木星のも上層大気に荷電粒子が衝突してできるが，その荷電粒子のおもな源はまったく異なる。高速のイオンをもつ太陽風頼みではなく，木星は自らの衛星イオと相互作用して自前でイオンをつくりだす。木星の強い重力で引き伸ばされたり，逆に引き

太陽風は地球の磁場と相互作用して，電力供給システムの破壊をもたらす。太陽側では，帯電した太陽風粒子が両極近くから磁気圏の中へすり抜ける。磁力線の再結合は，強まった太陽活動によりしばしば誘発され，たなびく袋状の磁気圏の中で荷電粒子を加速する。オーロラはこれらの荷電粒子が上層大気中の酸素と窒素に衝突してイオンラジカルを生ずるときに起こる。これらのイオンが自由電子と再結合して発光する。

このX線画像は，NASAの観測衛星チャンドラによるもので，高エネルギーの木星オーロラが見える。オーロラ放射はおもに水素原子と水素分子によって起こるが，ほかの分子化合物が出す放射も検出されている。このオーロラは地球より大きい。

戻したりを絶えず繰り返しているので，イオは硫黄と酸素が混じったガスを吐き出す。このガスは電離して，イオの軌道にドーナツ型のトーラスを形成する。最終的に，荷電粒子は木星磁気圏全体に拡散する。

　ここからがラジカルなところだ。オーロラ放射は高速の荷電粒子が大気に衝突して，水素ラジカルを生成して起こる（木星大気のおもな構成要素は水素である）。しかしほかの元素のラジカルも生成される。アンモニア，メタン，エタン，アセチレン，ベンゼン，そして水素の放射性同位体 H_3 からの放射が検出されている。これに比べれば地球の窒素と酸素のラジカルは大人しく見える。

　イオはイオンの一大供給源であるため，木星に足跡を残す。惑星探査機ヴォイジャーは，イオと木星の間を流れる500万アンペアを越える強い電流（イオンの流れ）を検出した（野球場の照明はたったの9アンペアである）。その結果，木星上にオーロラの「足跡」が現れ，オーロラの蛍光した尾が木星の空を横切って伸びている。エウロパとガニ

ハッブル宇宙望遠鏡による,木星オーロラの紫外線画像を,ハッブルが木星全体を撮影した可視光画像に組み込んだ。北極と南極のオーロラ・オーヴァルは,磁力線が木星上層大気に衝突した地点が光っているものだ。両極のオーロラの中に見える彗星に似た筋は,木星の衛星イオが残した足跡。

メデの2衛星もまた輝くオーロラの足跡を生成し,時速1万6000kmという異常な速さでひらめく。
　ほら,木星って過激(ラジカル)でしょ?

きわめて過激な電光ショー——地球と木星のオーロラ

土星の衝撃的な超雷光

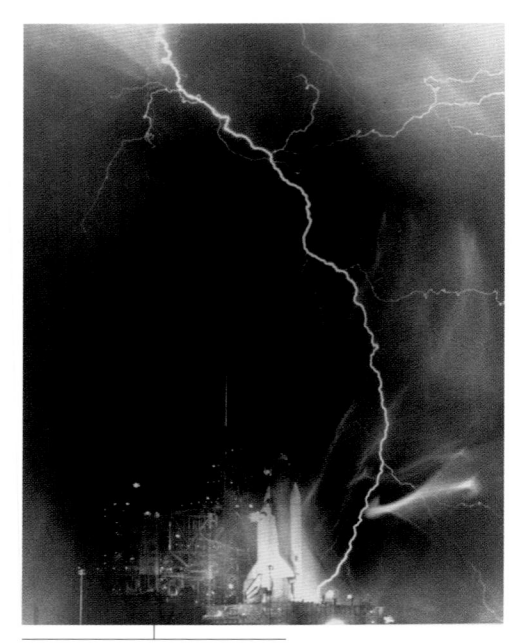

アメリカ，フロリダ州，ケネディ宇宙センターにある雷探知測距（LDAR）システムは1分間に425回の稲妻を観測したことがある。そこから西に160 km，レイクランド地区は，北アメリカで一番雷雨の発生回数が多い。この天候のせいでスペースシャトル発射が，しばしば延期される。

それはすがすがしく晴れた冬の日だ。あなたはじゅうたんの上をぺたぺた歩いて，はぐれた電子を拾ってしまう。ドアノブに手を伸ばすと，指がちくっとして，パチッと音がする。1兆個分の電子があなたとドアノブの間を飛び越えると，およそ2アンペアの電流があなたの指から流れる。それは何分の一秒かの間のできごと——100ナノ秒に満たない間に2000〜2万ボルト*の電気をあなたは放電したところだ。そしてあなたの指はそれに比べれば長い時間をかけて跳ね返る。ショックだが無害なので，この放電後もあなたは楽し気に歩き去る。

落雷はまったく異なる。瞬きより短いとはいえ，稲妻は無害なドアノブ放電の300倍も長く続く。きわめて高い電圧（1億ボルト以上），かつきわめて大きな電流（3万アンペア以上）の稲妻は，アメリカ全体を一年間十分賄える電気エネルギーを解放する。温度は2万8000℃に達する。これは太陽表面温度の五倍の高温だ。だから，雷に直撃されると感電はしないかもしれないが，事態はもっと悪くて「ビリッ」と感じる暇なくあの世いき——1939年には落雷一回で，木の下に集められていた羊835頭が死んだ。最悪だ！

どのようにして雷雲が帯電するのか詳しくはわかっていない。現在最も有力な仮説は，氷の粒が衝突するからだというものである。雷雲には，水の小滴と氷の小結晶（雪），そしてもっと大きな氷の粒子（雪あられと雹）が混ざったものが入っている。雷雲の中の強い上昇気流は雪あられと雹を一時的に高く保つことができるが，これらの大きな氷の粒子は結局雲の底に向かって落ちる。雷雲の中を通って氷の粒子が落下するにつれて，雪あられと雹は，上昇する雪の結晶と衝突する。

* （訳注）参考までに，典型的な世帯で引いている電流値の上限は，電圧110〜250ボルトで20アンペアである。

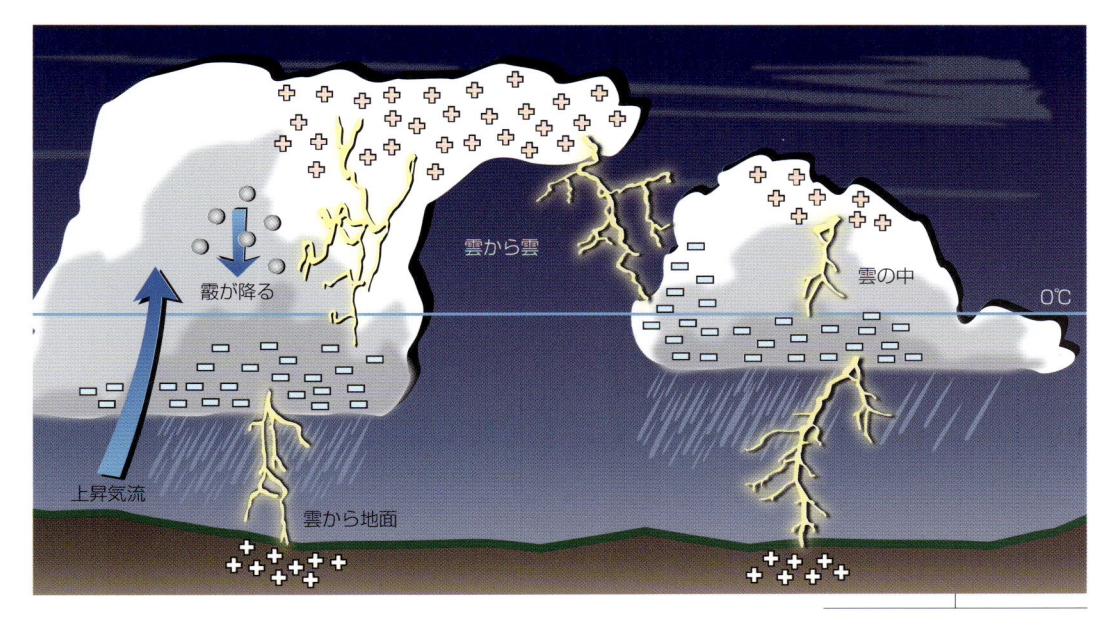

（図中ラベル）
霰が降る／上昇気流／雲から雲／雲の中／雲から地面／0℃

雷は雲の中の氷粒子が，正と負の電気を分離して電気を帯びさせるときに起こる。雷放電はたいてい，雲の内部か，雲どうしの間で起こるが，20～25%だけが，雲と地上をつないで電気が流れる。

あなたの足がじゅうたんから電子を剥ぎとるように，これらの大きな氷粒子は小さい氷の結晶と接触して電子を奪い去る。雲の底は負の電気を帯び（電子が過剰），雲の頂上は正の電気を帯びる。

正と負の電荷は引き合うので，雲の底の負の電荷は，雲自身の内部や地面の正の電荷と再結合しようとする。しかしこの過程はすぐには起きない。大気自体はあまり電気を通さないからだ。そのため，氷粒子は衝突を繰り返し，電荷は蓄積されて度外れた量になり，電圧は高まって高まってそして――ドーン！――雷雲が劇的な閃光と熱と大音響を伴って放電する。落雷は地球で最も危険かつ魅惑的な自然現象の一つである。

強い印象を残し，人や動物を死に至らせる落雷だが，地球の雷は，土星で検出されたじりじり焼ける超雷光に比べればドアノブの静電気に毛が生えたくらいのものだ。

驚いたことに，外宇宙から電光を見るのは容易ではない。雷雲はしばしば雲の多い惑星大気の奥深くで生成されるし，昼間側では太陽光が雷光を圧倒して見えないからである。木星は地球以外で雷光が観測された唯一の惑星である。ほかの惑星で雷を「見る」には，電波を使うしかない。

土星の衝撃的な超雷光

雷の一撃は，強い可視光に加えて広い電波帯域を放射する。雷雨中にAMラジオを聴いていたことがあれば，雷による雑音やバリバリいう音におそらく気づいたであろう。これらの雷に誘導された電波は長い距離を伝わるので，雷雨が数百km離れていても，AMの電波信号を妨害する。

雷雨の電波が帯電した上層大気（電離圏）に達すると，低周波数の波がつかまって全方向の磁力線に沿って惑星の反対側に伝搬する。つかまった変調電波は「スフェリクス」「トゥイークス」，そして「ホイッスラー」といったクールな名前を与えられている。ラジオ受信機を通して音に変換されると，この信号はシュー，ポン，そしてピューといった耳障りな音を生み出す。

ガリレオ探査機が75分差で可視光で観測した，木星の夜側で起こった雷の擬似カラー画像。木星の衛星イオからの月あかりが，木星の夜を照らしたため，稲妻と個々の雷雲との関連づけが可能になった。最大の雷雲は直径が2000kmを越え，ドイツ，フランス，そしてスペインを合わせたほどの大きさがある。木星最大の落雷は，地球で最大の稲妻のおよそ三倍以上も大きなエネルギーをもつ。

ホイッスラー音は地球，金星，木星，そして海王星で検出されている。もっと周波数の高い電波バーストは土星と天王星で測定されている。太陽系は雷の音がにぎやかだが，騒々しさではカッシーニ探査機が土星で検出したものが一番だ。

土星到着までの長い旅程でカッシーニ探査機は，太陽の周囲を回ったときと地球の側を通りすぎたとき，その重力によるスイングバイによって加速した。地球に接近している間にカッシーニが検出したのは，地上8万9000kmの上空で起こった雷が原因の電波バーストであった。しかし土星では，1億6100万km離れた変調電波（土星静電気放電（SED）と呼ばれる）が検出できた。ということは，土星の電波信号，つまり雷光は，地球より百万倍も強いことになる。

残念ながら，これらの超雷光はまだ，土星の夜側で視覚的に検出されてはいない。土星の環が非常に明るく輝いている（そう，環が土星の夜側で光を反射している。ちょうど月が地球に太陽光を反射しているのと同じく）し，大気の奥にある水の氷の雲は通常厚い霞に覆われているし。しかしカッシーニの研究者たちはSED（上述の土星静電気放電）と南緯35°の「嵐の小道」と呼ばれる領域内の雲との相関関係を算出した。電波バーストが始まるのはこれらの雲が地平線から現れる直前なのだ。カッシーニが繰り返し観測を行ったのに，SEDの源についてはまだ少し不確かな部分が残っている。

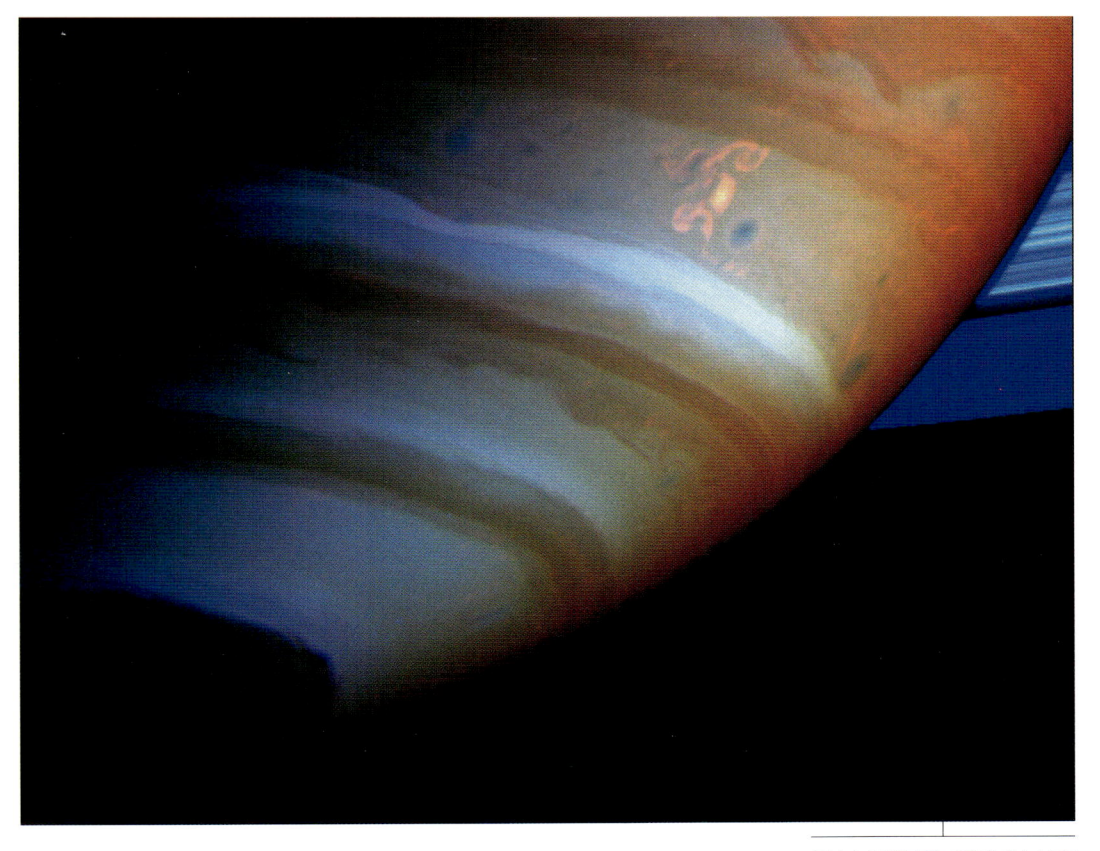

巨大な対流する「竜の嵐」は奇怪な「腕」をもち，土星南半球の嵐の小道に広がる。この嵐は強力な電波放射源で，雷活動の強い標識である。土星の雷光は地球の百万倍以上も強力だ。

　土星の雷雨がどんなふうか想像してみてほしい。地球の電光はバナナ一本くらいの厚さだが，土星の超雷光はエッフェル塔ほどの幅をもつことがある。スペースシャトル大の宇宙船は，土星の雷の一撃に完全に飲みこまれてしまう。疑う余地もなく，土星の雷の中に直接探査機を送りこんで調べるのは，電子回路をもつ科学装置にとって非常に危険で，そして完全に素晴らしい（純粋に科学的な意味でだ，もちろん）。

　なので次に寒い冬の日にドアノブを触ってビリっときたら，またはラジオ放送が遠くの雷のせいで雑音混じりになったら，土星の超雷光について思いをめぐらせてほしい。なぜ土星の雷雨はほかの惑星，とくに質量が土星よりずっと重い木星のより強力なのだろう？　嵐の小道に沿って形成される，高いエネルギーをもつ雷雲の原因は何だろ

土星の衝撃的な超雷光

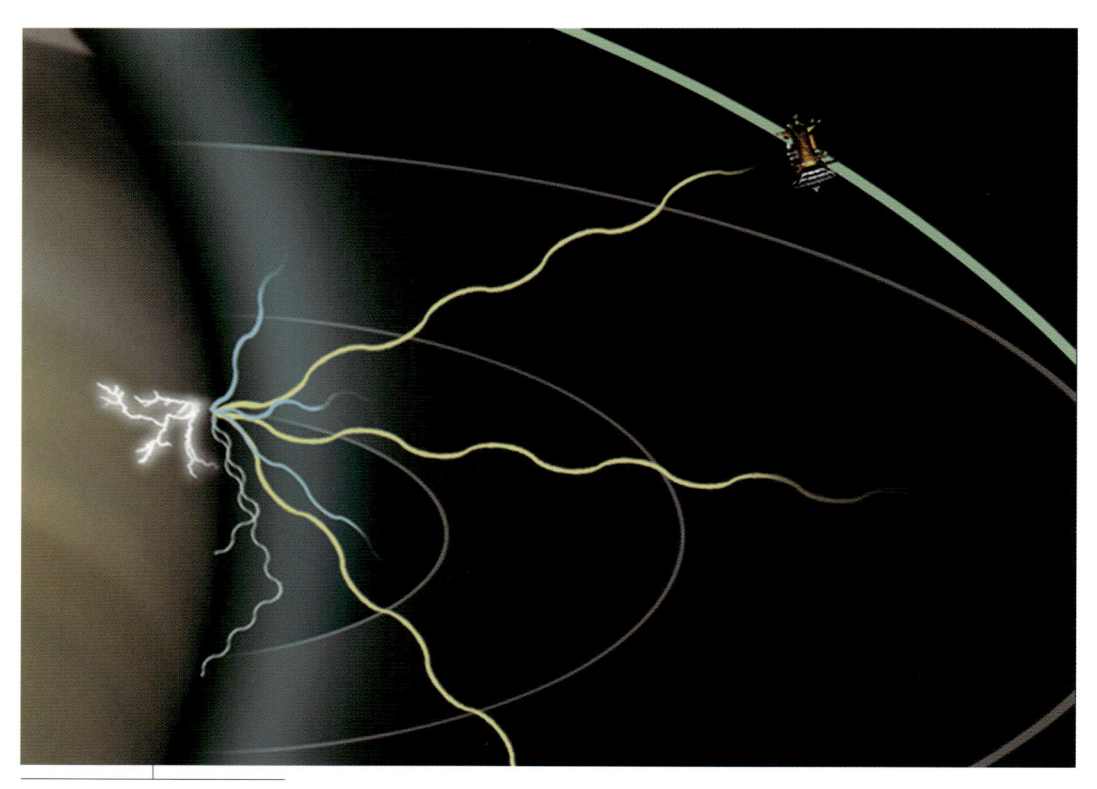

カッシーニ探査機は土星の雷を，電波バーストとして検出する。落雷は可視光から電波までさまざまな波長の電磁波を放射する。低周波の電波は土星の電離層にブロックされるが，高周波の電波は探査機で検出できる。

う？　これらの超雷光の直接目に見える証拠を得るにはどうしたらよいだろう？　これらの，シビレる謎解きのためには，衝撃的な新発見と，洞察力の閃きが必要なのかもしれない。

第 7 部

生　命

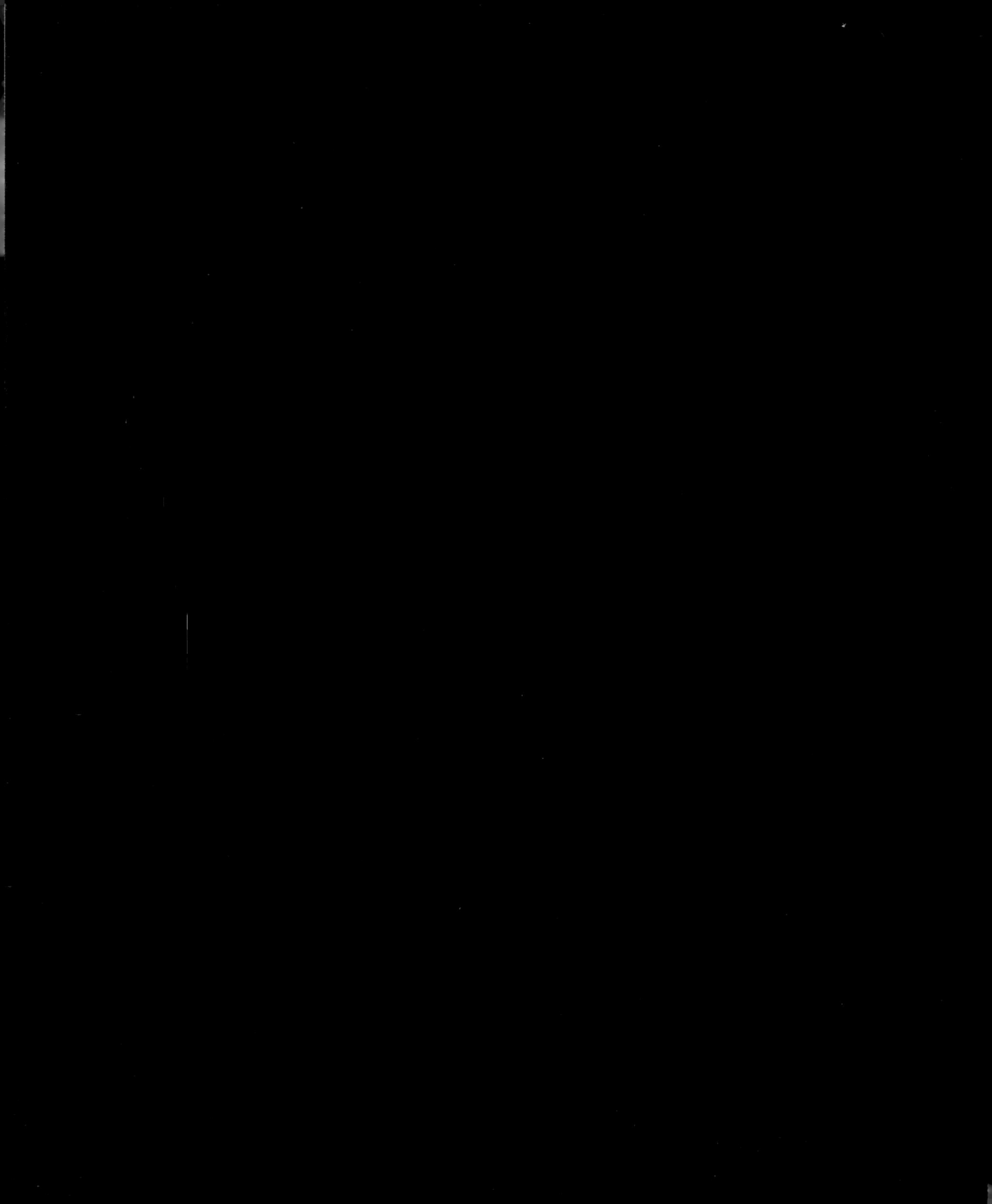

ちょうどよい！——生命あふれる地球

　まあ聞いてくれ，言い争うつもりはないんだ。われわれの知る限り，地球は太陽系で唯一生き物とともにある場所だ。確かに，よそにも微生物が存在する可能性はある。エウロパの地下の海に，ティタンの炭化水素の湖に，あるいは凍った彗星に仮死状態の生物が乗っているかもしれない。

　とはいえ，われわれの惑星はやはり特別に，生命に満ちあふれた場所だ。地表のどこを見ても，深海から至高の高山まで，猛暑のジャングルから極寒のツンドラまで，生命の徴候（自然発生，代謝，成長，刺激に対する反応，適応，性行動，そして排泄）がある。

　本当のところ，生命を科学的に定義するのはきわめて難しい。生命のすべてが同じ特徴をもつわけでもないし，無生物が「生きている」ように見えることだってある。たとえば火は，生命の特徴とされるいくつかを備えている（構造体であること，エネルギー変換，成長，刺激に対する反応）。しかし火を生物とみなす人はほとんどいない。高温の熱水噴出口で極限環境微生物（極端な環境を好む微生物）のような新たな有機体が見つかっているために，生物に関する従来の概念を拡大せざるをえなくなった。加えて，地球生命に基づく厳密な定義は，地球外生命には全然当てはまらないかもしれない。

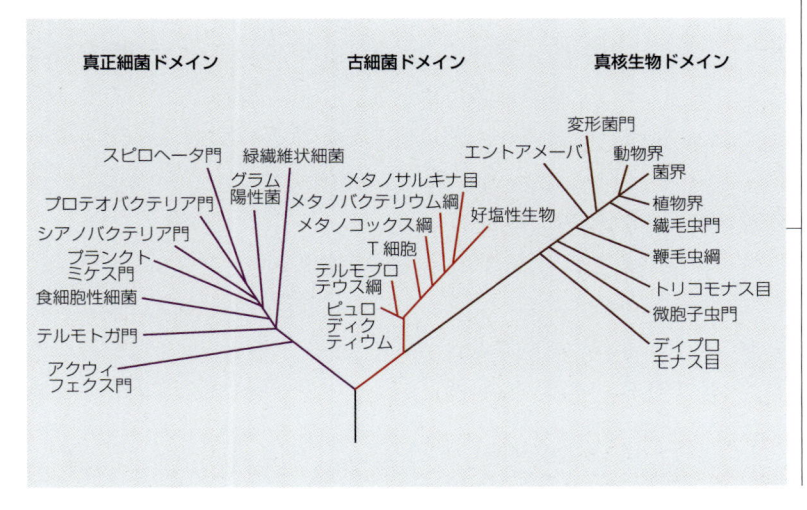

遺伝子に基づく生物の系統樹。地球上のすべての生命は，真正細菌ドメイン，古細菌ドメイン，そして真核生物ドメインの三つのドメインに分類される。真正細菌ドメイン，古細菌ドメインは単細胞生物からなり，真核生物ドメインは細胞核を伴うもっと複雑な生物からなる。真正細菌は地球に最も豊富な生物であり，ヒト一人の口腔には世界中の人口より多い数の真正細菌が生息している。構造は真正細菌に似ているものの，古細菌の生物は遺伝子をもち，真核生物に近い。すべての植物と動物は真核生物ドメインに属する。おそらく1億もの種がこの系統樹に収められている。

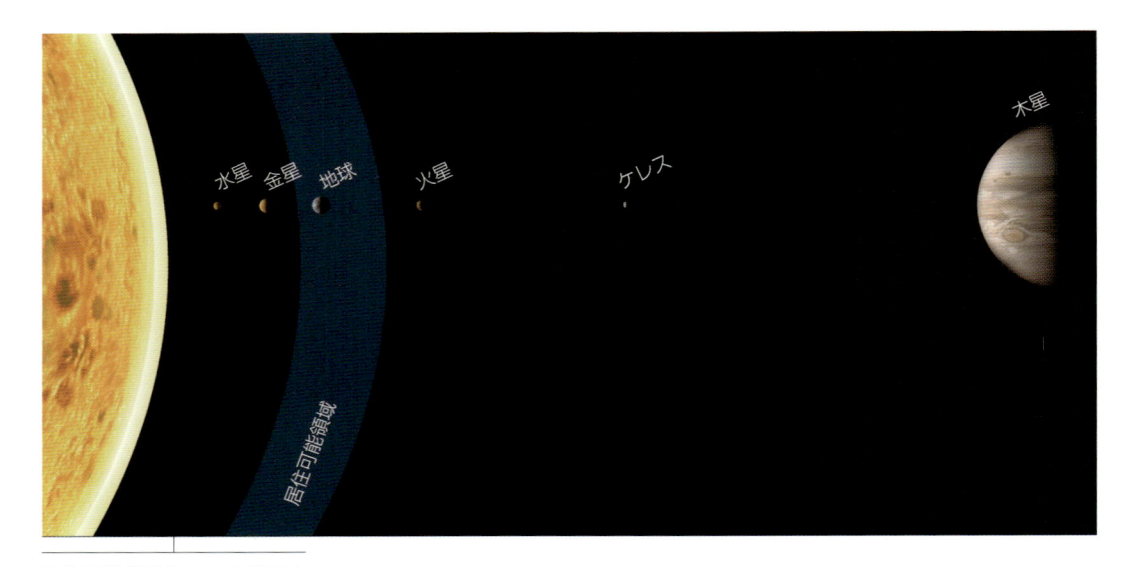

居住可能領域とは，太陽系内で，惑星の表面に水が液体で存在できる範囲をいう。地球はこの居住可能領域に位置する唯一の惑星である。しかし居住可能領域にあるだけでは生命は自動的に発生しない。月は小さすぎて（そして温度差が大きすぎて）生命を維持できない。また，居住可能領域の外，たとえば地下の液体の水の中や，凍っていない地殻の奥深くのような場所でもおそらく生物は生きられるだろう。

　だから，生物の厳密な定義はできないが，地球には確かにたくさんの生物が存在する。およそ160万種の生物種が同定されており，さらにまだ発見されていない生物がもっと残されている。毎年，新たな種が数千種も —— 微細なプランクトン，這い回る魚，毛むくじゃらのロブスター，足のないトカゲ，葉のないラン，そして巨大な歯をもつヒョウが見つかっている。統計によれば，地球に存在する生物種の総数は，驚いたことに3000万から1億に及ぶということだ。

　これほど多くの種類の生物を発生させるには，地球の条件がちょうどよく —— 暑すぎず，寒すぎず —— なければならない。いわゆるゴルディロックスの法則だ。液体の水が生化学反応に不可欠な天然の溶媒として働くため，表面に液体の水を豊富にもつ惑星は，生命を養う準備ができている。太陽系で水が液相で表面にとどまることができるのは，0.95 AUから1.37 AUまでの狭い範囲しかない。地球はこの可住領域の内縁に沿って公転している。

　宇宙生物学者のピーター・ウォードとドナルド・ブラウンリーによれば，単に水の液体があって可住領域内に位置しているだけでは十分でないのだ。きわめて多くのほかの要因が満たされて初めて複雑な生命が進化できる。木星の強い重力が，重い小惑星や彗星がたびたび地球に衝突するのを防いでいる。火星や月と違い，地球は十分大きいので，温度調節に十分な大気を保持できるだけでなく，高エネルギーの

太陽風粒子を防ぐ，強い惑星磁場を生成できる。われわれの大きな月はジャイロスコープのように働いて，地球の自転軸の傾きを安定させ，起こりうる気候変動を抑制する。プレートテクトニクスは炭素を絶えずリサイクルする。それがなかったら，大気に二酸化炭素が多くなりすぎて，金星のように，温室効果が制御不可能になっていただろう。これらの因子すべてが比較的安定した環境を整えて，生命が進化できるようにしたのだ。

　幸運にもこれほど好条件が集中しているにもかかわらず，今日われわれが目にしている多種多様の生物は，すんなり発生して増殖したわけでも，何の痛手も受けずにいたわけでもない。38億〜41億年前の後期隕石重爆撃期を通じて（木星さん，そのころ何が起こったの？）生命が地球に根づくのは困難でなかったはずがない。真正細菌ドメインと古細菌ドメインに属する単細胞生物が，およそ20億年間地球を支配し，次の10億年間ほどは真核生物ドメインに属する単純な多細胞生物が地球に君臨した。複雑な生命，たとえば光合成をするプランクトンや小型動物が爆発的に現れたのは比較的新しく，5億3000万年前のことだ。このころから数えて，五回の大量絶滅が地球を襲った。これらの絶滅は，巨大な小惑星の衝突，大火山の噴火，あるいは天然の地球温暖化や寒冷化が引き起こしたものらしい。

　われわれは六回目の大規模絶滅期を経験している最中である。今回

地球の歴史でおもなできごとを表した年表。地球の年齢からすれば，人類が存在する期間はごく短い。生物自体は40億年近く存在している。

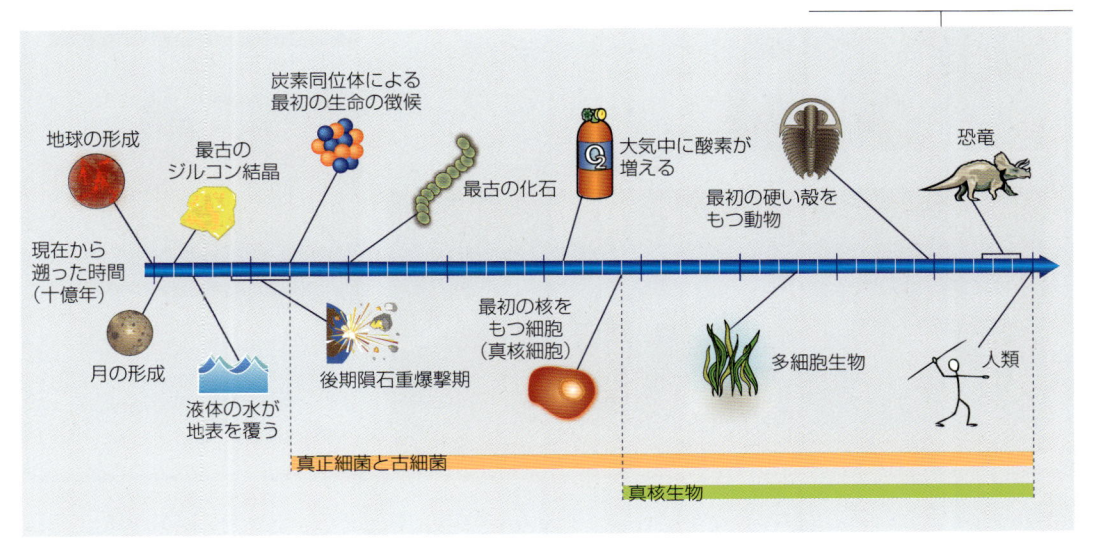

ちょうどよい！——生命あふれる地球

地球に生息する多様な生物 —— 極端な例

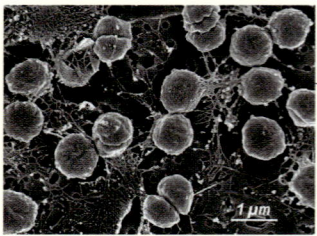

超好熱性のメタン菌（*Methanococcus jannaschii*）。光合成をせずにメタンを摂取する小さな古細菌。東太平洋海底の熱水噴出口，「ホワイト」スモーカーの底で発見された。

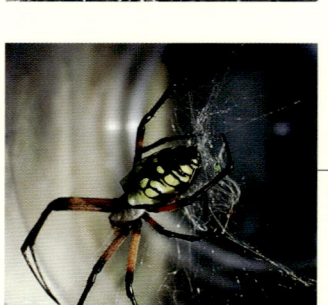

バクテリアよ，ありがとう！シアノバクテリア（真正細菌ドメイン，藍藻）は，24億5000万年前に，光合成によって大気と海に酸素を蓄積したおもな功労者とみなされている。

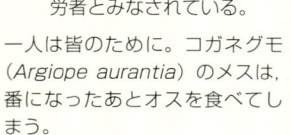

一人は皆のために。コガネグモ（*Argiope aurantia*）のメスは，番になったあとオスを食べてしまう。

ショクダイオオコンニャク *Amorphophallus titanum*（学名のとおり「大きく不恰好な男性生殖器」だ）は，おそらく世界で一番背丈がある花で，高さ2.4mにもなる。開花中は腐った肉の匂いを放ちハエを誘う。

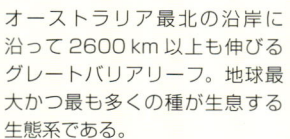

オーストラリア最北の沿岸に沿って2600km以上も伸びるグレートバリアリーフ。地球最大かつ最も多くの種が生息する生態系である。

凶暴なイエネコ（*Felis catus*）。新たに発見されたボルネオウンピョウの遠い親戚だ。

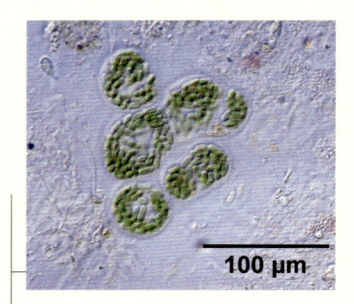

小エビに似たオキアミ。1個体の体長はわずか数cmだが，現存数分をまとめると地球最大の生物量になる。

の原因は人類だ。森林伐採により，豊かで多様な環境系が急速に破壊されつつある。毒物汚染は海に死の領域をつくりだした。人類がもたらした全球規模の気候変動——気温上昇，海水面の上昇，そして天候パターンの移動は，赤道帯と極地帯に生息する生物種に強いストレスをかけている。生物種は警戒が必要な速度で絶滅している。1時間につき3種が絶滅しているのだ！ 2100年までに，地球上に存在する種の半分近くが消えてしまいかねない。

　民話「三匹のくま」*の結びで，クマたちから逃げ出した女の子，ゴルディロックスは，その後二度とクマに会うこともなかったし，ちょうどよいベッドや，適温のスープにありつくこともなかった。同じ運命が多様な生物の系統樹を襲わないように，われわれは最善を尽くさなければならない。地球は太陽系でも非常に特殊な場所——生命に満ちあふれた，「ちょうどよい」故郷なのだ。

---

* （訳注）『三匹のくま』のあらすじ
　少女ゴルディロックスが迷いこんだ家には，熱すぎるスープ，ぬるすぎるスープ，ちょうどよい温度のスープがあり，最後のスープを飲んで彼女は空腹を満たした。寝室には，枕の高すぎるベッド，硬すぎるベッド，ちょうどよいベッドがあり，最後のベッドで眠った。家の主であるクマの一家が帰ってきて，ゴルディロックスは逃げ帰った。

空からの死神 ── K-T 絶滅

　それは地質学的にはほんのわずかな期間，ほとんど一瞬のできごとだっただろう。秒速20 kmという超音速で，エヴェレスト山サイズの小惑星が，現在のユカタン半島に当たる浅い海に飛びこんだ。この小惑星衝突は，大量の水を弾き飛ばし，その下の石灰岩を蒸発させ，直径180 km，深さ35 kmのクレーターを刻んだ。大津波が20階建てビルより高く膨れ上がり，メキシコ湾とカリブ海を飲みこみ，その通り道にあった何もかもを破壊しながら進んだ。

　損害は北アメリカだけでなく，地球全体に広がった。塵，水蒸気，炭素，そして硫黄が大気中高く舞い上がり，自動車のバッテリーに使われるものと同じくらい腐食性の高い硫酸の雨が地球に降り注いだ。この大衝突は地球を巨大な鐘のように響かせ，世界中で大地震と火山噴火が起こった。原子爆弾の10億倍という強い衝突エネルギーが大

6500万年前，直径およそ10 kmの小惑星が，ユカタン半島沖の浅い海に衝突し，大津波，巨大な野火，そして地球規模での気候変動を引き起こした。この破壊的な天体衝突は，化石として残っている大量絶滅の一つの原因らしい。

気を過熱して，全球規模で自然発火させた。地球は激しく燃える大きな火の玉になった。

その結果，地球環境は突然切り替わった。成層圏中の塵と煤煙が太陽光を遮って，夜が永久に続くように思われた。きわめて寒い，冬のような状態が数年間続いた。塵が晴れて太陽の光が戻ってきたとき，大気中の二酸化炭素含有量が増加していたために，強力な温室効果が始まった。温度は前例がないほど上昇した。

強くて，かつ幸運であった生物のみが生き残り，恐竜を含むすべての生命の70％ほどが消滅した*。白亜紀-第三紀（Cretaceous-Tertiary：短縮してK-Tと呼ばれる。Kは白亜紀をドイツ語にしたKreidezeitからきている）の大量絶滅として知られるこの事件は，6500万年前に起こった**。これは地質学的には，白亜紀の終わりと第三紀の始まりの合図であり，地球に起こった最も破壊的なできごとの一つであった。

皮肉なことに，もっと時期が早い（ペルム紀に起こった）大量絶滅は，全生物種の95％を絶滅させた。そしてこのことが「恐竜の時代」の到来に一役買ってもいたのである。生物学の石板がまっさらになったうえに，そのころ地球上のすべての大陸が一つの超大陸（パンゲア）となっており，熱帯気候という好条件も加わって，恐竜の繁栄を招いた。巨大な爬虫類たちが，三畳紀，ジュラ紀，そして白亜紀を通じて1億6500万年以上地球を支配していたのだ。

しかし恐竜はK-T衝突を生き延びられなかった。もしもこの破壊的な大衝突が直接恐竜を襲わなくても，その結果起きた闇が光合成を停止させ，恐竜を食物連鎖で支えてきた恵み深い植生を絶やして恐竜の息の根を止めたであろう。そして恐竜が死に絶えてできた隙間を埋めたのは，もっと小型の哺乳類と鳥類であった。「哺乳類の時代」が始まったのだ。

巨大衝突はどのようにして恐竜を絶滅させたのだろうか？　鍵は，

---

*　恐竜は，このとき絶滅したうち最もよく知られている例であるが，ほかの重要な生物種，たとえば，全海洋プランクトンの90％，アンモナイト（オウムガイに似た小室をもつ多産な海棲無脊椎動物）全種，そして大きな羽根をもつ翼竜といった生物も消滅している。

**（訳注）現在の地質時代区分では，白亜紀-古第三紀（Cretaceous-Paleogene, K-Pg）の大量絶滅と呼ばれる。

アメリカ，コロラド州，レイクステイト・パークに見られる第三紀のK-T境界層は，薄い粘土の層にイリジウム，衝撃変成石英，そしてガラスの小球が豊富に見つかることで注目されている。これらの含有物は大規模な小惑星衝突があったことをはっきり物語る。

第三紀堆積物
第三紀冷却層
イリジウム層
白亜紀堆積物
極微テクタイト

白亜紀と第三紀の境界を刻む粘土の薄い層の中にある。異常に大量のイリジウムが，K-T層の中に世界的に見つかっているのだ。これは地球では金より稀な金属であるが，隕石にはふんだんに含まれるものだ。衝撃変成石英の粒，小さいガラスの小球，そして異常な形状をしたガラステクタイトが北アメリカの粘土層の中に見つかっている。これらすべてが，高温高圧の衝突が起きたことを告げる印である。そして世界の多くの地点のK-T境界で，燃焼によってできたと思われる黒鉛粒が検出されている。

　イリジウムの存在を説明するために，1980年に，ルイスとウォルターのアルヴァレズ父子が，大隕石の衝突により，イリジウムを少量含む塵が地球全域に広がったのだとする説を提起した。さらに，そこに見つかる衝撃変成石英とガラス粒子が広く行きわたっている事実については，彼らの説明では，北アメリカにクレーターがあるはずだというのだった。一つだけ問題があった。それは，そのような衝突は巨大で無視できない傷跡を残したはずで，6500万年前のそうしたクレーターは発見されていなかったということであった。

　1990年になって初めて，その40年前に取得された，独占されていた石油掘削データを使って，K-T期のクレーターがユカタン半島の地下1kmの深さに埋まっていたことを科学者が突き止めた。近くの町にちなんでチクシュルーブ（マヤ語で悪魔のしっぽの意）と名づけられたそれは，地球最大で保存状態も最良の衝突クレーターである。

クレーターに堆積物が降り積もって，その下を乾燥させて保存し，浸食からも守ったと考えられる。続く化学分析は，チクシュルーブ・クレーターの中の溶解した岩石と，世界の他の場所のK-T境界層のガラス小球はすべて，おそらく同一の岩石に由来するという結果を示した。

これらの有無をいわせぬ証拠にもかかわらず，衝突仮説に矛盾がないわけではない。チクシュルーブ・クレーターからボーリングで採取された標本からは，イリジウム層が化石の衰退より30万年早い（岩石の中で14 m深い）位置から出ている。この証拠によれば，恐竜絶滅は，小惑星衝突後すぐのことではなかったことになる。チクシュルーブ・クレーター近くの地質的記録は，津波や地滑りで上書きされてしまった（クレーター近くの岩はすべて跳ね上がって不正確な時間軸を示している）という科学者もいる。クレーターから遠く離れた地点からの標本では，イリジウムと大量絶滅は厳密に一致している。

もう一つの可能性は，別の大災害，すなわち火山活動が気候を変動させ，大量絶滅を引き起こしたというものである。およそ6億4000万年から6億7000万年前，インドのデカン高原で大規模火山が爆発

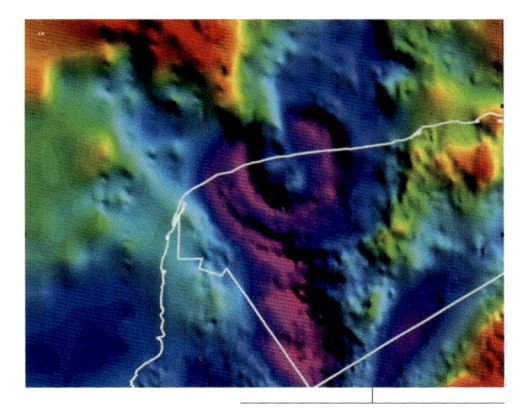

重力異常の調査でチクシュルーブ・クレーターが現れた。暖色は高密度の岩石（重力の値が高い）を示し，寒色は低密度の岩石を示す。クレーター内の低重力は，衝突盆地を満たしている堆積物による。多環構造は大規模衝突の特徴である。白線は現在のユカタン半島の海岸線と州境を示す。

天体衝突とその影響

衝突体の直径	クレーター直径	頻度	例	影響
1000 km以下	—	45億年	月の形成	惑星表面が溶ける。
100 km以下	2000 km以下	40億年	月のエイトケン盆地，地球には残っていない	海が蒸発する。地下にいる生物は生き延びられるかも？
10 m以下	200 km以下	1億年	メキシコ，チクシュルーブ・クレーター	全球規模の大火事，大津波，全球に塵が降る。酸性雨，暗闇，大量絶滅。
1 km以下	20 km以下	50万年	ドイツ，リース・クレーター	全球大気に塵が混じる。全球規模でオゾン層が破壊される。フランスほどの広さで破壊される。
100 m以下	2 km以下	3000年	アメリカ，アリゾナ州，バリンジャー隕石孔	大都市が破壊される。美しい日没。
10 m以下	200 m	20年	オーストラリア，ボックスホール・クレーター	地方規模の損害。

デピターとリッサウアー（de Pater and Lissauer, 2001）による。

1908年のツングースカ隕石の衝突で破壊された景観。

して，溶岩を吐き出した。この火山噴火は，規模では近代のハワイ諸島の噴火ほどのものである。興味深いことに，この火山のおもな活動はK-T境界と同時期に終わっていた。おそらく，この大規模火山と小惑星が共同で恐竜を襲ったのだろう。地球上の生物はデカン高原の火山活動で衰弱させられ，小惑星の衝突で息の根を止められたのだ。

外宇宙からの小惑星衝突は，地球上の生命に対してはっきりした脅威となりうる。幸いなことに，K-T現象のような巨大な衝突はきわめて稀で，1億年に1回あるかどうかである。しかし都市一つを破壊できる小規模の衝突は，もっと定期的に起こり，ざっと100年から3000年に1回の割合で起こる。そのような衝突が最近起こったのは，1908年，シベリアのツングースカ近くでのことだった。小天体（おそらく小さい小惑星か，彗星の破片である）が上空で爆発し，大規模な衝撃波が起こり，ロンドンほどの広さの範囲で木々がなぎ倒された。ふむ…100年ごとに1回で…前回が1908年？　ちょっと待って，もう100年すぎてるじゃないか！

幸いにも現在，地球に巨大衝突を起こしかねない天体を特定するために，国際プログラムがいくつも，既知の小惑星を監視している。NASAの地球近傍天体（NEO）プログラムは単独で，地球近傍を通る小惑星と彗星を6000個ほども追跡している。NEOの最近のお手柄は，2008年10月7日，北スーダンの空を横切って伸びる華麗な火球となった小惑星2008 TC3の衝突予測で，実際の衝突に先立ってその軌道と衝突を初めて予報した。

幸運にも，この2008 TC3は比較的小型の小惑星（直径数m）であった。そして脅威となる小天体は現在存在しない。しかし将来は状況が変わるかもしれない。木星の重力で加速された小惑星がうなりながら地球に向かってくるかもしれない。あるいは，太陽系の外縁部から彗星が地球に接近してくるかもしれない。

しかし安心してほしい，NASA，ESA，そしてほかの研究機関が状況を詳しくモニターしつづけている。われわれは皆，この「哺乳類の時代」がずっと長く続くことを祈っているのだ。

空からきた生命 —— 宇宙起源説

　人間はなまじ大きな脳をもってしまったので，「われわれはどこから来たのか」という謎に絶えず取り組まずにはいられない。一方，真正細菌は，われわれと同じようにこれらの深遠な問いと格闘しているようには見えない。幸いなことに，ダーウィンの進化論のおかげで，時間とともに生物種がどのように変化するのかはうまく説明されている。人類は長い時間をかけて遺伝子が適応した結果である。しかし進化論は，次の根源的な問いには答えてくれない。すなわち，最初の生命は，地球に，どのようにして発生したのだろうか？

　科学はびっくりするような回答を返してきた。地球上の生命は天からの侵略の結果かもしれない，というのである。よその生命体が，小惑星や彗星に乗ってやってきたというのだ。

　当初，生命が地球に根づくのはたやすくはなかった。高エネルギーの微惑星による爆撃をしつこく受けつづけていたできたての地球は，沸騰してどろどろに溶けた大釜の中身のようだった。地球は暑かったのだ！この初期段階の地球で生命を維持するのは事実上不可能だった。月を形成したような大規模衝突が繰り返されて，いまのように安定した惑星ができた。

　惑星の表面が十分冷えて，頻繁な天体衝突が止んだ後になってやっと生命は足場を固めることができた。生命の証拠で最初のものは，グリーンランドの岩石の中の炭素同位体で，38億3000万年前のものと推定された。生きている生物は，軽い ^{12}C（陽子6個，中性子6個）を重い ^{13}C（陽子6個，中性子7個）より優先して使う。グリーンランドの岩石中の $^{12}C/^{13}C$ 率は通常より高く，生命が存在していた可能性を示す。そして時期もちょうどよい。これらの炭素層は後期隕石重爆撃期の終わりに当たる。

有機物を比較的高濃度で含む彗星は，地球に生命をもたらした可能性がある。

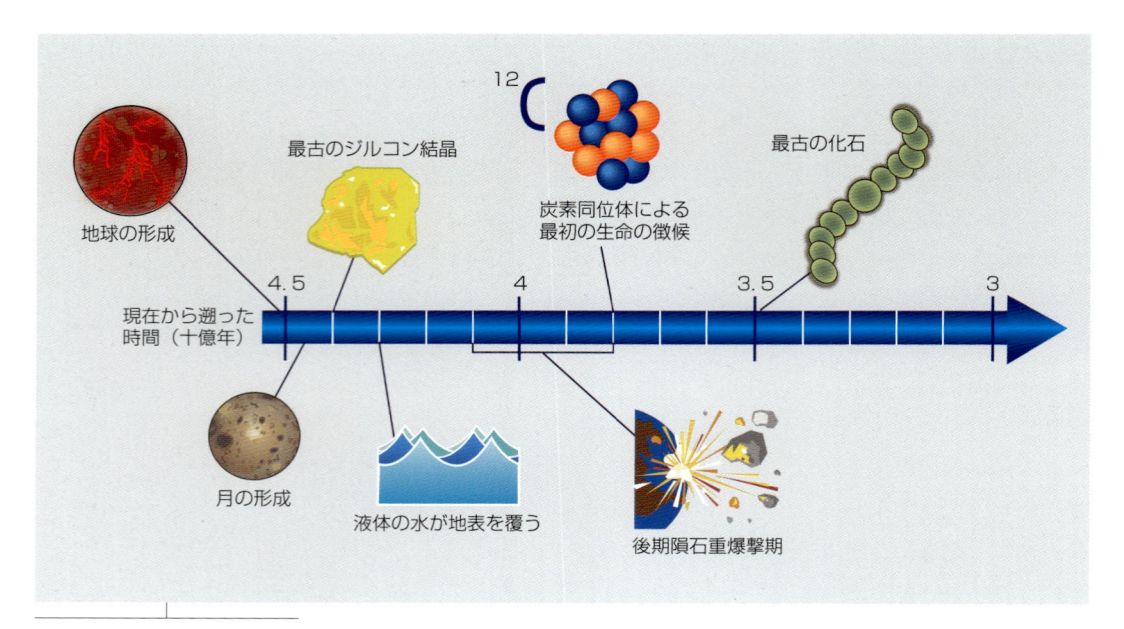

地球草創期のおもなできごと年表。

　生命の誕生には，その生命に必須の材料がすでに存在している必要がある。生物は毎日，アミノ酸（炭素，酸素，窒素，そして水素からなる複雑な分子）を連結し，タンパク質を生成している。DNAが生命の青写真とすれば*，タンパク質は生細胞の中で働く組み立て工である。細胞の構造，動き，情報交換，修復，そして複製といったあらゆる働きは，さまざまな大きさと形のタンパク質に負っている。生命が活動しはじめる前から，タンパク質の材料であるアミノ酸は辺りに漂っていたはずだ。

　これらのアミノ酸はどこからきたのだろう？　おそらく，若い地球の宇宙スープの中にもともとあったと思われる。アミノ酸は高温の地殻の内部で形成されて，化学的に活発な熱水噴出口を通って，より低温の海に注ぎこまれたに違いない。最初の単細胞生物は深海の暗い裂け目の中で生まれた可能性がある。

　あるいは，生命の材料は，初期の地球の荒れ模様の空からきたのかもしれない。1952年の有名な実験で，スタンリー・ミラーとハロル

---

*　少なくとも今日われわれの知る生物では。初期の生物の構造は，DNAよりRNAに基づいて決定されていた可能性がある。しかしDNA細胞は世界中に広がった。なぜならDNAの二重螺旋構造はRNAの一重螺旋構造より安定しているからである。

彗星の有機的材料。ディープインパクト探査機からの衝突機が，テンペル彗星（9P/Tempel，上）に衝突したとき，ディープインパクト探査機と，スピッツァー宇宙望遠鏡はともに，衝突でできた破片の雲の化学的特徴を観測した。おもな材料（左）：皿の上，（左から右へ）氷，ドライアイス。計量カップの中，（左から右へ）橄欖石，スメクタイトの粘土，多環芳香族の炭化水素（有機物だ！），スピネル，そして金属鉄。机上手前，（左から右へ）頑火輝石の珪酸塩，炭酸塩苦灰石，そして硫酸鉄鉱。

ド・ユーリーは古代の大気ガス中の放電でアミノ酸ができることを示した。生命（あるいは，少なくとも生命の材料）は，雷光ショックで生まれた可能性があるのだ。

しかし生命の起源に関するもう一つの仮説（「アミノ酸とほかの有機物は宇宙からきた」）のほうが，事実により裏づけられている*。小惑星と彗星はしばしば破滅の前兆と考えられている（なにしろ，小惑星がたった一つ衝突するだけで恐竜が絶滅してしまったのだから）のだが，小惑星と彗星はまた，地球に生命を運ぶ究極のコウノトリにもなりうる。これらの太陽系小天体は大量の有機物を含み，実験では地球に火の玉となって落下した後もアミノ酸は無傷で残ることが示されている。マーチソン隕石だけで100種類ものアミノ酸と核酸の塩基（DNAとRNAの基礎）を含んでいる。この隕石を炭素分析すると，地球由来の物質が混入したとはまず考えられないほど多くの有機物が見つかる。これらの有機物は地球外からきていたのだ。

最近の二つのNASAミッションは，宇宙から有機物がきたことへのいっそう確かな証拠を提供する。ディープインパクト探査機から放出された衝突機は，テンペル彗星（9P/Tempel）に時速3万7000 kmを越える速度で衝突し，巨大な衝突雲をつくった。衝突片の雲は通常

---

* 星間空間には，高密度のガス雲や星形成領域で合成されたアミノ酸が散らばっているらしい。

空からきた生命——宇宙起源説

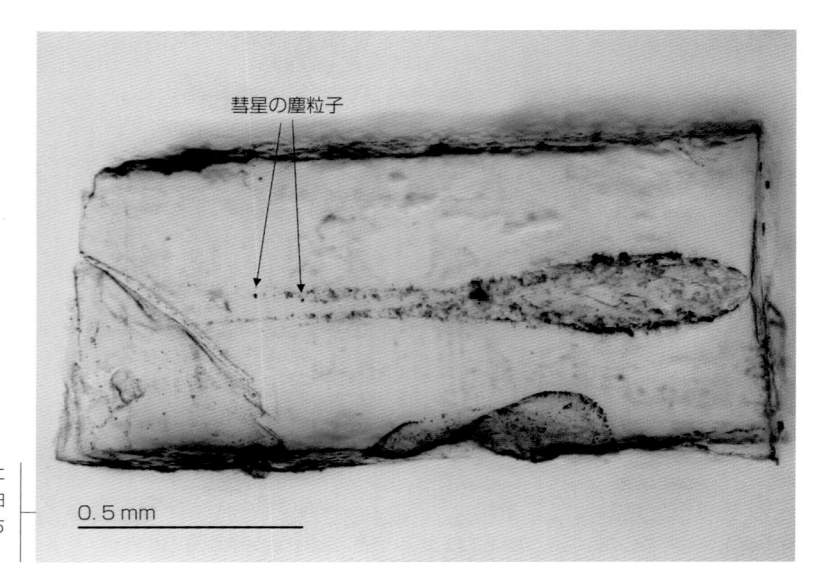

エアロゲルに閉じこめられたヴィルト彗星（81P/Wild）由来の塵粒子。初めて地球に持ち帰られた彗星物質の標本。

彗星の塵粒子

0.5 mm

予想される揮発物質（水と二酸化炭素）と岩石（炭酸塩, 粘土, 珪素, そして鉄）をともに含んでいた。しかしそのほかに, 相当量の有機物（炭化水素）も含んでいた。しかしながら, 完成されたアミノ酸は, ディープインパクトによる衝突中は検出されなかった。

　スターダストミッションは, もっと決定的な結果を持ち帰った。2004年ヴィルト彗星（81P/Wild）に近接飛行した際, この探査機は最新式のエアロゲルを用いて, ヴィルト彗星のコマ由来の塵粒子を閉じこめ, 標本として分析のために地球に持ち帰った。この標本には有機物が10%以上含まれており, その中にはアミノ酸さえあったのだ！2009年, NASAの科学者は, スターダスト探査機が持ち帰ったサンプル中のアミノ酸の一種, グリシンには, 地球で形成されたグリシンよりも ^{13}C が多く含まれていたと報告した。これは地球外アミノ酸が彗星によってもちこまれた最初の直接証拠である。

　この仮説をまた一歩進めて, 生物組織の材料というだけではなく生命体そのものも宇宙からきているものかもしれないとも考えられる。パンスペルミア説（ラテン語で「すべての生命」の意）は, 命の「種」は宇宙全体に広がっていて, 惑星間空間（星間空間でさえも）を生き延びて旅しているのだとする。今日の科学者は, 宇宙全体に広がっているパンスペルミアはあまりありそうにないと考えている。しかし宇

宙生物学の新たな研究により，驚くべきことに，生命はきわめて極端な環境でも生きられるということが判明した。

たとえば，微細な有機生物 *Chryseobacterium greenlandensis*（グリーンランド・クリセオバクテリア）について考えてみよう。この微生物は12万年も眠ったまま，氷河の中深さ3.2 kmに埋まっており，氷が解けるや否やすばやく冬眠から目覚めた。同じことが，小惑星や彗星に便乗してやってきた微生物の胚種にも起こった可能性がある。

外宇宙からの有機物のもちこみは現在も起こっている。毎年，およそ4万t分の惑星間物質の塵（塵の一粒の直径は人間の髪の毛より小さい）が地球に降り注いでいる。NASAは最近，この惑星間塵の中から，初期の太陽系起源の有機分子を検出した。われわれは絶えず古代の宇宙生命体（というのはいいすぎかもしれない。少なくとも，すごく古い有機物である何か）から爆撃を受けつづけているのだ。

仮に現在宇宙からもたらされる有機物の雨を霧雨とするなら，若い地球は空から土砂降りで有機物の食べ物をもらっていた。太陽系の内側は原始惑星間物質の小片で満ちていた。原始地球が有機物の洪水であふれている場面を想像してほしい。ある隕石由来のアミノ酸が，別の隕石からもたらされたアミノ酸と混ざりあっているところを。おそらく偶然に，これらのアミノ酸が結合してタンパク質が生成され，さらにこれらのタンパク質は特別なやり方でねじれたり折れ曲がったりした。このめちゃめちゃに揺さぶられた時期に，おそらくあるタンパク質は二本に裂けて，またすぐ自己修復した。この魔法のような生命活動が控えめに，だが確実に地球上で開始したのだ。

火星に住む，背の低い緑色の…微生物？ ── 火星に生命の可能性

科学は新発見とそれに基づく理論の再考により，ときどき思い出したように進歩する。多くの知的分野と異なり，科学は単なる思いつきではなく，自然界を説明する仮説を裏づける経験的証拠を要求する。20世紀を代表する惑星科学者カール・セーガンは，科学者の使命とはできるだけ多くの仮説を生み出し，それらの誤りを確固たる証拠をもって訂正しようとすることであると主張した。科学的仮説はこの過程を何度も生き延びて初めて，理論と呼べるレベルに昇格する。科学理論は古い観測と新しい発見をともに説明させられるという時の試練に耐える。しかし技術の進歩によって新しい証拠がもたらされた結果，長く信じられてきた理論が投げ捨てられることもよくある。火星の生命探しほど，この過程が明白だった分野はない。

数世紀にわたり，夜空に血のように赤く輝く火星は，地球とはまったく違う遠いさまよう星と思われてきた。しかし18世紀の望遠鏡による観測で，白い模様，黒い領域，そして氷の極冠が見つかり，それらは地球のそこかしこを連想させ，火星にも生命がいるのではという想像を焚きつけた。

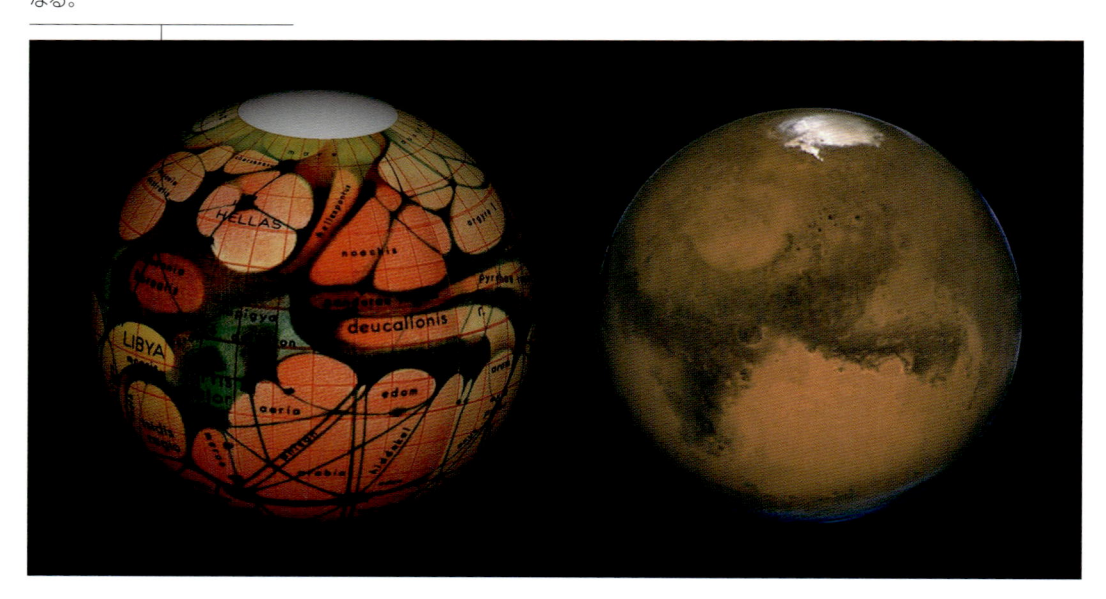

1894年のユジェーヌ・アントニアディによる火星のスケッチと，2003年のハッブル宇宙望遠鏡による画像を並べた。規模が大きな地形はアントニアディのスケッチでも正確に記録されているが，火星人が建設した（とパーシヴァル・ローウェルが考えた）広大な「運河」構造は存在しない。アントニアディはのちに性能が向上した望遠鏡で観測するようになって，運河網は錯覚だったと思うようになった。この画像の上が南になる。

1877年，ジョヴァンニ・スキャパレリは火星全体を横切ってまっすぐ伸びる筋を観測した。彼はこの筋を「水路」という意味でcanali（英語のchannelsに相当する）と呼んだが，英訳の際に不運にもcanals（運河）と訳されてしまった。スキャパレリの観測は実業家であるパーシヴァル・ローウェルを動かして，1894年，アメリカ，アリゾナ州に火星の生命を探す研究を主目的とする私設天文台を建設させた。ローウェルは，複雑な「運河」は火星の古代知的文明による建造物だと考えていた。ローウェルの仮説は小説家H. G. ウェルズに着想を与えて1898年の『宇宙戦争』を書かせた。この中で火星人は死の惑星を脱出して地球を侵略しにくるのだ。

　20世紀初め，技術の進歩は再び，広く信じられていた科学的仮説を修正した。ローウェルのように，ギリシアの天文学者ユジェーヌ・アントニアディは火星の「運河」構造を長年観測した。1909年の火星の衝（地球に最も近づく）の間，アントニアディはパリ天文台の新しい口径83 mの望遠鏡を向けて，火星を詳しく観測した。驚いたことに，火星に「運河」は全然見えなかったのだ！　彼は「運河」とは小さい望遠鏡の観測限界のために生まれた錯覚だったと結論づけた。

　初期の火星探査機ミッションもまた，火星上の地球外生物についての推論に対して一撃を与えた。1965年，火星探査機マリナー4号が火星表面の画像を返してきたが，そこにはクレーターはあっても「運河」はなく，水も流れていないし，植物も生えていなかった。二台のヴァイキング探査機は1976年に火星表面から採取された土標本を使って，四つの生物学実験を行った。この実験によれば，火星の土は有機物を

映画「火星からのエビ怪人」(1987年)。科学は火星人から（あるいは，ひどい映画から）われわれを救うことができるか？

溝状の痕跡が残っているところは，ヴァイキング1号着陸機の生物学実験における土標本の採集地を示す。土堀道具（中央下）は標本を掘り出し，分析のために着陸機に積みこむ。ヴァイキングの実験では火星に生命は見つけられなかった。

火星に住む，背の低い緑色の…微生物？——火星に生命の可能性　　　167

最小限度しか含まない，不毛な環境ということになった。ポジティブな結果を唯一示したのは，放射性同位体で標識を付けられた物質を放出する実験（LR実験）だった。もし有機体が存在するならこの物質を栄養分として消化し，その結果吐き出された放射性同位体のガスを検出するというものだ。しかしこの結果も，栄養分の非生体的分解としたほうがすんなり説明できる。火星の生命探査は根本的に立ち往生した。

1996年，NASAはぎょっとするような声明を発表した。火星からきた隕石を分析した結果，この赤い惑星に，古代の微生物が存在していた可能性が認められたのだ。1984年，南極のアラン・ヒルズで採取されてALH84001と名づけられた隕石は，小惑星か彗星が火星に衝突した爆発で，表面から飛び散って南極に落ちたらしい。

生命の可能性を示す三つの証拠があった。(1) 多環芳香族炭化水素（PAH）の存在。これは微細な有機体が崩壊するとよく生成される有機分子である。(2) 地球の真正微生物から生成されるマグネタイトと似たものを伴う，異常な炭酸塩の小球。そして，(3) 小さな線虫状の小球。地球の微生物化石と非常によく似ているが，大きさは100分の1である。これらすべての証拠は，お互い数 μm と離れていない範囲で見つかった（針の先の直径が 2000 μm ほどである）。

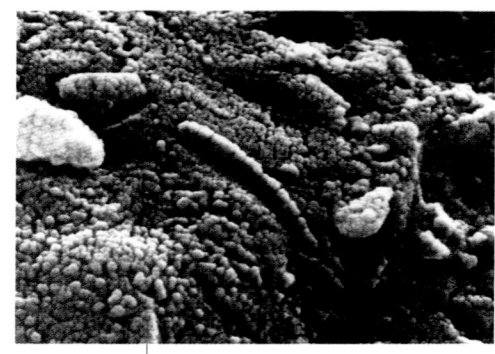

火星の隕石 ALH84001（上）と，この隕石を電子顕微鏡で見た写真をスキャンした拡大画像（下）。線虫に似た構造は，古代のナノバクテリアの微細な化石だと説明する科学者もいる。また，この構造の存在は非生物的反応としても説明できる。

この尋常でない主張により，ALH84001はいっそう徹底的に調査された。どの証拠も，非生物によるとするもっともらしい説明が可能だ。そして隕石中のPAHは，南極の氷が混濁したものと考えたほうが確からしい。今日では，惑星科学者の多くは，ALH84001が，かつて火星に生物がいたとする証拠を含んでいるとは確信していない。それにもかかわらず，ALH84001におけるこれらの発見は，よその惑星上の生命を研究する宇宙生物学という，刺激的な新分野を生み出した。

火星に昔生物が生息していたのか，現在生物を宿しているのか，どちらもわれわれにはわからない。矛盾する証拠のため断定ができない

最先端技術を用いた，小型リコネサンス火星撮像分光計（CRISM）による新たな観測で，火星にかつて水が流れたとする強力な証拠が得られた。このように，古代の水路はイエゼロ・クレーターの乾いた湖床に流れ込んでいる。デルタ領域には粘土から生み出される無機物（緑）が豊富に含まれており，これは有機物をトラップする性質がある。イエゼロ・クレーターは古代の火星生命を探す第一候補地である。

のだ。それに，われわれの生物に関する概念は，地球での経験に引きずられてしまっている。最近まで科学者たちは，生物の生存には，温暖な気候が必要だと信じていた。しかしながら，海床の裂け目，熱水噴出口のような極端な環境で暮らす微細な有機生物，極限環境微生物の発見により，過酷な火星環境で生命を見つけられる可能性も再浮上してきたのだ。

興味をそそる可能性がいくつかある。ヴァイキング探査機が火星生命の存在に「決着をつけた」生物学実験は，原始的な技術を使っていたため，南極や，チリのアタカマ砂漠で採取された生命の存在する土からであっても生命を検出できないことが，最近の調査で判明した。2008年の探査機マーズ・フェニックスの着陸機が水（われわれの知っている生命なるものの霊薬）を「味わっ」て，それは火星北極の凍土が，焦げつきそうに熱かったときに溶けたものとみなした。マーズ・エクスプレス探査機が検出した，大気中にメタンが局所的に濃い部分が存在するのは，火山活動か微生物かどちらかのせいである。もし生命が火星に存在しているとしたら，それは進化した生き物よりは微生物である可能性が高いだろう。

火星に生命が本当に見つかったら，（それが微生物であっても）なんと特筆すべき，だがわれわれ自身の矮小さを思い知らされる屈辱的な日になることだろう。ともあれ人類の科学に対する知的探求の道のりにおいて，画期的な事件となることは間違いない。しかし現時点では，これは単にまだ証明されていない仮説にすぎない。火星に生命はあるのか？　という根元的な問いに最終回答を出すためには，NASAのキュリオシティー（2012年），エクザマース（2018年）のような，新技術によるさまざまな発見が必要となるだろう。

闇に生きる生命 —— 地球とエウロパ

光なき生命： フアンデフカ海嶺近く，水深2200mのエンデヴァー熱水噴出口からは，無機物を豊富に含む熱水が湧き出ている。光合成の恩恵なしでも，巨大棲管虫（チューブ・ワーム）は生きることができる。硫黄を食べる細菌との共生関係から生命維持エネルギーを得ているのだ。

その光景はまったく予期せぬものだった。1977年，潜水調査艇アルヴィン号に乗った科学者たちは，海中の深さおよそ2.5kmのガラパゴス地溝に沿って熱水噴出口を探していた。彼らは，プレートテクトニクス理論で予想された海嶺の地熱活動を確認しようとしていた。海嶺が伸びる海底での地熱活動がプレートテクトニクス説を裏づけるか確かめるためだった。日光の届かない真っ暗な深海は，海底の裂け目から熱い溶岩が流れ，ガスの泡が噴き出す不毛の荒地だと想像されていた。

その代わりに彼らが発見したものは，地球上の生命という概念を永久に変えてしまった。加えて，生命はわれわれの故郷である惑星とかけはなれた過酷な環境でも繁栄できるのではないかという，刺激的な

可能性を浮上させた。

　探検家ロバート・バラード（彼はのちにアルヴィン号を使って，沈没した遠洋定期船タイタニック号を調査することになる）率いる調査隊は熱水噴出口を発見した。「ブラックスモーカー」とも呼ばれるそれは過熱された（375℃にも達する）水を，極寒の真っ暗な海中に吐き出していた。そこでは煉瓦のカマドのような温度でも水が液体で存在できる。海底では大きな水圧がかかるので，ガラパゴス地溝では水の沸点が400℃ほどになるからである。地殻から噴き出す熱水は硫化物を豊富に含むため，噴出口から拡散する水は黒い「煙」になる。

　熱水を噴出するチムニー（熱水噴出口近くにできる柱）を取り囲んでいたのは，それまで誰も見たことがないような異様な生態系だった。毒のある熱水の排出口に，雪のように白い二枚貝のコロニーがびっしり付着していた。タンポポに似た見慣れない生き物が海底で餌を求めて這い回っていた。先端が赤い巨大棲管虫が，微かに光る水の中で，草原の野花のように揺れていた。紫色の奇妙なタコが静かにムラサキイガイに食いついていた。

　この奇妙な世界は完全に太陽光なしで展開されている。地表の植物は光合成を行いエネルギーを蓄える。二酸化炭素と水を炭水化物に変換するのを，太陽光が助けるのだ。しかし太陽放射は水深300mほど

西太平洋の水中火山域で熱水噴出口と珊瑚礁は混ざりあって生態系を形成する。水深が190mと比較的浅いため，散乱した日光は赤い藻類やサンゴの光合成に十分なエネルギーを供給する。一方熱水噴出口からの硫化水素は繁茂した白い細菌に化学合成エネルギーを与える。

闇に生きる生命——地球とエウロパ

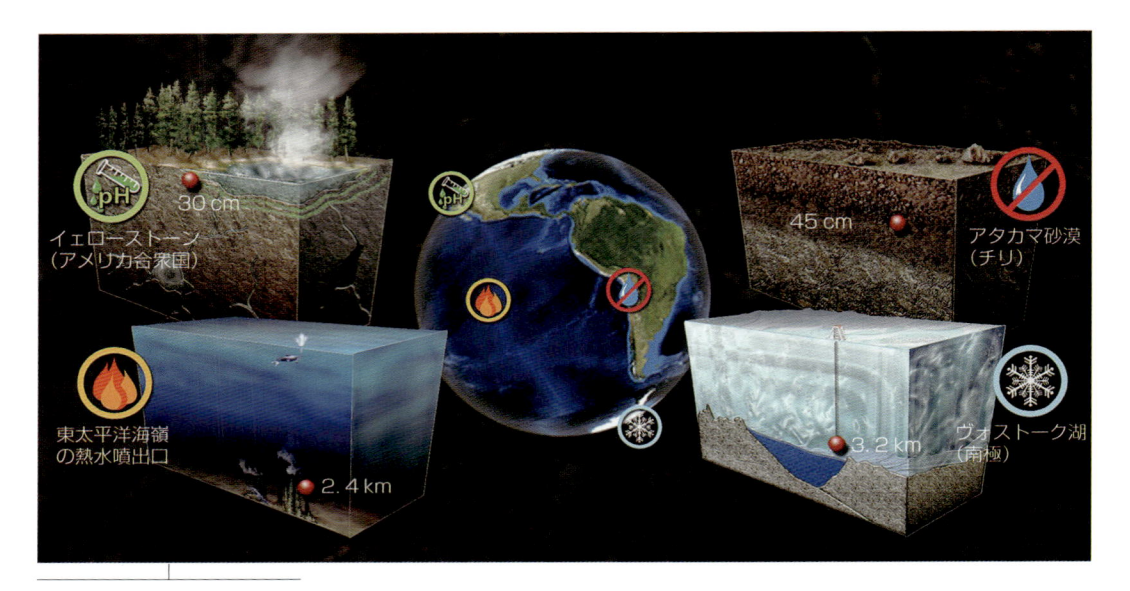

極限環境微生物は地球上あちこちの過酷な環境で見つかる。地熱で温められた酸性の水たまりで，海洋床の真っ暗な熱水噴出口で，干からびた砂漠で，そして南極の凍りついた湖で。

しか届かない。1977年以前は暗黒の海底で暮らす生き物は，枯れた植物や死んだ動物を食べるしかないと信じられてきた。かつて光合成で生命を維持していた植物や，その植物を食べて生きていた動物が死んで海の底に沈み，そうしてもちこまれた太陽エネルギーが海底生物の生命を支えるのだと。

熱水噴出口における生物は変わっている。いや，「きわめて」変わっている。太陽光を利用する代わりに，地球内部にあるエネルギーで生きている。

例として巨大棲管虫を取り上げてみよう。消化管に生息する細菌が硫化水素*，酸素，そして二酸化炭素を合成して複雑な有機分子を生成する（そして白い硫黄繊維を排泄する）。その有機分子を棲管虫は食べて消化する。この，太陽光なしで化学反応により炭水化物を生み出す化学合成過程は，熱水噴出口における食物連鎖の基礎となっている。

極限環境微生物（extremophiles），つまり極端な環境を好む有機体はまた，深海の裂け目以外の過酷な場所でも繁栄する。極限環境微生物には光合成に依存するものも，化学合成に依存するものもあるが，いずれも数十年前までは考えられなかった環境に生息している。アメ

---

* 硫化水素 H_2S は化学構造が水 H_2O と非常によく似ている。

まさかここまで耐えるとは！クマムシは，−200〜150℃の温度，真空から1000気圧までの圧力に耐えられる。外宇宙に直接さらされてさえも生き延びることができる。

リカ，イェローストーン国立公園の硫黄温泉中には，単細胞生物の好熱菌（熱を好む細菌）が生息する。チリのアタカマ砂漠は地球で最も乾燥している場所で，NASAが火星探査車を試験するのに使うほどだが，水がなくなると休眠し，ごくわずかな水分がもたらされると復活する細菌を育んでいる。また南極氷棚のおよそ4 km下に埋まったヴォストーク湖面の真上で再凍結した氷の中に，細菌コロニーが見つかっている。

　緩歩動物という気のきいた生き物がいる。小型の無脊椎動物で，「クマムシ」として広く知られている。彼らはおそらく，あなたの身近な小川の中に住んでいる。緩歩動物は事実上不滅で，凍らせても煮ても強い放射線を当てても，なお生きているのだ！　2007年に緩歩動物は，ヨーロッパ宇宙機関の人工衛星に乗せられ，宇宙での低温，真空状態，宇宙放射や太陽輻射といった過酷な環境に晒された。低気圧も宇宙線も緩歩動物には無害だった。ほとんどの生物を即死させたであろう有害な紫外線照射から復活した個体さえいた。

　もしも極限環境微生物が地球（や宇宙）の過酷な環境でも繁栄できるのであれば，太陽系のほかのきわめて厳しい環境でも生きられるに違いない。興味深い可能性としては木星の衛星エウロパがある。この

闇に生きる生命──地球とエウロパ

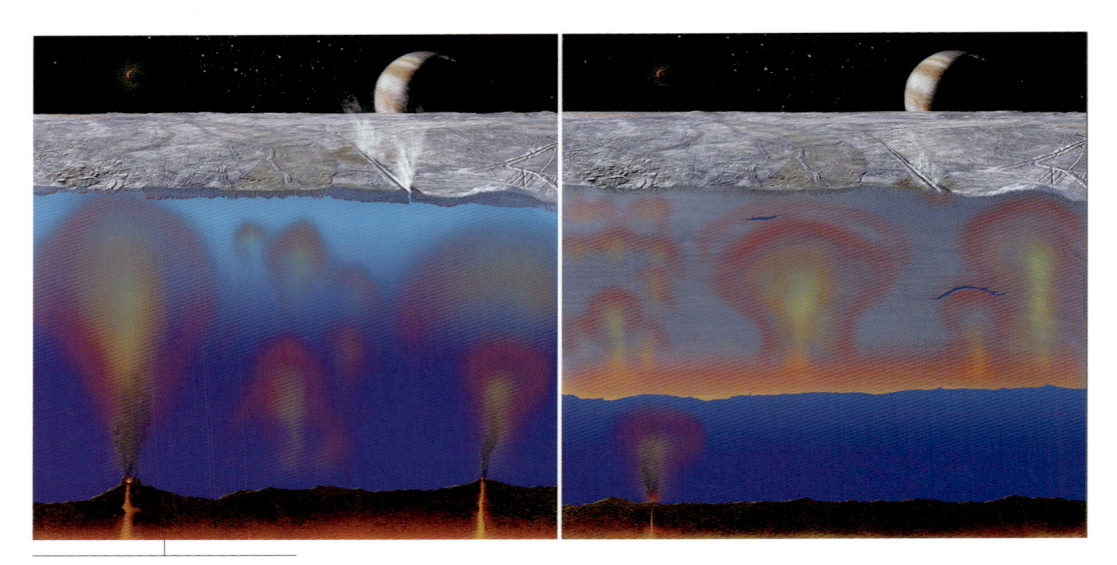

木星の衛星エウロパには深い海があり，そこに生命が宿っているかもしれない。エウロパの海の正確な構造は目下調査中である。そこには薄い氷の殻と深い海があって，その海の中に生命がいるかもしれない（地球の熱水噴出口のように）。あるいは氷の殻はもっと厚くて，その下に比較的温度が高い氷の厚い層があって，その氷が，きびしい環境を好む微生物の生命を支えているのかもしれない（南極ヴォストーク湖のように）。

巨大な氷衛星全面を覆う氷の層の下には，深い海がある。ほかの凍った天体にも海がなくはないが，エウロパの海だけが岩のマントルとじかに接している（ほかの天体の海は氷の層に挟まれているようだ）。そのマントルは化学合成に必要な栄養素の供給源になりうる。NASAの科学者たちは目下，エウロパに生命の徴候を探すミッションを計画中である。

しかし地球外に生物を探しているとはいえ，われわれは実際「闇の中にいる」。未知の生命体がどういうものなのか，われわれにはわからない。地球での経験から，われわれは炭素を基本とする生命体を想像しがちである——それ以外を知らないから。地球外生命体は珪素に基づく生物かもしれないし，DNAとは全然違う遺伝システムに基づいているかもしれないし，水をまったく必要としないかもしれない。ただ，一つ確かなことがある。もし，あるいはいつか，ほかの天体に生命が見つかったら（筆者は「いつか」のほうだと思うが），そのとき真に光は差しこむだろう，ということだ。

第 8 部

変わり者さまざま

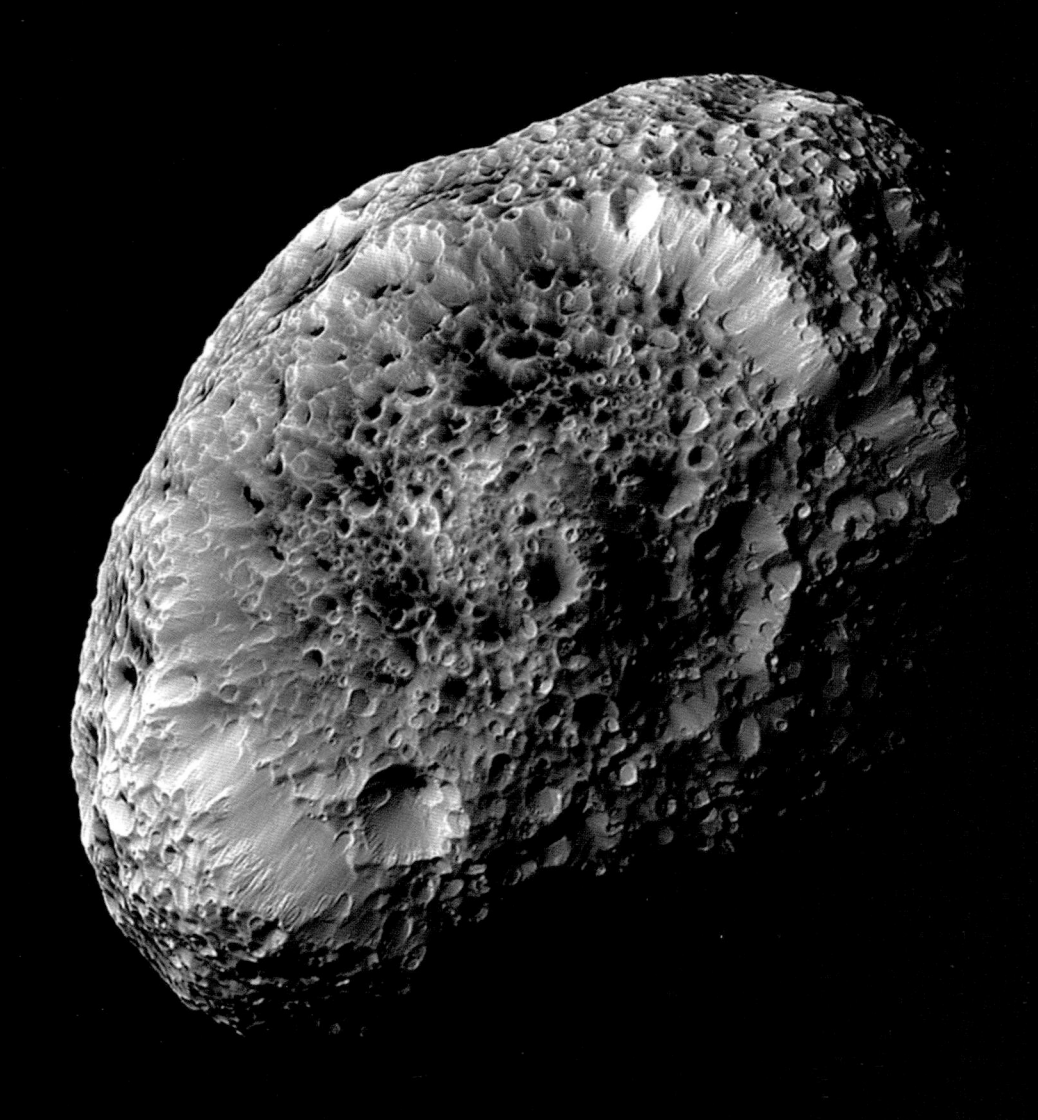

一番臭い場所 ── イオの腐った卵

　ものが臭くなる原因は何だろう？　あるにおいが快いか不快かはきわめて主観的な問題であるが，悪臭は，有毒な可能性がある化学物質がそこに存在することを警告しているのだと信じる科学者は多い。いやなにおいはわれわれにとって有害な印である，というわけだ（しかしこの説は，人間がレバーや玉ネギを食べる理由を説明できない）。もっとも，人間には刺激臭と感じるのに，ほかの多くの生物には有益な物質もたくさんある。たとえば悪臭を放つゴミ箱に住むドブネズミ，メタンからエネルギーを取り出す一部の細菌，糞にたかるハエなどだ。だから，人間から見た場合に限定して，太陽系で一番臭い場所を決めることにしよう。勝負するまでもなく，木星の衛星イオが，だんぜん臭いのだ。

悪臭を放つ木星の衛星イオ。硫黄を噴き出す火山が数え切れないほどイオの表面全体に点在する。このため，太陽系でイオは最も火山活動が激しい天体であるだけでなく，一番臭い天体でもある。

これは，太陽系に臭いところがほかにないといっているのではない。地球だって相当なものである。ほんの数例を挙げると，沼地，地熱，埋立地，そして豚小屋がある。ニュージーランドの5500万頭の羊と牛は，この国で発生するメタンの90%ほどを発生させている。（ニュージーランドの農場主たちは，家畜がおならやげっぷとして出すガスへの課税に激しく反対している。）インドネシア産の有名な果物，ドリアンは，シンガポールのホテルや地下鉄で持ち込みを禁止されるほどすさまじい悪臭を放つ。金星は，腐食性の硫酸の雲にすっぽり包まれているので，惑星全体が刺激臭を発している。土星の衛星タイタンの炭化水素は毒の雨となって地表に降り注ぎ，湖や川を満たし，地下のべたべたした土に浸透する。タイタンは巨大な製油所のようなにおいがする。

　しかし木星の衛星イオは，巨大な卵が腐ったみたいににおうのだ。硫化水素は腐った卵特有のにおいを生成し，この刺激成分はイオの地表と上層大気の両方で観測されている。実際，硫黄化合物がきわめて

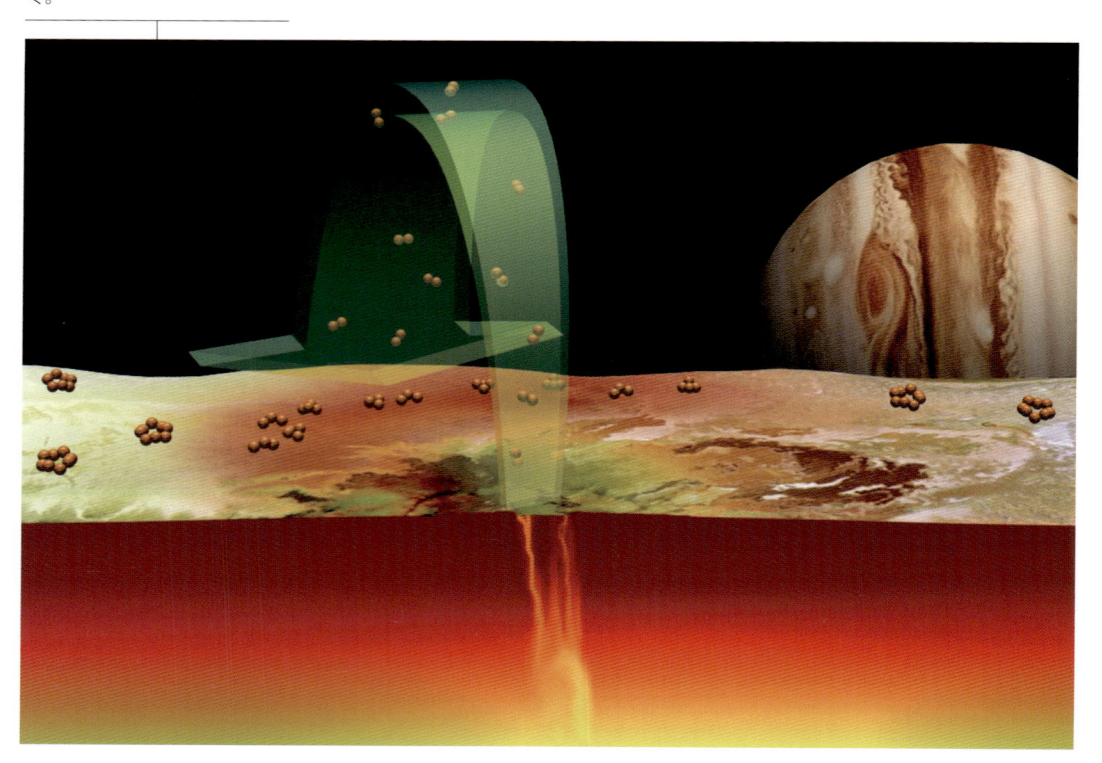

イオの火山から，硫黄は S_2 の気体分子の形で噴き出す。この分子は化合してイオの地表に赤い霜を付着させる。時間とともに，硫黄分子は，硫黄に特徴的な黄色で安定した環模様を描く。

大量に存在するために，この衛星は赤と黄色の目立つ色をしている。

　火山が爆発的に噴火している間（華々しい現象だがイオではふつうである），硫黄ガスが大気中に高く吹き上がる。以下のしくみは完全にはわかっていないが，この硫黄ガスのいくらかが光化学分解して二酸化硫黄，硫化水素，そしてほかの硫黄化合物を形成する。硫黄分子はイオ表面に氷結して，火山口の近くに赤いしみをつくる。最終的に，硫黄分子が反応して赤い霜は黄色に変わり，安定した硫黄の環状地形が形成される。

　いつもにおう場所がそうであるように，イオにも新鮮な（あるいは，そこまで新鮮ではない）悪臭を放つ化合物が絶えず供給されている。イオを臭くしている原因はまた，イオを太陽系で最も火山活動が激しい場所にした元凶でもある。イオが太陽系で最も火山活動が激しい場所なのはそのおかげである。

　硫黄に覆われたこの衛星は，真円を少し伸ばした楕円軌道を通過中に，その母惑星に危険なほど近づくことで，この臭い栄誉を受けている。この（腐った）卵型の軌道を，木星のもっと大きい二つの衛星エウロパとガニメデとの共鳴が安定させている。木星周回軌道をイオが4周する間に，エウロパは2周，ガニメデは1周するのだ。7日ごとにエウロパとガニメデが並ぶので，イオは重力の影響をいっそう強く受ける。このことが，臭い衛星軌道が真円になることを阻んでいる。

　イオは大惑星に近づいたり遠ざかったりを繰り返すので，木星の強い重力がこのご近所衛星を歪める。あなたが適当な長さの針金（たとえば，クリーニング屋さんでもらえるハンガー）を前後にすばやく曲げたら，木星の潮汐力による収縮が，イオの内側の深い部分でくすぶる熱を生み出す作用を理解しやすくなるかもしれない。

　結果として，歪曲されたこの衛星中できわめて激しい火山活動が起こる。絶えず変化しつづける地表に点在する400個以上の火口から，

2007年，NASAのニュー・ホライズンズ探査機は，イオの数か所で火山が最高輝度で光っているのをとらえた。トゥヴァーシュター火山の大規模プルーム（上），衛星面の縁に見える，それより小さいプロメテウス火山の噴火（中左），そして夜側のマスビー火山の明るい火山性プルーム（下）が見える。

2000年，ガリレオ探査機によるトゥヴァーシュター火山カルデラのクローズアップ。左方遠くに，新しい高温の溶岩が白とオレンジ色に明るく輝いている。この画像は直径250 kmの範囲をとらえている。

一番臭い場所——イオの腐った卵

2000年，ガリレオ探査機は，可視光観測（左）と近赤外線観測（右下）の両方で，新たに盾状火山一つを発見し，地表に流れる明るい溶岩を検出した。広大な表面全体に火山性の「ホットスポット」が分布しているイオは，赤外線では輝いて見える。

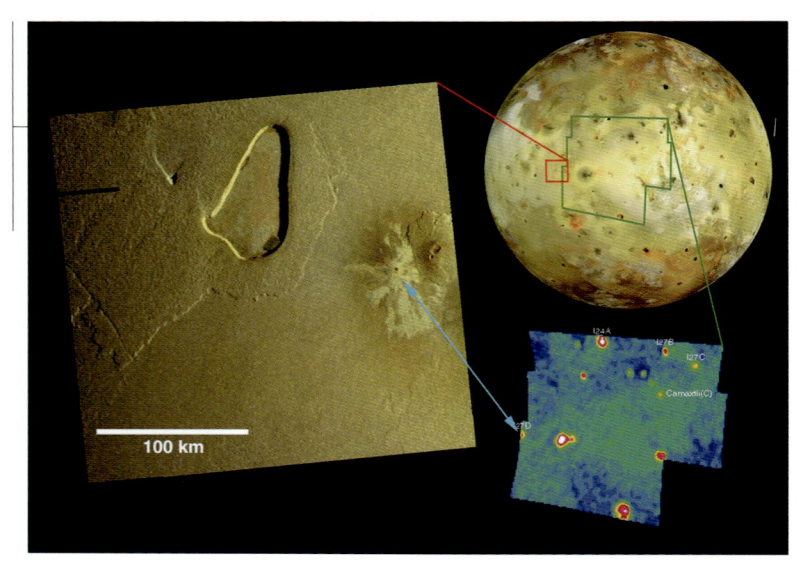

ガスが噴き出される。2000年に，ガリレオ探査機はイオで新たに生成された火山一つを検出した。そして2007年，NASAのニューホライズンズ探査機が，現在までの最大規模の噴火を検出した（硫黄のプルームが地上300 kmの高さに吹き上がった）。比較のために述べれば，地球最大の火山噴火は高さがやっと20 kmに届くくらいだ。

　この，きわめて刺激的な過程はしばらくの間は終結しそうにない。木星はイオを引っ張りつづけて継続的に火山爆発を引き起こす。太陽は絶え間ない放射で，硫黄を多く含むイオの大気を化学反応しつづける。そして太陽系で一番臭い場所が，ひび割れた腐った卵のにおいを何度も何度も放つ事態になるのだ。

最良の燃料補給基地 ── ティタン

　高騰するガソリンを満タンにするなら？　燃料在庫が一番豊富な場所を探すなら？　土星の最大の衛星，ティタンよりほかはない。

　ティタンは太陽系で一番特徴のある衛星かもしれない。れっきとした惑星である水星より大きく，衛星としても太陽系全体で二番目に大きい（わずかに木星の衛星ガニメデに抜かれている）。それよりも問題なのは，ティタンが唯一，大気のある衛星であるという事実だ。ティタンは太陽からの距離が地球までのおよそ10倍，ガニメデまでの2倍近くと遠いために，平均表面温度は−179℃にとどまっている。窒素やメタンのような重い気体分子は，ティタンの強い重力を振り切って逃げ出すだけの熱エネルギーをもたない。このことは，この大衛星が厚い大気に包まれていることを意味する。ティタン地表の大気圧は地球より60％も高く，これは海中6ｍの深さに潜ったときに感じる

カッシーニ探査機によるこの画像で，スモッグに覆われたティタンは土星の環の向こう側を通過している。手前に小さな衛星エピメテウスが見える。

窒素を多く含む地球とティタンの大気はともに，主として大気成分の一部が液体となる循環系を展開する。地球では水が循環し，ティタンではメタンが循環する。ティタンの大気は地球の十倍も高く広がっていることに注意。

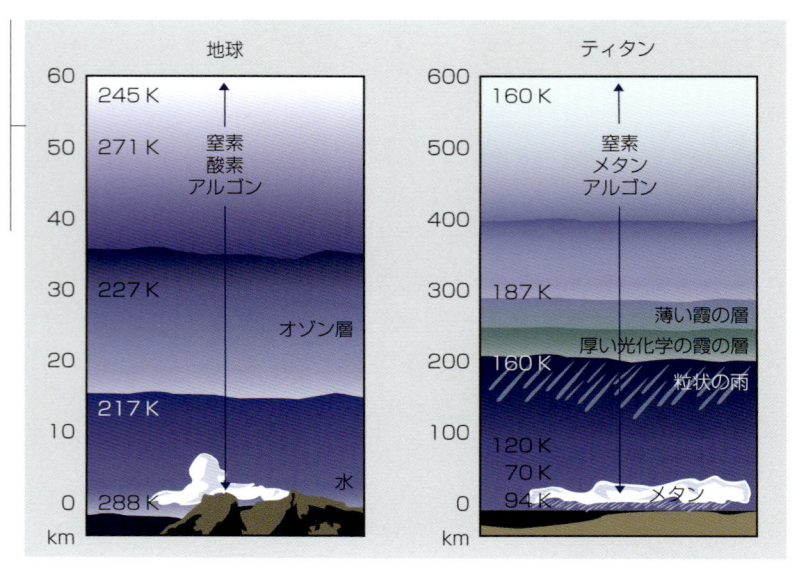

ホイヘンス探査機は「川」，つまり「乾いた海岸線」に流れ込む水路を検出した。

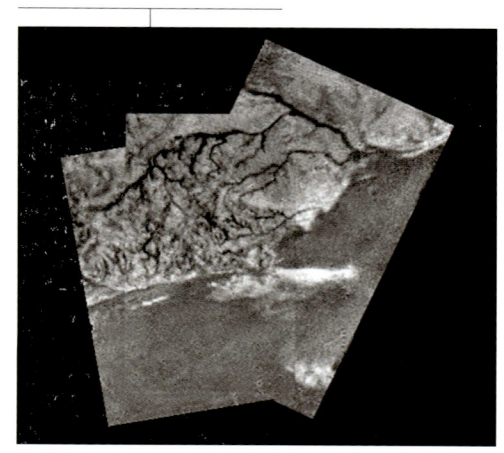

水圧に近い。地球とティタンの大気はどちらも大部分が窒素なので，ティタンは生命が出現する前の原始地球の状態を映し出しているかもしれない。

しかし地球からティタン表面を観測するのはきわめて困難であることが判明している。光化学スモッグがティタンの大気に満ちて，濃い霞が表面を隠している。土星を観測した最近のカッシーニ-ホイヘンス計画のおもな目的の一つは，ティタンの謎を解くことだった。カッシーニ探査機はティタン表面を観測するのに，霞を見通すレーダーを採用した。さらに，2005年1月に，ホイヘンス探査機が着陸機としてティタンの厚い大気に突入して地表に降り立った。この計画で得られた新しい観測結果には仰天せずにはいられなかった。

天然ガスの主成分であるメタンが，この大衛星全体に充満している。地球における水のように，ティタンにおけるメタンは固体，液体，そして気体の三相をとる。濃い大気のおよそ5%はメタンとほかの炭化水素である。液体メタンの雲が降らせる雨粒は地球より大きく，おそらく鉄砲水のような現象を引き起こして水の氷や固体の炭化水素

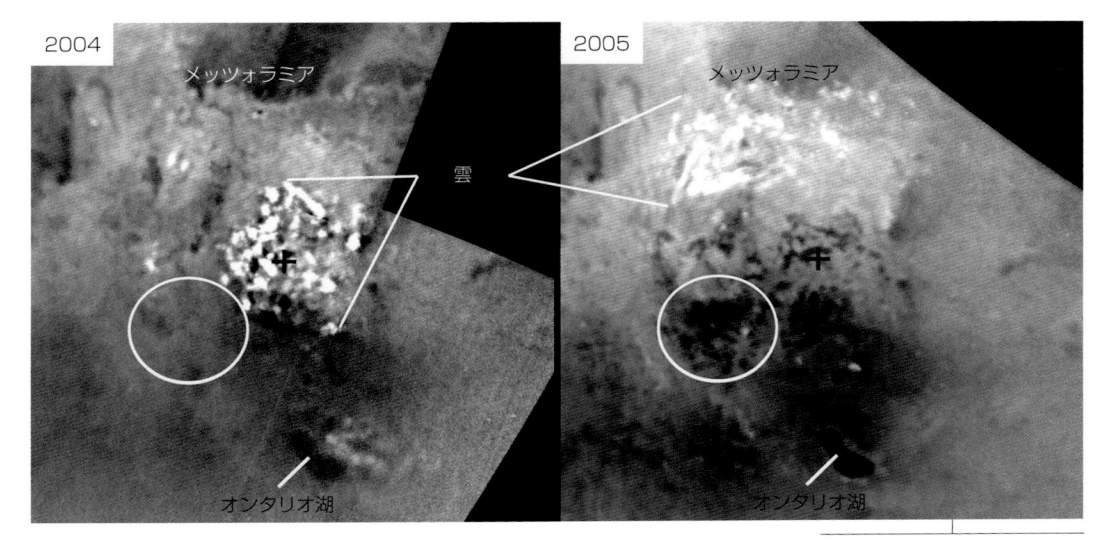

[2004] メッツォラミア 雲 オンタリオ湖

[2005] メッツォラミア 雲 オンタリオ湖

の地表をすばやく削り出す。ホイヘンス探査機がティタンの大気中でパラシュート降下したとき，深く刻まれた水路と，浸食された盆地を観測した。着陸地点は熱をもったプローブが地表から液体の炭化水素を抜きとったために，有機化合物の水分で水びたしだった。加えて，カッシーニ探査機の画像には数百ものメタンとエタンの湖が景色に点在しているのが写っていた。

　この強力なメタン循環により，ティタンは炭化水素の巨大な貯蔵地をもつ。最大の湖は，大きさがアメリカのスペリオル湖に匹敵するが，地球に埋蔵されているすべての原油を合わせたより多い液体の炭化水素を保持している。同様に，赤道に近い黒い有機物の砂丘は，地球に貯蔵されている石炭より百倍も量が多い。この大衛星を，燃料タンクのティタン（巨人）と呼んでもよいだろう。

　カッシーニ探査機が最近成し遂げた，もう一つの興味深い発見がある。2007年，ティタンの上層大気中に，負の電荷を帯びた炭化水素の粒子が見つかったのだ。これらの重い陰イオンは，ほかの有機分子を引きつけて付着させ，生命体の材料を生成する可能性がある。

　もしもティタンに生命が存在するのであれば，それは今日の地球に生息する生物とはまったく異なっているに違いない。ティタンの過酷な低温環境と，絶え間なく降りつづくメタンの雨の中で生き延びていられるのだから。むしろ，ティタンにおける炭化水素の反応過程を理

メタン循環系が稼動中だ。ティタン南極近くの地表をとらえたこれらの画像は，黒が膨張している部分を示す（白円）。この黒い模様は，季節性の雨によって液体メタンが満ちる炭化水素の湖であるらしい。この時期には極近くでよく雲が観測された。これら画像中に，ほかにもオンタリオ湖のような地形も見える。明るさが異なるのは輝度の違いによる。

最良の燃料補給基地――ティタン

カッシーニ探査機搭載の開口合成レーダーは，もやのかかった大気を見通して，北極近くに点在する液体エタンの湖を検出した。この画像の幅はおよそ140 kmである。

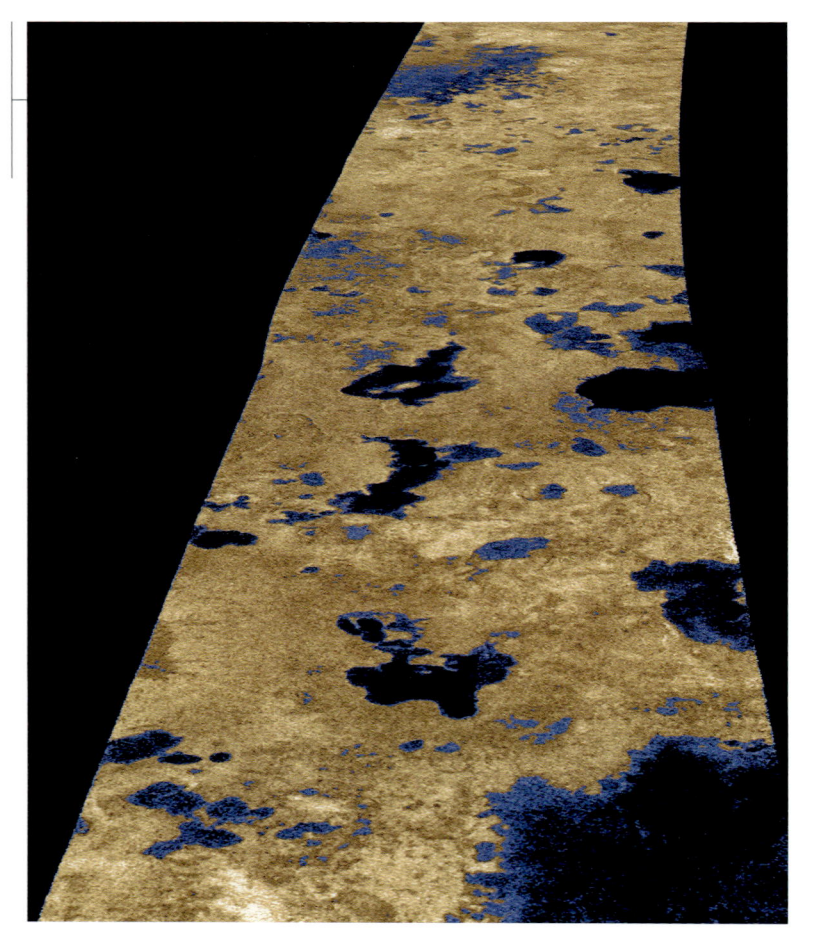

解することで，38億年前の地球で生命はどのようにして誕生したのか，価値ある洞察が得られるかもしれない。そのころの初期の地球大気は，窒素は豊富だが酸素が欠乏しており，有機物の霞が頑固に居座っていた。

　炭化水素をロケット燃料として使いつづける限り，将来われわれが太陽系の辺縁を探査するときにティタンは有望な給油基地に成りうる。しかしティタンは別の種類の燃料さえ溜めこんでいるのかもしれない。つまり，生命を点火させる炭化水素の沼をだ！

問題含みの惑星定義 ── 冥王星

　可哀想な冥王星は，近くに住むきょうだいたちにうまく馴染むことができない。いつでも何かがちょっとだけ違うのだ。

　冥王星はいつも味噌っかす ── 岩石質の地球型惑星（水星，金星，地球，火星）より小さく，氷だらけだし，ガス質の木星型惑星（木星，土星，天王星，海王星）軌道より外にはみ出してもいる。冥王星の，大きい離心率をもつ楕円軌道は，ほかの惑星全部の軌道面に比べても傾いている。この奇妙な軌道はときどき海王星よりも太陽に近づくことさえある。

　クライド・トンボーの1930年の発見以来，太陽系の第九惑星ということになっていたものの，あまりに小さく太陽から遠い冥王星の，本当の性質を取り扱うのは長い間困難であった。冥王星の質量は，衛星カロンの発見まで正確に測定できなかったが，それは冥王星自体の

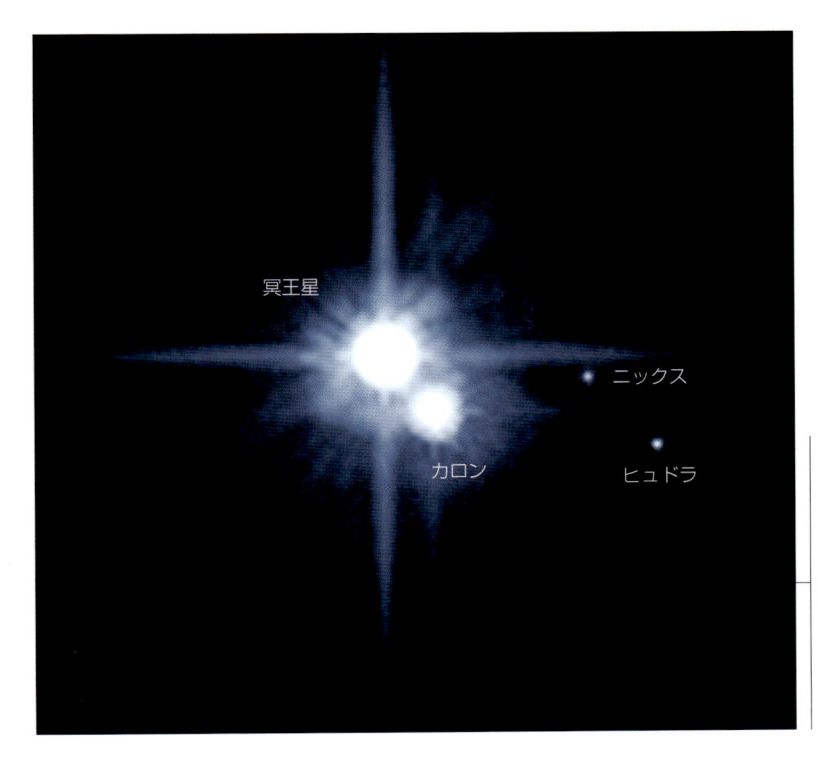

2006年2月15日にハッブル宇宙望遠鏡が撮影した冥王星と衛星。現在，冥王星は準惑星に分類されており，カロン，ヒュドラ，ニックスは冥王星の衛星とされている。冥王星は準惑星であると同時に太陽系外縁天体である。IAUは新しい太陽系天体の分類名を創設し，このような天体を冥王星型天体（plutoid）と呼ぶことにした。

IAU 決議 B5
太陽系における惑星の定義

現代の観測により，惑星に関するわれわれの理解は変化しつづけている。そのため，学術的な名称に，天体に関していままでに理解された内容を反映させることは重要である。このことはとくに，「惑星」（planet）という言葉の意味について当てはまる。「惑星」とは，最初は夜空でふらふら位置を変える単なる光の点として知られていた「さまようもの」を指した。しかし最近の観測により科学的に新たな情報が得られたために，その情報に基づいて，従来惑星と呼ばれてきた天体について新たな定義を定める必要ができた。

ゆえに IAU は，太陽系内の，惑星と，その他の天体（ただし衛星を除く）を，以下に定義された三カテゴリーに分類する。

（1）惑星[*1] とは，天体のうち
　（a）太陽を回る軌道にあり，
　（b）自己重力が剛体力に打ち勝つのに十分な質量をもち，静水圧平衡形状（球に近い形状）[*2] に達しており，そして
　（c）その軌道周辺からほかの天体を一掃しているもの。

（2）準惑星とは，天体のうち
　（a）太陽を回る軌道にあり，
　（b）自己重力が剛体力に打ち勝つのに十分な質量をもち，静水圧平衡形状（球に近い形状）に達しており，
　（c）その軌道周辺からほかの天体が一掃されておらず，そして
　（d）衛星ではないもの。

（3）太陽の周りを回る，衛星以外のほかのすべての天体[*3] は，まとめて「太陽系小天体」と呼ぶ。

[*1] 八惑星とは，水星，金星，地球，火星，木星，土星，天王星，そして海王星をいう。
[*2] IAU は，ボーダーライン上の天体を，準惑星に分類するか，ほかのカテゴリーに分類するかを確立する手続きを進めている。
[*3] 現在ここには，小惑星の大部分，太陽系外縁天体の大部分，彗星，そしてほかの小天体が含まれる。

発見から半世紀近く経った1978年のことだった。衛星ヒュドラーとニックスはごく最近，2005年にハッブル宇宙望遠鏡を使ってようやく発見されたのだ。

　冥王星をいっそう居心地悪くさせることに，太陽系の海王星軌道より外側，太陽系外縁の，カイパーベルトとして知られる領域に，新たな天体——大きさは冥王星ほどか冥王星より大きい——がぞくぞくと発見されている。実際冥王星は，ほかの八惑星より，これらのカイパーベルト天体（KBO）のほうが共通項が多いようにみえる。

　だから，相当の議論の末，国際天文学連盟（IAU）が正式な声明を出した。曰く「冥王星は惑星ではない」！　この，議論を引き起こした決定において，IAUは太陽系の惑星を定義する三つの要件を採択した。（1-a）太陽の周りを回っていなければならない。（1-b）十分な大きさであり，ほぼ球形である。（1-c）軌道上で最も優位な天体でなければならない。冥王星はこれらの惑星要件のうち（1-c）を満たしていない。小さな冥王星は同一軌道上にある天体の総質量の10分の1しか占めないのだ。一方地球は，軌道上にある自分以外の天体質

冥王星の軌道面は，地球軌道に対して17°ほど傾いている。冥王星軌道はまた，ほかの惑星軌道より離心率が大きい。太陽から30 AUほど離れている海王星の軌道が，カイパーベルトの内側の境界であり，カイパーベルトはそこから55 AUまで広がっている。

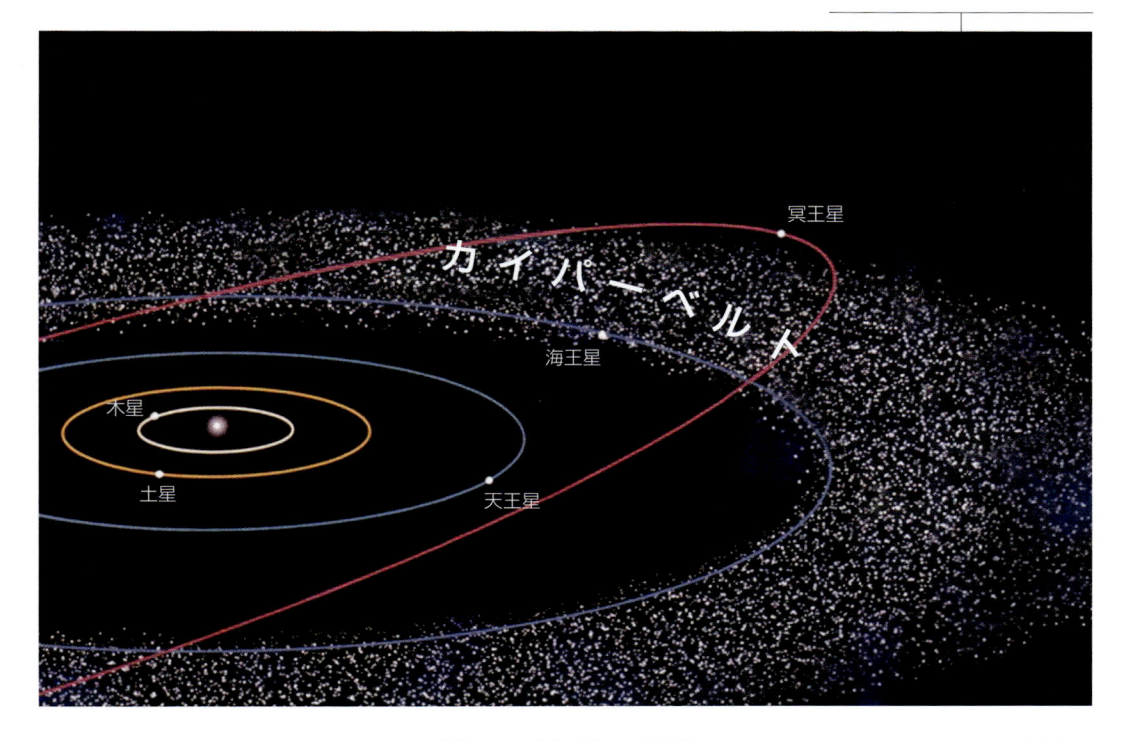

問題含みの惑星定義——冥王星

大型TNOの大きさ比較。クァオアル（5000 Quaoar, 2002年に発見）は, 冥王星のほぼ半分の大きさである。セドナ（90377 Sedna, 2004年に発見）は冥王星に近い大きさだ。エリス（136199 Eris, 2005年に発見）は冥王星より大きい。

量の150万倍の質量をもつ。

冥王星の軌道が大きい離心率をもつおかげで, 海王星軌道の内側をしばしば通るにもかかわらず, 平均すると海王星より遠くにあるため, 冥王星は太陽系外縁天体（TNO）と呼ばれる種類に属することになる。TNOの定義は, 太陽系にある天体で平均距離が海王星より遠いものであるからだ。太陽系外縁領域はさらに, カイパーベルト, 散在円盤, そしてオールトの雲と分割されている。

1992年のことだった。冥王星とカロン以外の最初のTNOが発見され, （15760）1992 QB1と命名された。この発見は, カイパーベルト天体の定義が適用されて, 冥王星が惑星の座から滑り落ちる最初のきっかけだった。1992年以来, TNOは1000個以上発見されている。2003年に, 冥王星より大きい散在円盤天体であるエリスが発見されてしまったので, IAUが最終的に惑星定義を見直すダメ押しになった。冥王星は惑星への復帰を果たせなかった。

冥王星はいまや，数が増えつづける準惑星の一員である。惑星と異なり，準惑星は軌道上に比較的大きいほかの天体を一掃していなくてもよい。この定義によれば，現在太陽系には準惑星が五つ知られている。エリス，冥王星，マケマケ，ハウメア，そしてケレス（火星と木星の間の軌道を回っている小惑星帯で最大）だ。

　そこで 2008 年 6 月に IAU は，もう一つの分類を打ち立てた。準惑星であり，かつ TNO である天体を冥王星型天体（plutoid）と命名したのである。ということで，それをそのまま適用すると次のようにいえる。冥王星は惑星ではない。だが準惑星であり，カイパーベルト天体であり，太陽系外縁天体であり，冥王星型天体である。ヒュー！

　まだ混乱する？　そうか，難しく考えないでほしい。惑星定義に関する議論は，科学的にも感情的にも，冥王星が惑星であるかどうかという論点を見直すことなしにはできなかった。少なくとも，冥王星はもはや，居心地悪く感じることはないだろう。何といってもいまや冥王星は，太陽系天体の新設カテゴリー，冥王星型天体の筆頭なのだから。

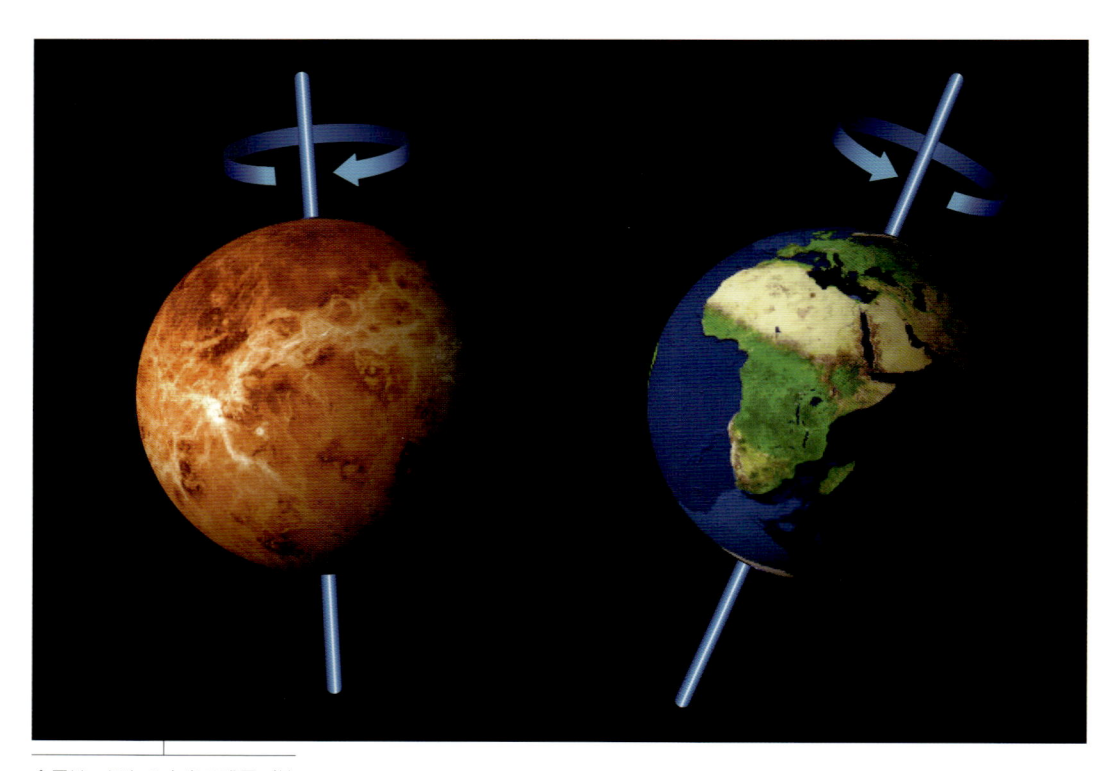

きわめて後ろ向き —— 金星とトリトン

金星は，ほかの大半の惑星（地球を含めて）と逆の向きに自転する。しかも自転速度は非常に遅い。実際のところ，金星の1日は，金星の1年より長いのだ！

　金星と，海王星の衛星トリトンは，太陽系で一番「後ろ向き」だ。もちろん，その二天体がベルボトムのズボンを履いてカセットテープを聞きつづけているという意味ではない。運動の根本的な特徴のことだ。金星とトリトンはどちらも，独特の流儀をもって逆回転（ふつうとは逆の動き）をしているのだ。

　金星については，逆なのは自転の向きだ。そう，金星は後ろ向きに自転しているのだ！　地球を含むほかのほとんどの惑星は，軸を中心に順行または前向き（北からみた反時計回り）に自転するのに対して，雲に覆われた金星は我が道を行き，時計回りに自転する。かなりゆっくりだが。

　「北からみて」ってどういうことかって？　よい質問だ。こういうことを定義する公的組織であるIAUは，惑星の北極を，「惑星や衛星

の自転中心であり，不変面の北側に位置するもの」と定義している。で，次の質問は，「この不変面って何？　北側ってどうやって決めるの？」ってところだろうね。

　次のように考えてみよう。太陽系にあるすべての天体（太陽を含めて）について自転と公転（物理学の用語を使えば角運動量）を重ね合わせると，太陽系全体では，ある一定の向きに回転しているということになる。不変面とは，この回転する円盤のことである。このページの右側に図解した「右手の法則」を使って，不変面に対する北が決まる。

　だから金星の自転軸を不変面の北側からみれば，金星は時計回り，つまり反時計回りしている不変面とは逆に回転，つまり逆行していることになる。この視点からは，巨大なガス惑星天王星と，準惑星冥王星もまた，逆向きに自転していることになる。

　しかし，冥王星を準惑星に降格したIAUの決議のように，北に関するこの定義も完全に受け入れられているわけではない。当の惑星の外にあるもの——太陽系の残り全部の平均角運動量——を根拠に北を決めているという理由で，この定義には欠点があるという人もいるのだ。

　惑星の北に関する別の定義では，不変面を使用せず，この右手の法則を惑星の自転のみに適用する。こちらの定義では，金星は逆さまである（3°の軌道傾斜角ではなく177°の赤道傾斜角をとるので）。赤道傾斜角とは自転軸の傾きであり，軌道面に直交する線と自転軸がなす角度である。だから赤道傾斜角が98°の天王星は逆向きに自転しているのではなく，単に横向きに寝ているということになる。

　いくつかの意味でこれは少々恣意的である。いったい金星は，自転軸を3°傾けて逆回転しているのか？　それとも177°傾けて順回転しているのか？　どちらの定義を使ってどちらの流儀で傾斜角と自転周期の表を作成するかは，惑星の運動を計算する目的による。しかしどちらの説明もそれぞれ，惑星の歴史に密接にかかわっている。

　おそらく最初は，天王星も，ほかのガス惑星と似た自転を行ってい

あなたの右手が太陽系ほどの大きさだとしよう。あるいは，太陽系があなたの右手の大きさだと想像するほうが簡単かもしれない。人差し指から小指までの四本を，平均軌道運動の方向に曲げると，伸ばした親指は北を差す。

きわめて後ろ向き——金星とトリトン

た。しかし数十億年前に，ほかの重い天体と大規模衝突をしてひっくり返ったらしいのだ。冥王星については…うーん，いいがたいことではあるが，カイパーベルト天体（この準惑星はカイパーベルト天体でもある）が逆向きに自転するのは別に異常ではない。しかし金星がどのようにして完全に逆さまになったのか思い描くのは非常に難しい。そのために，惑星科学者たちの多くは金星は逆向きに自転しているということに同意する。金星はひっくり返されたわけではなく，逆回転しているというだけなのだ，と。最近の理論モデルは，初期に起きた二回の大規模衝突（地球から月を分離したような）があまりに激しかったので，順回転していた金星は減速されて，自転軸の傾きが変わらないまま逆回転するようになったのだと説明する。

海王星の衛星トリトンは，別の回転で逆行している。トリトンは公転方向こそが間違っているのだ！　太陽系のすべての惑星は，太陽の周りを順方向に公転している。それに似て，ほかの大型衛星も母惑星に対する公転の方向は順行である。つまり，惑星が公転する向きと同じである。これらの衛星たちの軌道の軸は，惑星の自転軸と同じ方向を指している（右手の法則再び！）。しかしトリトンの軌道軸は，海王星の自転軸と反対向きである。これは逆向き軌道をもつ唯一の大型衛星だ。

ガス惑星（木星，土星，海王星，そして天王星）には，逆向きに公転する小型の衛星がたくさんある。実際は，これらの不規則な形をした衛星では，順行よりも逆行するのがふつうである。これらの衛星は形成された場所にとどまるよりは，運動しているうちに捕獲されやすい。これらの軌道は母惑星から遠く，傾きが大きく，そして離心率が大きい（楕円形である）。

トリトンはしかし，不規則形の衛星ではない。その軌道は比較的海王星に近く，形も円に近い。さらにトリトンは大きい。海王星の衛星で最大であり，準惑星冥王星より大きく，地球の月の4分の3近い大きさである。比較のため挙げれば，土星の衛星フォエベ（不規則衛星で最大）は，大きさはトリトンの10分の1未満，質量は0.04%し

衛星トリトンの公転軌道上の進行方向は，母惑星海王星の自転方向と逆である。海王星を公転するトリトンの向きと，太陽に対する海王星の向きとの組み合わせのため，トリトンでは一つの季節が数十年も続くようになる。これは天王星が経験している季節変化と似ている。

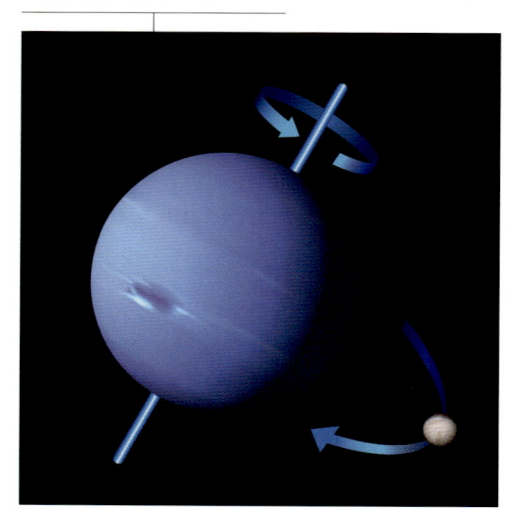

かない。

　それではなぜ，トリトンの軌道は「間違っている」のだろうか？不規則型の衛星のように，トリトンの軌道が逆向きなのは，海王星の近くで形成されたのではない可能性を示唆する。この大型衛星がカイパーベルト天体（準惑星冥王星のような）と多くの点で似ているため，最もありそうな説明は，トリトンは海王星に捕獲されたカイパーベルト天体だというものである。一つの可能性として，トリトンはカイパーベルトで二重天体の片割れとして生まれて，海王星に近づきすぎたのだ，という筋書きがある。トリトンの双子のきょうだいのほうは，海王星に弾き飛ばされて，トリトンだけを海王星近くの軌道に残したのだと。時間経過とともに，潮汐力が相互作用して，さらにガスが引っ張って，トリトンの公転軌道を円形に整形し，自転同期と同期させたのだと。地球の月と似て，トリトンもその主星（この場合は海王星）に，つねに同じ側を向けている。

　この逆向き軌道についてのもう一つの結論は，トリトンは潮汐力に

トリトンと，その双子のきょうだいが海王星に近づく。双子の片割れは逃げていったが，トリトンは海王星を回る逆向き公転軌道につかまった。

きわめて後ろ向き──金星とトリトン

より減速させられているというものである。月は，潮汐加速のために，地球からゆっくり遠ざかっているが，それとは逆に，トリトンはむしろ海王星に近づいている。海王星の引力がトリトンの潮汐バルジ（潮汐力による膨らみ）を引っ張ると，トリトンの軌道上の動きは遅くなる。これは軌道が崩壊する原因となり，トリトンは渦を描いて海王星にゆっくり近づく。この凍った衛星は最終的に，海王星に衝突するか，または海王星の重力でばらばらに引き裂かれてしまい，土星の環のように，凍った破片となって海王星を回る環の一部になるのだろう。

　太陽系では，逆向きの自転も逆向きの公転も異常ではないが，金星やトリトンほど大きい天体が逆行するのは珍しい。このようなふるまいはふつう，小さなカイパーベルト天体や，大惑星の不規則型衛星がするものである。金星は逆向きに自転する唯一の惑星である事実は疑う余地がない。トリトンは逆向きに公転する唯一の大型衛星である。金星とトリトンは，きわめて…後ろ向きな流儀を通しているとさえいえるかもしれない。天晴れじゃないか！

見込み違いも極まれり —— 火星の人面

1976年7月25日，ヴァイキング・オービター1号によるこのシドニア・メンサエ領域の画像は，進んだ火星文明の証拠とされてきた。この画像上部中央に顔に見える部分がある。小斑点はビット・エラーと呼ばれるもので，写真データの転送中に問題が起きてデータが失われていることを示す。こうしたビット・エラーの一つが鼻の穴に見える。

　30年以上も継続し，いまもなお進行中の大がかりな陰謀がある。しかもその陰謀に筆者ら自身も最初からかかわっていた。1976年に，ヴァイキング探査機のオービターが，火星のシドニア・メンサエの最初の画像を送ってきたとき，筆者らはたったの9歳だったが，当局はわれわれも巻きこむ必要があると考えた。たくさんの人が火星の表面に人の顔を見て，それは古代の火星人文明だと考えたのだ。人々がまだ気づいてないこと，そして当局があなたに知らせたくないこと，それは…。

　…以上はフィクションで，陰謀なんてものは存在しない。しかし見当違いなこの種の「陰謀」説は，ほぼ最初から，ヴァイキング・オービター1号の元画像にしっかり結びつけられていた。その画像には神

秘的なものは何も写っていないうえに，シドニア・メンサエの画像にNASAが最初からつけていた説明文にも，顔に見える部分があるが，それは見る角度，光が当たる角度，そして影によってそう見えるだけなのだとはっきり書かれていたのである。存在するかもしれない地球外文明への期待に興奮させられた惑星科学者たちは（なにしろ火星に生命を検出するのが，ヴァイキング計画の最終目的だったのだから），このような発見を30分たりとも秘密にできなかった。ましてや30年も秘密にしておけるわけがない。

故カール・セーガンの名言を引用させてもらえば，「異常な主張は異常な証拠を要求する」。ヴァイキング1号のこの写真だけを根拠に，あらゆる種類の異常な主張を言い張る陰謀論や宇宙文明論の「理論家」たちの勢いはいまも止まっていない。

その一方で，現役の科学者たちは，だいぶ違った意味で「理論」という言葉を使っている。理論とは以下の条件を備えていなければならない。すべての観察事実に合うこと，後追い観測や実験で追試可能な予測を立てられること，すべての観察事実を説明できない場合には不正確・不完全であると示されるよう検証可能なようになっていること，である。理論は絶対に当て推量や単なる思いつきであってはならない。一般的に用いられる，非科学的な用法での「理論」は，科学者であれば単に「仮説」と呼ぶようなものである。

火星地表の人面は単なる丘だとする憶測を裏づけるために，次の火星探査計画でもシドニア領域は，精度の高い観測がなされた。1998年と2001年にNASAのマーズ・グローバル・サーヴェイヤー（MGS）探査機が，シドニアと人面の詳しい画像を撮影した。そのとき使った

火星人面の比較画像。1976年7月25日，ヴァイキング1号探査機によるもの（左），2001年4月8日，MGS/MOCによるもの（中央），そして2007年4月5日，MRO/HiRISEによるもの。

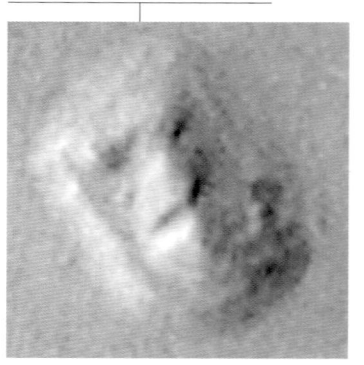

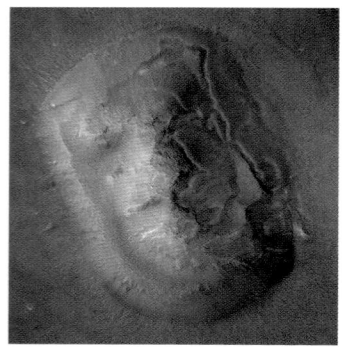

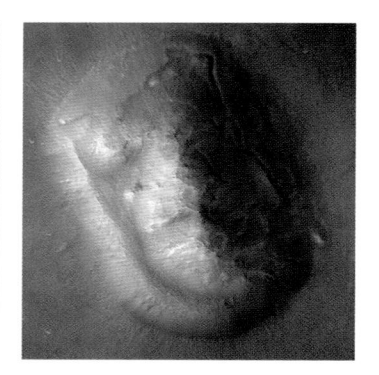

ESAのマーズ・エクスプレス・オービター搭載の高解像度ステレオカメラ（HRSC）による，火星の「人面」の鳥瞰図。

　マーズ・オービター・カメラ（MOC）は，ヴァイキング探査機による最良の画像より25倍も解像度が高い。光と影説を裏づけたこれらの画像には，アメリカ国内でみられるビュートやメサによく似た，これといって特徴のない丘が見える。

　2006年7月，ESAのマーズ・エクスプレス・オービターが高解像度ステレオカメラ（HRSC）で，シドニア領域の鮮明な画像撮影についに成功した。オービターが何度も上空を通過して得られた画像を合成して立体透視画像が作成されたが，それはまたもや，地滑りなどの浸食の痕が残る小さい丘が一つあるだけの光景だった。

　もっと最近の2007年4月に，NASAのマーズ・リコネサンス・オービター（MRO）は，顔つきのメサの驚異的な画像を撮影した。高解像度撮像カメラ（HiRISE）の解像度は，1画素あたり25 cm，最初のヴァイキング画像の実に180倍も精度が高かった。この解像度では，直径90 cmほどの物体もたやすく見分けられる。だから，もう一度，（非常に詳しくはなったが）この素敵な丘を観賞しよう。そこには自然の浸食過程でできた以外の何の痕跡もない。地形説（「それはただの丘だ！」）はNASAとESAによる繰り返された試験に耐えて，このシドニアの「顔」の，最も広く受け入れられた科学的説明として現在まで残っている。

カナダ，アルバータ州，メディシンハット近くのバッドランズ・ガーディアン（荒地の守護者）。この地形は羽根のついた頭飾りを巻いたネイティヴ・アメリカンの横顔に見えるが，実際は風と雨で浸食されてできたものである。顔は浮き彫りに見えるが，実際は窪んでいて，谷とつながっている。油井とそこへの連絡道路が，イヤフォンとそこから伸びるコードのように見える。

　火星の丘の影に顔を見てしまうのは，曖昧な形や音に意味を見出すパレイドリア（pareidolia）と呼ばれる心理学的現象の好例である。流れる雲の中にゾウを見たり，焼いたパンの表面に聖母マリアの像を見たりするように，火星の人面は人間の心が認識しやすいパターンの一つなのだ。人間の脳は，とくにヒトの顔を認識しやすいように配線されているという人もいる。パレイドリアが働いたにせよそうでないにせよ，光が当たる角度や影の落ちる側がどのようであっても，HiRISEによるシドニアの詳しい観測により，火星表面に古代文明がヒト型の顔を建設したという憶測は息の根を止められなければならない。この憶測はもはや，観測と一致しないのだ！

　もしもまだあなたが，顔かもしれない曖昧な模様を判読しようなどと思っていたり，こうした地形が自然の浸食過程で形成された可能性を直視しないなら，飛行機に乗ってカナダ・アルバータ州メディシンハット近郊まで旅することをお勧めする。そこにある「荒地の守護者」を見れば，あなたの意見も変わるかもしれない。

一つ眼怪物と土星の呪い

2003年3月に，ハッブル宇宙望遠鏡が，異なる3波長（紫外線，可視光線，赤外線）で撮影した土星。南極近くの，極渦に存在する穴に注目してほしい。

　ギリシア神話によれば，一つ眼の巨人キュクロープスは，オリュンポスの神々のうち，運命を決める神だった。支配神ウーラノス（空の神）とガイア（大地の神）の間に生まれたキュクロープス三兄弟は，熟練した鍛冶屋であり，ゼウスに稲妻の矢を，ポセイドンに三叉を，ハーデースには闇の兜をつくって与えた。ウーラノスは融通のきかないキュクロープスたちの力を恐れて，地下の，彼らの母親ガイアの腹の中に追放した。

　若いティタン族でクロノスという名の神（彼もまたウーラノスとガイアの子だった）が，キュクロープスを解放したが，ウーラノス王を廃位させて王位を継いだあと再び地下に追いやった。ローマ神話ではサートゥルヌス（英語ではサターン，土星）として知られるこのクロノスは，実りある古代の黄金時代を統治した。

　しかし家系の呪いはクロノスの頭上にぶら下がっていた。父ウーラノスのように，クロノスもまた，息子によって王位を追われる運命にあった。彼自身が放逐される運命から逃れようと，クロノスはなりふ

ギリシアの女神レアが，夫のクロノス（ローマ神話ではサートゥルヌス《土星》）に，息子のゼウスの代わりに，布で包んだ石を手渡している。

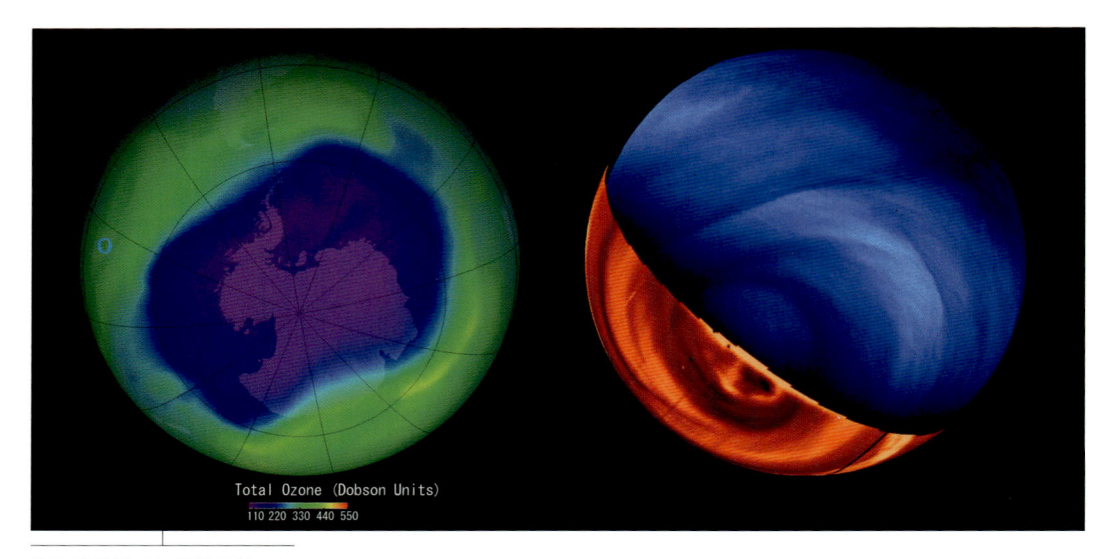

Total Ozone (Dobson Units)
110 220 330 440 550

ほかの惑星でも極渦は見つかる。南極上空のオゾンホール（左）は地球の極渦を縁取る。青はオゾンが枯渇している領域を示し，暖色はオゾン量が通常域にあることを示す。2006年9月24日に撮影されたこの画像は，オゾンホールの（範囲が）最大記録である。金星南極の極渦（右）は2007年にヴィーナス・エクスプレス探査機による。紫外線観測部分（青）は，昼側の雲の頂上の構造を示し，赤外線観測部分（赤）は夜側の，雲のもっと深い部分の大気移動を示す。

りかまわず，子どもが生まれると次々に丸飲みしてしまった。ある日，クロノスのお妃レアはクロノスを欺いて，生まれたばかりの息子ゼウスの代わりに石を飲みこませた。ゼウス（ローマ神話ではユーピテル。英語ではジュピター，木星）は数年後に戻ってきて，きょうだいを助け出しキュクロープスたちを解放した。キュクロープスたちが鍛えた稲妻の矢に助けられて，ゼウスはついにクロノスを負かして宇宙の最高支配者になった。

　土星にはいまも一つ眼の怪物がいて，呪いをかけつづけている。いまは極渦（北極南極に渦を巻いて居座る大きな台風）に姿を変えて。
　惑星の北極および南極上空で大気が渦を巻くのはなんら驚くことではない。極渦は，大気をもつどの惑星にも存在するらしい。全方向から流れこんだ風が北極南極周辺で集中して渦を巻きはじめる。惑星の自転運動が十分強ければ，南北方向の風は強く偏向して東西方向に流れて，巨大な渦が生まれる。地球の強い極渦は，南極上空の大気を他領域の大気から切り離してオゾンホールの形成を助ける。金星の南極にある極渦は，円から砂時計型まで毎日形を変える。しかし土星にあるのは，もっと奇妙な極渦だ。
　怒れるキュクロープスの邪眼と同様，土星南極の極渦は少しばかり厄介だ。中心の眼は，高さ30～75 mにそびえる雲に取り囲まれており，南極の底から上空をにらみつけている。地球のハリケーンに似て，土

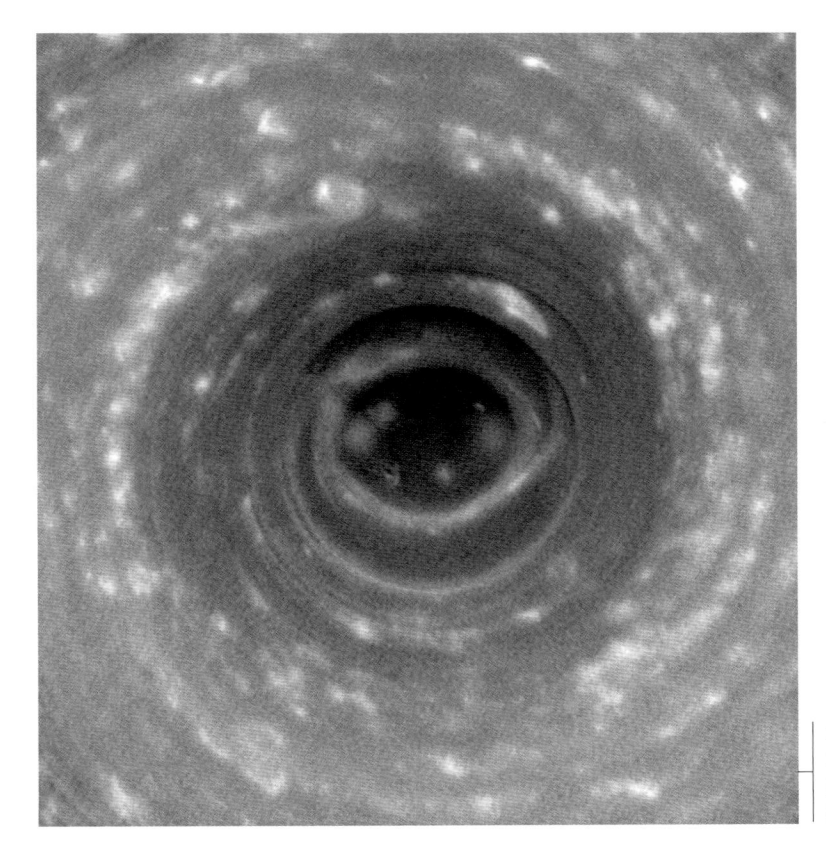

土星南極の一つ眼お化け渦巻。カッシーニ探査機が近赤外線で撮影した。この種の嵐はほかの惑星では決して見られない。

星の嵐は巨大な渦巻腕をもち，それが回転する中心部から突き出している。激しい風がアイウォールに沿って，地球のどのハリケーンよりも速い秒速160 mで吹き荒れる。土星嵐の目は極に固定されているので，この暴力的な嵐はエネルギーを地球の熱帯ハリケーンとは違ったやり方で得る必要がある。

　土星の目の物理学は台所のシンクから排水される水に似ているかもしれない。水が渦を巻いて排水口に落ちこむように，空気が中心部に吸いこまれる。強い渦巻が発達するにつれて，シンクから排水される速度が速くなる（この過程で涼しげな啜る音が出る）。土星の曇った空は極を中心に回転しながら，大気中深く落ちこみはじめ，その際に雲の上から澄んだ空気を中心部に引き下ろして，気味の悪い一つ眼の渦をつくる。

　土星の頭上に覆いかぶさる呪い…実際は中心が同じ複数の六角形

一つ眼怪物と土星の呪い

だ。これらの六角形は北極近くに居座る。それらは見かけ上，入れ子の箱のように見える。土星の六角形をした雲の形は，きわめて頑固だ。この構造は1980年代初め，ヴォイジャー探査機によって初めて観測され，2006年に再びカッシーニ探査機により観測された。

六角形は自然界でよく見受けられる形（たとえば，蜂の巣，水晶の結晶，そして地球の雲の形）である。六角形は隙間なくぎっしり詰めこむことができるので，自然界に好まれているかのようだ。しかし同心形ならば話が違う。円の中に円，正方形の中に正方形，六角形の中に六角形，どの形でも入れ子にできる。幾何学的にも，六角形がほかの形より好まれる理由はない。なぜ六角形なのだろう？

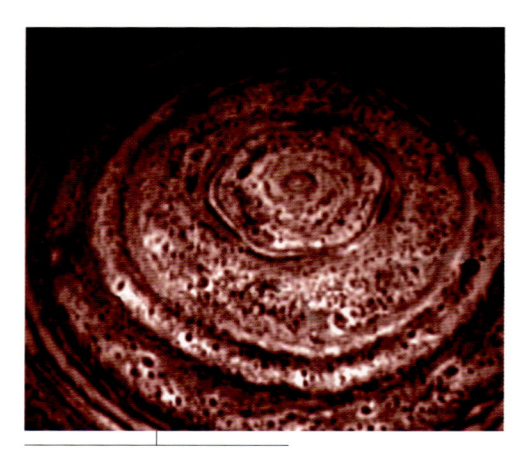

六角形をした土星北極の渦巻。カッシーニ探査機が赤外線で撮影した。明るい部分は厚い雲を表し，暗い部分は大気が深く落ち込んでいる部分を示す。

土星の六角形は，実は惑星の波動かもしれない。天気は波のように近づいてくると感じたことがあるかもしれないが，それは正しい。中緯度の天候システムは惑星波動と結びついており，それには平均して三つの山（高気圧）と三つの谷（低気圧）がある。土星の六角形をした天候系をつくるには，惑星波動は六つの山を必要とするが，これは六角形の渦の頂点の数と等しい。実験とコンピュータシミュレーションは，もしも惑星の自転速度がもっと速ければ，惑星波動はもっと多い山を呈することを示した。土星は10.6時間に1回自転する。これは地球の自転速度の二倍であり，よってもっと多くの山が期待できることになる。

クロノスの悲劇的な運命と似て，土星にある現代のキュクロープスと呪いは，最終的に土星を破壊してしまうのだろうか？　おそらくそうはなるまい。しかし，この奇妙な一つ眼渦巻によって，土星の運命は，太陽系で一番奇妙で，一番目を惹く場所に決められてしまっているのは確かだ。

つぎはぎ衛星 ── ミランダ

　衛星ミランダは，天王星の大きいほうから五つ目の衛星で，一番小さく一番内側にあるが，その切り傷だらけの顔をじっと見て，最初に気づくのは何だろう？　傷だらけでさまざまな地形が刻まれていることだろうか？　1818年のメアリ・シェリーの小説に出てくる，ヴィクター・フランケンシュタインの名無しの「悪魔」のように，この小さな氷衛星は，ほかの小天体の破片を組み立ててつくられているようにみえる。

　ミランダの近接画像を最初に見た惑星科学者は，これをどう考えてよいのかまったくわからなかった。1986年，惑星探査機ヴォイジャー2号は，海王星への旅を続けるための適切な速度を得るために，天王星のすぐ近くで向きを変える必要があった。この近接飛行の間に，ヴォイジャーは衛星ミランダのスナップ写真を何枚も撮影できたのだ。こ

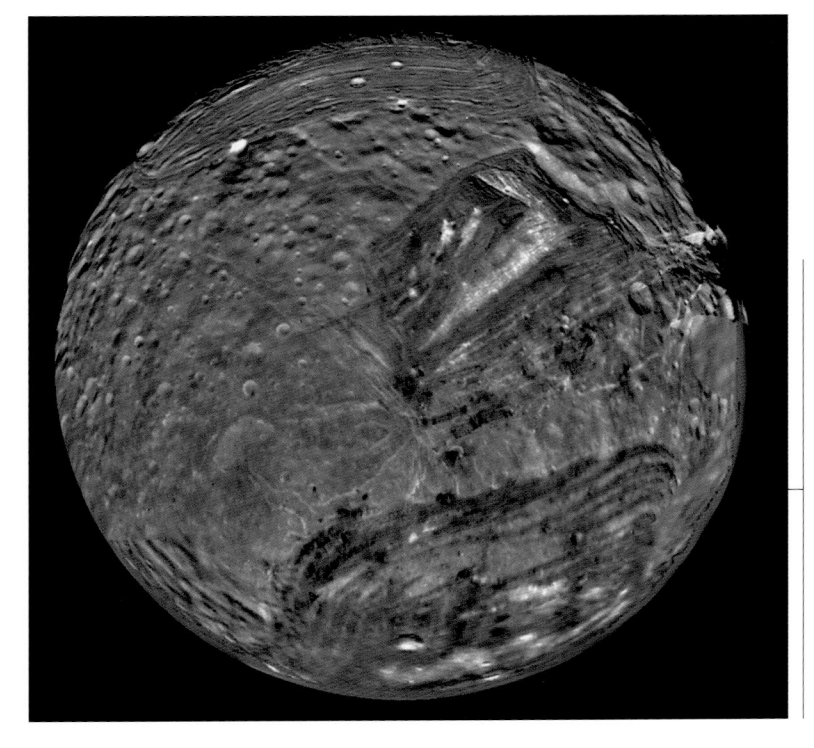

天王星のおもな衛星で一番内側のミランダの南極側をとらえた画像には，この謎めいた衛星のつぎはぎ細工のような外観が見える。画像上端の卵型の溝は，エルシノア・コロナの一部である。下端近くの卵型の光と黒い帯はアーデン・コロナである。明るい「シェヴロン（山形袖章）」は台形のインヴァネス・コロナの一部である。インヴァネスの右側，衛星面の縁近くは，ヴェローナ断崖で，この断崖は太陽系で最も高い崖を含む。コロナと山の間には，新しい平野と古いクレーターだらけの地形が混在する。

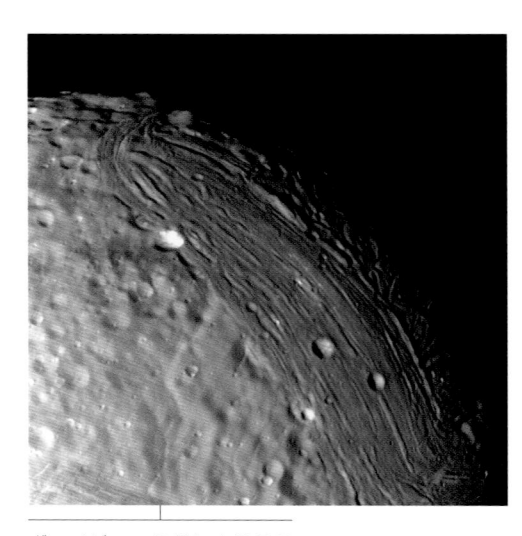

ヴォイジャー2号によるこの画像には，年代の異なる複数の地形が見える。クレーターの残る，起伏した古い地形が左に見える。中央の溝のある地形は，「競技トラック」エルシノア・コロナの外周の一部。縁には山脈の峰が見える。

れらの画像はヴォイジャー計画全体を通じて，最も高解像度な画像でもあった。

　この画像は科学者たちを困惑させた。この凍った衛星のさまざまな地形は，同じ天体に属するものとは思えないからだ。深く刻まれた円環状の傷（競技用トラックに似た「コロナ」）は，ミランダの，比較的滑らかな部分さえ台無しにしている。明るい氷の「シェヴロン」はその周囲の歪んだ黒い表面から際立って見える。さらに興味深いことに，太陽系で最も高い崖——所によっては高さ10 kmほどもある——は，もっと大きい惑星ではなく，よりにもよってこの小衛星にあるのだ。

　どうやって，天王星の周りを回るこの小さな氷衛星にこれほどさまざまな地形が寄せ集まったのだろうか。ミランダは小さく冷たいので地質学的に活発なはずもない。この衛星は80％ほどが氷であるため，発熱する元素（放射性元素の崩壊は，地球内部の熱の大半の熱源である）もほとんど含んでいない。そしてこの衛星のサイズの小ささ（直径480 kmほどにすぎない）は，形成中に生じた熱の余りもすぐさま失われてしまったことを意味する。

　その一方で，天体衝突は太陽系で比較的よくある現象であり，とくに遠い昔（後期隕石重爆撃期中）には頻繁に起こっていた事実をわれわれは知っている。ほとんどすべての地球型惑星と氷の衛星には，クレーターがたくさんある。ミランダの母惑星天王星も，横倒しになって自転しているのは，初期に経験した巨大衝突のせいである。そしてミランダの軌道も比較的天王星に近いため，この小さな衛星は天王星に向かった天体の十字砲火の的に容易になりえただろう。

　いたるところにある衝突痕から，ミランダのつぎはぎしたような表面は（二回以上の）巨大衝突で強打されてできたという仮説が提起された。この小型衛星は完全に壊れた天体の一部で，重力によりでたらめに再結合されたに違いない。この奇妙な表面のつぎはぎ模様は，天体衝突を受けつづけて壊れた衛星の破片が，このように再び縫い合わされた結果だというのだ。

　この想像には思わず説得させられてしまいそうなのだが，しかし後

の分析によれば，もしもそのような巨大衝突が起こったとしても（そしておそらく起きていたのだ），それらの巨大衝突の痕跡は，ミランダに現在見つかってはいない。幸い，つぎはぎ地形を説明するのに，ミランダ全体を粉々にする必要はまったくない。フランケンシュタインの怪物を描いたアニメーションのように，われわれが現在見ている地形を形成するには，強いエネルギーの一撃で足りるのだ。

エルシノア・コロナとインヴァネス・コロナの間の，クレーターだらけの起伏のある地形。アルジール山は，シェヴロン（山形袖章）近くのインヴァネス・コロナの峰を横切る。

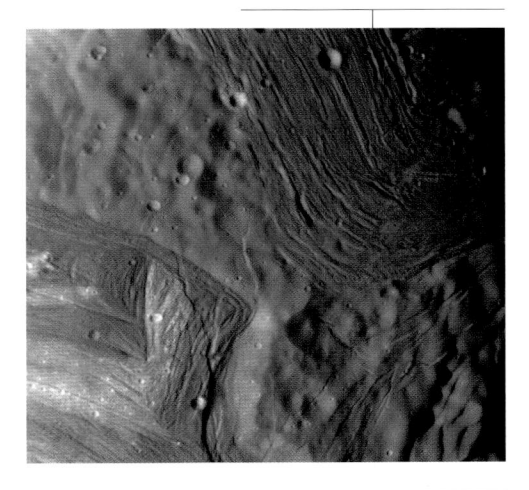

現在，この小さな衛星の内部は，過去に潮汐加熱が促進されて温められたと考えられている。天王星の衛星群の軌道変遷の理論モデルによれば，ミランダはウンブリエル（天王星の別の大型衛星の一つ）と3：1の軌道共鳴をしていた。つまりミランダは，ウンブリエルが天王星の周りを一周する間に三周する。だから，ミランダは公転を三回するたびに，ウンブリエルから受ける引力が共鳴により増幅した可能性がある。

このように正確なタイミングで繰り返し引っ張られたので，ミランダの軌道は時間経過とともに引き伸ばされて楕円型（卵形）に近く変形させられた。楕円軌道上のミランダに対する天王星の引力は，ミランダが天王星に近づくにつれて増大し，遠ざかるにつれて減少する。引力が増減するとこの氷衛星の表面は，地球の潮の満ち干とある意味で似たやり方で歪められる。この潮汐力による曲げる力のすべては，ミランダ内部に相当量の熱を発生させる。ミランダ自身の内部は冷たく不活発であるにもかかわらずだ。

この新たな（あるいは，少なくとも大きく増幅された）エネルギー源とともに，ミランダの内部は少なからず温められて，暖かい氷が下から上昇してダイアピル（注入褶曲作用によるドーム状地質構造）が生じる。温められた低密度の氷の球が押し上げられてできた，断層，隆起線，峡谷，そして切り立った崖といった地殻変動の伸張作用が観測されている。地球でも似た過程（温められた氷ではなく低密度の塩

太陽系で一番高い崖ヴェローナ山脈は，小さく凍ったミランダで見つかった。ヴェローナは切り立った崖で，高さが10kmもある。これはエヴェレスト山より高い。

地下から暖かく低密度の氷が上昇してできたダイアピルが，ミランダ表面で観測された地形を形づくった。

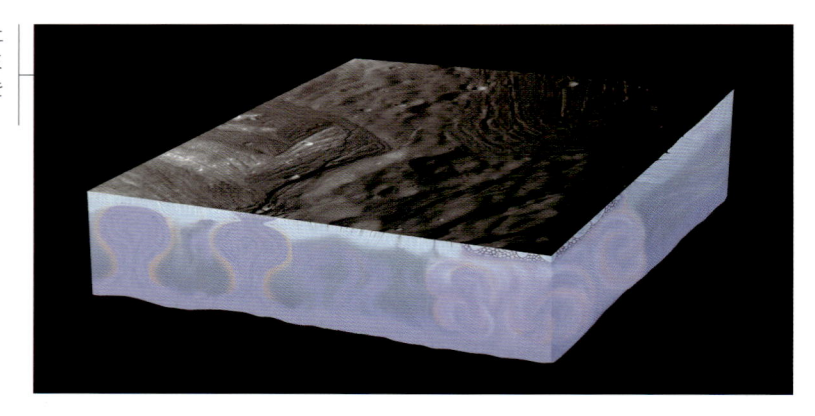

だが）が塩の砂丘を形成した。

　天王星の衛星たちの軌道は変化しつづけているので，ミランダはウンブリエルとの共鳴から外れることができた。ミランダの軌道はまたすぐに円軌道に近くなり，潮汐加熱とはおさらばした。現在，ほかの大きめの衛星より大きな軌道傾斜角（天王星の赤道に対する傾き）をもつ事実は，まさに軌道共鳴から脱出した証拠である。熱源を失ったミランダは，さまざまな地形がごた混ぜになった，現在のような硬く凍った衛星になった。

　だから，この衛星を粉々にするような衝突が起きた可能性もあるにはあるが，ミランダのつぎはぎ顔はそのような事件の結果ではなく，この衛星の遠い過去に存在していた激しい潮汐加熱が熱源となって，強い一撃を与えた結果である。ミランダの冷たく固まった心臓は温められ，凍った衛星は生命を吹きこまれた —— 地質学的証拠は語る —— 仮にそれが一時的なものであったとしても。そして，いまや衛星はふたたび活動を鎮下させ，長い間凍ったままである。ミランダの切り傷だらけの顔は，天王星系の衛星たちのダイナミックな歴史を残すだけの聖痕にすぎないのだ。

日の出ほど「不」確実 —— ヒペリオンのカオスな自転

この土星の衛星ヒペリオンのスポンジのような外観は、おそらく密度が低い（水の半分）ことによる。ヒペリオンに衝突する天体は、典型的な岩石の密度をもつ衛星表面でのように物質を掘削するのではなく、凍った表面を圧縮して深いクレーターを形成する。

　何に見えようとも、これは土星の衛星の一つ、きわめて奇妙なヒペリオンだ。何が奇妙かは一目瞭然だ。まず第一に、ジャガイモみたいな形をしている。不定形のこの凍った衛星の軸に沿った直径はおよそ410×260×220 kmである。

　天体は大きくなるとふつう、自らの重力が表面を引っ張って球形になる傾向がある。この変わり者の衛星は、太陽系で最大の衛星の一つではあるが丸くない。海王星の不規則形をした衛星、プロテウスはヒ

2005年9月26日にヒペリオンのクレーターを近接撮影したもの。カッシーニ探査機はこのときヒペリオンにおよそ500 kmまで近づいた。明るいクレーターの縁，険しいクレーターの壁，そして深く刻まれたクレーターの黒い床が見える。

ペリオンより大きいが，ヒペリオンより球に近い形をしている（436×416×402 km）。ヒペリオンの異常な形は，これがおそらく，もっと大きな衛星が大規模衝突により破壊された破片である可能性を示す。

　この土星の第16衛星をもっと近くから見たら，表面に穴とクレーターがたくさんあるということにも気づくかもしれない。もっとも，氷衛星はたいていクレーターだらけだが，潮汐加熱が起こらないほど母惑星から離れている衛星（ヒペリオンのように）の場合はとくに多い。時間が経つにつれて，潮汐加熱は氷を溶かし，表面の地形をゆっくり消し去ってしまうからだ。いや，ヒペリオンで奇妙なのはクレーターの数ではなく，個々のクレーターそのもののほうである。

　ヒペリオンのクレーターは著しく深く，険しい壁で囲まれている。さらに，ほかの惑星や衛星のクレーターを特徴づけている噴出物（天体衝突中にクレーターから噴出された物質）はさほど多くない。衝突体が外側に激しく投げ出される代わりにヒペリオンにたたきこまれて，表面の氷を圧縮したかのようだ。

　ヒペリオンの密度が低いためにこのような圧縮が起こりうる。この衛星は水にたやすく浮くのだ。このような低密度であるということは，ヒペリオンの大部分は水の氷でできているに違いない。しかしながら，この衛星の内部は謎の穴がたくさん空いており，内部の40％は空洞なのだ！　この衛星はスポンジのように見えるだけでなく，スポンジのように多孔質でもあるのだ。

　しかし特異性では，ジャガイモのような形と，クレーターを囲う険しい壁と，スポンジのような多孔性は，この衛星の自転の奇妙さに及ぶものではない。

　地球上のわれわれは，規則性をもった整然とした自転に慣れている。太陽は東から昇って西に沈

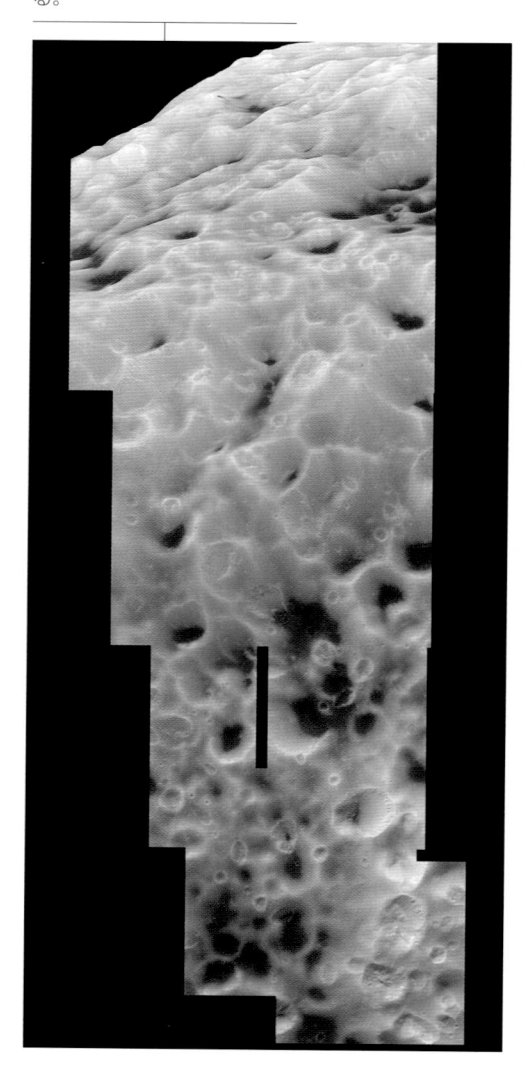

み，平均太陽日は24時間である。地球の一日は非常に規則正しいため，以前は一秒の長さを定義するのに使われもした（86400分の1平均太陽日）*。

人類は数世紀の間，ストーンヘンジ，マヤの長期暦，古代エジプト暦のように，太陽の動きを予測してきた（その延長で，地球の公転軌道と自転も）。なぜならば，太陽が毎朝いつ地平線のどこに現れるかは予測可能だからだ。「日の出のように確か」という慣用句がある。何かが日の出と同じように確かというなら，そのことは予想どおりに必ず起こるはずだという意味になる。

土星軌道を回るヒペリオン（左下の暗い点）。この画像は土星の環が真横を向いており，衛星の北半球に環が影を落としている。環平面にはほかにテティスとエンケラドゥスも見える。

この慣用句はヒペリオンにはまったく適用できない。この凍ったジャガイモにおける日の出は長期予報が全然できない。一日一日がすべて異なり，二日として同じ日がないのだ。自転速度（1日の長さ）が不規則なだけでなく，ヒペリオンの北極は宇宙のいろいろな方向を指す。ヒペリオンの自転はカオス的に振動している。

そしてわれわれのいう「カオス的」は科学的な意味だ。ヒペリオンの赤道から自転運動の予測はできるものの，この解はきわめて変わりやすい。初期位置や衛星の速度（科学的数値ではつねに不確定性がつきものだ）の小さな不確定性が，予測された動きに大きな不確定性をもちこむ。気象学者が地球の天気を一週間先までしか予測できないように，ヒペリオンでは300日後の自転軸の向きをまったく予測できない。どこかを向いてはいるのだろうが！

ヒペリオンでは，明日いつどこから太陽が昇るかあなたにはまったくわからない。昨日のいつどこから昇ったかも計算できない。2, 3か月後にどこから昇るかはましてわからないし，さらに1年後となればまったく見当もつかない！　暦の製作会社に幸いあれ！　もしもあなたが宇宙計画の責任者だとして，ヒペリオンへの着陸を計画しているなら，宇宙船が近づいたとき，この衛星がどっちを向いているかをあ

＊　実際は月の潮汐力との相互作用により，1日の長さは100年に1.7ミリ秒ずつ長くなっており，したがって時計を合わせるため数年ごとにうるう秒が挿入されている。現在はセシウム原子の振動が秒を定義するために使われている。

日の出ほど「不」確実——ヒペリオンのカオスな自転

なたは知りたいだろうが、ご愁傷様！　ヒペリオンのカオス的な自転のおかげで、十分に接近して直接観測するまではまったく予測できない。

　ヒペリオンのカオス的振動の原因はいったい何だろうか？　大きな衛星の大部分は、母惑星に潮汐的に固定されている。つまり、自転と公転が同期する。これは衛星がいつも同じ面を向いたままになるよう保たれることを意味する。月がいつも同じ面を地球に向けているのもこのためだ。

　しかし、ヒペリオンの扁長形はこの潮汐力による固定を阻む。土星の周りを公転する楕円軌道と、大衛星ティタンとの4:3の軌道共鳴（ヒペリオンは、ティタンが4周する間に3周する）の両方によって、重力トルクが不規則になった。この打ち身だらけの氷の塊は、ふつうの自転をしながらふつうの軌道に落ち着くことは決してない。楕円形のこの衛星は、土星とティタンによって頻繁にねじられたり向きを変えられる。だから次にどっちを向くのかわからない。

　物事が思いどおりにならないときがあったとしても、ヒペリオンの目茶苦茶な日々ほどではないだろう。そこでは「日の出のように確か」なものは何もない…いつどこから日が昇るかさえも。

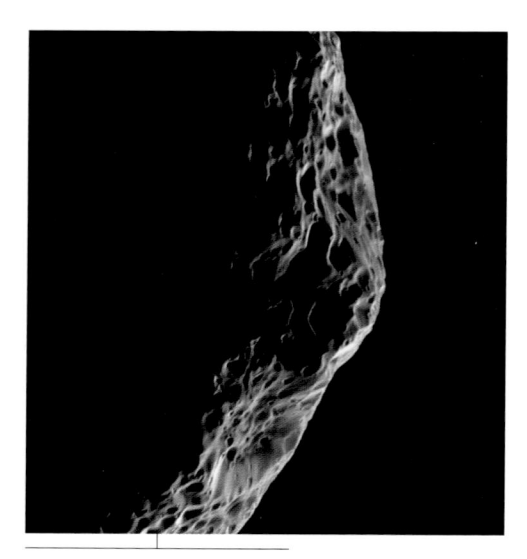

2005年9月26日、カッシーニ探査機が、カオスな衛星ヒペリオンに最接近した後の見返り撮影。地表から隆起しているこの部分が、カッシーニが次に訪れたとき、いったいどの方向を指していることやら。

縮む惑星 ── 水星

　惑星が縮む？　与太話をしているわけではない，真面目な話だ。水星の表面にこの惑星が本当に縮んでいる証拠がある。そしてこの証拠は，水星を訪問した最初の探査機マリナー10号の時代に始まった。

　一番内側のこの惑星に対して，1974年から1975年にかけての3回の異なる接近飛行が行われた。最初に発見された事実の一つは，惑星の密度だった。水星はこうした小型惑星にしては驚異的に重かったのだ。

　水星の密度は，直径がほぼ三倍大きい地球のそれに近い。地球密度のおよそ30%は圧縮による。地球は水星より大きいので，内側に内容をもっと押しこめるし，物質は水星よりずっとぎっしり詰めこまれているということになる。水星は小さすぎて，これほど高い圧縮は不

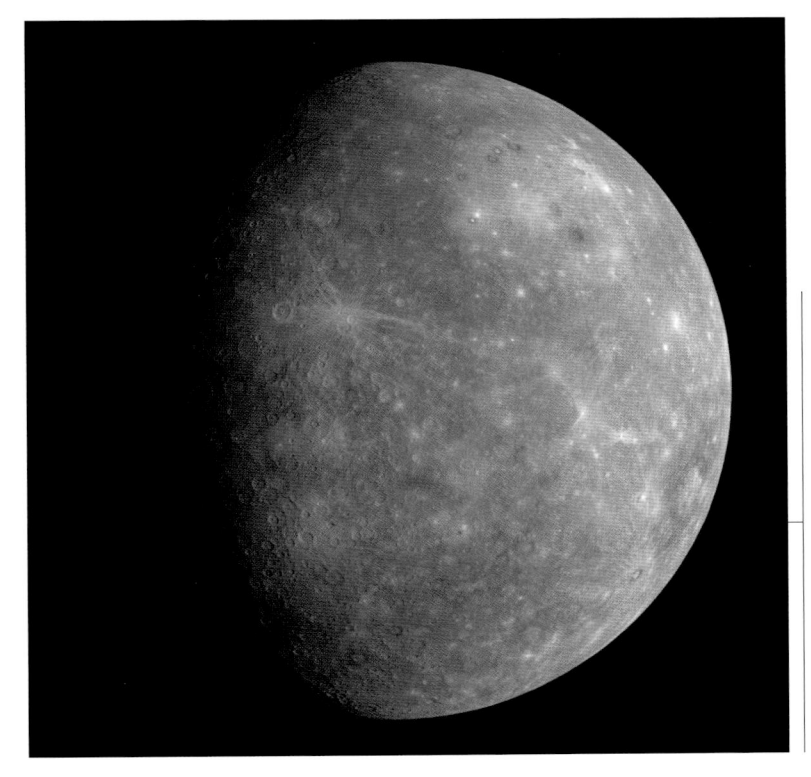

水星の，いままで見ることができなかった領域。2008年の近接飛行でメッセンジャー探査機が撮影した。異なる三種類のフィルターごしに得られたデータを合成してこの擬似カラー画像ができた。1970年代半ばにマリナー10号が近接飛行して，大きな曲がった崖（円形断崖）が発見された。これは水星地殻が全球規模で収縮した証拠だと考えられている。残りの領域がメッセンジャー探査機により撮影されて，この円形断崖は惑星面全体に散らばっていることが確かめられた。本当に水星は縮んでいるのだろうか？

可能である。水星の化学組成は，もともと高密度なのだ。そのため，ほかの岩石質の惑星と異なり，珪素岩石は小さな水星の内部で主要な成分とはならなかった。水星の質量の大半は巨大な中心核であり，そのほとんどは鉄である。

大きな中心核に加えて，水星は弱い磁場（強さは地球の1％ほど）をもつことがわかった。地球の双極性磁場は，液体の外核の中で，対流運動によって生成したと考えられている（この機構をダイナモと呼ぶ）が，水星の弱い磁場は，鉄でできたその中心核がまだ溶けたまま（少なくとも一部は液体）であることを示唆している。

水星の磁場が比較的弱いために，水星ほど小さな惑星が，その内部の鉄を溶かしておけるほどの熱を保ちうるかどうかが議論対象になっている。もしかしたら，現在の比較的弱い磁場は，はるか昔には内部がもっと高温で活発であった名残りでしかないのかもしれない。そして大きく重い中心核は固体の鉄の塊以外の何物でもないのかもしれない。

2007年，レーダーを使った水星自転の観測により，水星の自転が少し振動していることがわかった。この事実は，水星中心核が完全に固体とする予測と合わない。水星の鉄の核には溶けている部分が絶対あるはずだ。観測された，弱い双極性の磁場は，なんらかの形で磁気ダイナモが稼働していることを意味する。おそらくそれは，溶けていた外核が冷えて凝固することで作用したのであろう。

水星が「縮んで」いることのおもな証拠は，惑星探査機マリナー10号撮影の画像からきている。太陽と水星と探査機の並びにより，マリナー10号は不運にも水星表面の40％ほどしか撮影できなかった。しかし撮影された領域の中で探査機は，円形断崖として知られる大きな衝上断層（大きな曲がった崖）を多数発見した。

問題は，この崖が非常に大きいことだ。水星上の円形断崖として知られたディスカバリー山脈という崖は高さ2km，長さ650kmで，全体の規模はアメリカのグランドキャニオンよりも大きい。

大きな断崖は水星に特有というわけではない。大きさが同じくらい

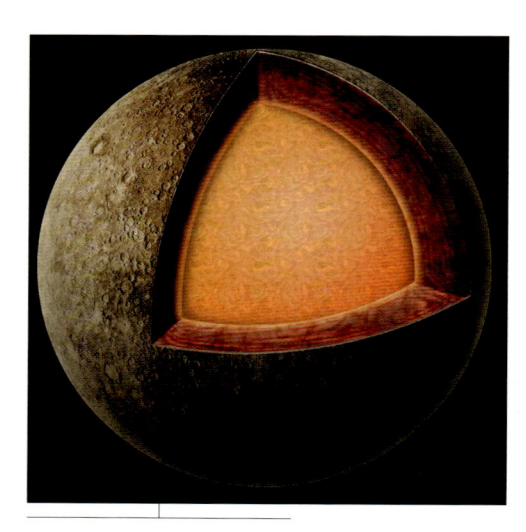

水星の密度が大きい事実は，比較的薄い珪素のマントルに覆われた大きい鉄の核が存在することを示す。弱い双極性磁場が存在するので，少なくとも中心殻の一部は溶けているらしい。

212　第8部　変わり者さまざま

のものが，火星にもある。たとえばアメンスス山脈だ。だから水星の断崖が特出して大きいわけではない（しかし確かに大きい）。その程度の大きさのものはいたるところにたくさんある。NASA の惑星探査機メッセンジャーは，2008 年の近接飛行中に，ほかにもたくさん円形断崖を見つけてさえいる。それは 2011 年の水星探査飛行の前準備としての予備観測であった。

　断崖が集中している場所も，偏在している場所もないように見える。われわれは，もしも地域的な地殻変動が地殻の塊を押しつけたのであれば，なんらかの分布の偏りや方向性があるに違いないと推測していた。しかし実際は，これらの断崖は全球的に現れている地形であり，水星はまるで，炎天下に放置してしなびたリンゴのように見える。水星の表面全体で起こっているこのはなはだしい収縮の原因は何がありうるだろう。

　いままで挙げた証拠を見直してみよう。密度が大きいことは，鉄の中心核が非常に大きいことを

圧縮による衝上断層が円形断崖を形成している。地殻は押されて（圧縮されて）割れて（断層）そして隣の地殻の上に乗り上げる。

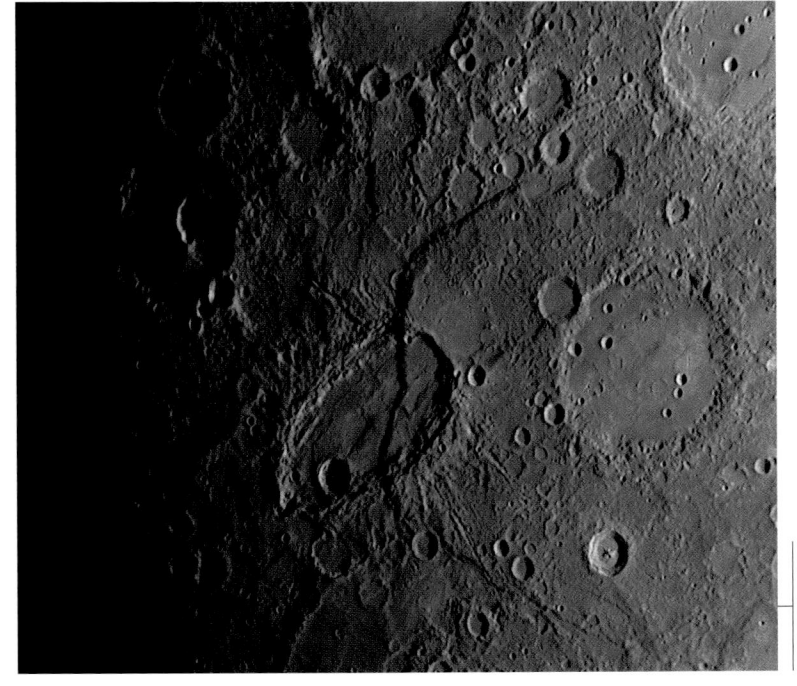

メッセンジャー探査機により新たに発見されたビーグル断崖は，水星のスヴィーンドットリー・クレーターを一文字にかき切っている。

縮む惑星——水星

巨大な液体の中心核は，冷えて凍結して固体の鉄の球になるにつれて縮む。これが相当量の収縮の原因だ。内部が縮んだせいで，外側の地殻も圧縮される。衝上（突き上げ）断層と，円形の断崖が，表面近くで形成されている。

意味する。核の直径は惑星全体の75％にも及ぶ。自転のふるまいは，この巨大な核がまだ溶けたままであることを示す。そして惑星ダイナモについてわかっている事実から，磁場の存在は，溶けた外核が凝固して内側の固体核を形成していることを示している。

たいていの物質は，冷えると収縮するが，溶けた金属の場合，凝固に伴って追加で別の収縮が起こるのがふつうだ。こちらの収縮では，原子が液相での不規則配列から，再配列されていっそう密着して押しこまれる結晶構造になる。鉄については，この凝固収縮により，容量の5％分もかさが減らせる。

であるから，水星一面に円形断崖が行き渡っている事実についての最もありそうな説明は，この惑星は，巨大な鉄の中心核が冷却するに従って縮んでいるということになる。水星の中心核は惑星内部の大部分を占めるので，その中心核が冷えて固まると収縮率が数％になり，表面では少なからぬ影響が出る。

実際は，この地点で観測された衝上断層による円形断崖の数と大きさに基づけば，水星直径（現在は2440 km）はこの小さな惑星のはるか遠い昔に起こった冷却と凝固のために少なくとも3 km減少している。しかしこれほど縮んだように見えるのに，核全体が完全に凝固した場合の試算収縮量は17 kmと比較にならない。信じがたいが本当に水星は縮んでいるのだ。

ぴったり合って皆既日食

　皆既日食は本当に奇妙な経験だ。突然誰かまたは「何か」が，宇宙の電源を切ってしまったかのようだ。およそ40分間，月は太陽の手前を少しずつゆっくり動いていく。空は裸眼では気づかないほど，わずかずつ明るさを弱めていき，そしてついに皆既の瞬間がくる。昼間なのに不意に夜のように暗くなる。真昼の空に星は瞬き，暗い月の周りを不気味な背光が縁取る。神秘的な光の不在が数分間続いた後，太陽は再び月の後ろから顔を覗かせ，昼が戻ってくる。皆既日食は終わりだ。

　日食はいつの時代も人々を混乱させる。古代の中国人は龍が太陽を飲みこんでしまうのだと信じていた。彼らは太鼓を打ち鳴らし，空に矢を射かけ，天の龍を追い払おうとした。いくつかの文化で，日食の間は毒が降り注ぐと考えられていた。日本では飲料用の井戸に覆いをかけ，ヒンドゥー教徒の妊婦は屋内にとどまった。紀元前585年，中東で五年に及ぶ戦争中だったリディアとメディアは皆既日食に恐れおののいて，日食後すぐに戦争を終結させ，条約を結んでリディアの王

2008年8月1日，中国嘉峪関 (Jiayuguan) 近くのゴビ砂漠で撮影した皆既日食。この多重露出は部分食から皆既，そして部分食に戻るまでの経過をとらえている。明るい部分の境界は月の本影が広がっている範囲を示す。

ぴったり合って皆既日食

皆既日食は本影の中で起こる。
部分食は半影に入ると起こる。

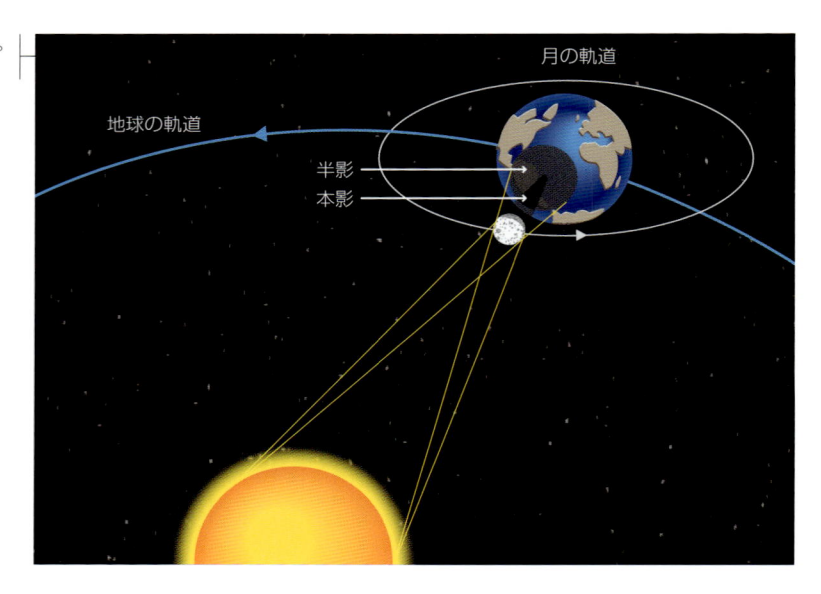

女とメディアの王子を結婚させた。

　しかし皆既日食は現実には不吉な現象ではまったくない（戦争を終結させるかもしれないが）。これは単に，地球，月，そして太陽が一列に並ぶ稀な現象というだけである。1年に2回から5回，月は地球と太陽の間を通る。仮に月が通るちょうどそのときに，この3天体がちょうどよい配列になるならば（16か月ごとにたった数分間だけだが）月は太陽面を完全に覆い隠す。これが皆既日食だ。

　皆既日食をこれだけ珍しい現象にしているものは，月の軌道傾斜角である。地球と月の軌道面と，太陽と地球の軌道面は，正確には重なっていない。もしも月が，地球が太陽の周りを公転するのと同一の面上を移動するなら（軌道傾斜角＝0°），皆既日食は毎月，新月のころに起こるだろう。しかし月の軌道傾斜角は5.15°であるので，たいていは月の影は地球に落ち損ねる。新月が「0°の平面」をちょうど通過する場合だけが，皆既日食を観測するチャンスになるのだ。

　しかし新月が0°平面を首尾よく通過しても，皆既日食は地球のどこででも見られるわけではな

太陽系における日食の種類

惑星名	衛星の数	太陽面通過	皆既食	掩蔽
水星	0	0	0	0
金星	0	0	0	0
地球	1	0	1	0
火星	2	2	0	0
木星	63	59	0	4
土星	61	51	2*	8
天王星	27	12	0	15
海王星	13	6	0	7
冥王星	3	0	0	3
エリス	1	0	0	1

＊　これらの衛星は不規則型なので，完全な皆既日食にはならない。

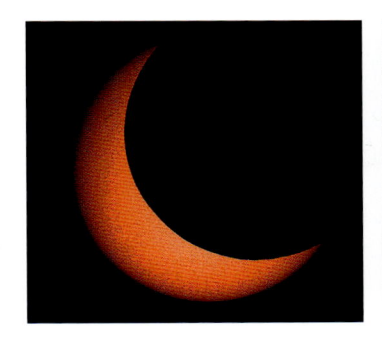

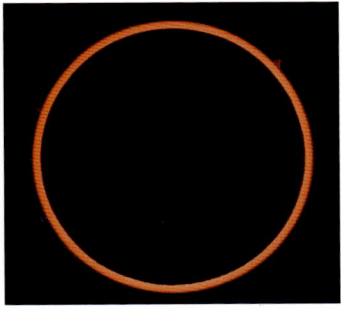

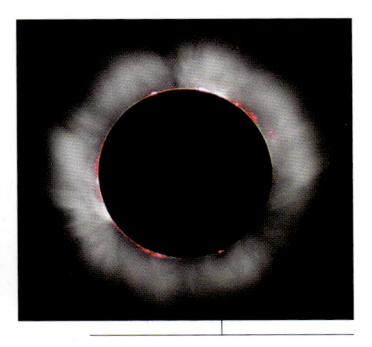

部分食（左）では，太陽の一部だけを月が隠す。金環食（中央）では，月は太陽面より少し小さい。皆既食（右）中は太陽は完全に隠され，太陽のかすかなコロナが放射状に輝くのが見える。

完全な皆既日食を見られる太陽系で唯一の場所が地球だ。地球から空を見上げると，月と太陽は，形も見かけの大きさもほぼ同じだからである。

い。皆既日食は本影（月の暗い影）の中でだけ起こる。本影は地球表面を300kmほどの狭い幅で通りすぎる。部分日食は，もっと広い，半影と呼ばれる影の帯の中で見られる。熱心な日食ハンターは，皆既帯が便利な地域を通らないときには，しばしば数千ドルかけてへんぴな地域まで旅行する。なぜなら，皆既帯は非常に狭いために，ある特定の地域で皆既日食が観測できるチャンスは数百年に1回しかないからである。

皆既日食の頻度の低さだけが，この現象を特別なものにしているわけではない。都合のよいことに，地球の空では月と太陽の見かけの大きさが同じであるので，月は皆既日食中に太陽を完全に隠す。地球は太陽系で，皆既日食を見るのに唯一完璧な惑星なのである。

日食は実際は太陽系でありふれた現象である。日食には3種類あり，通過，皆既日食，そして掩蔽（えんぺい）という。通過は太陽面上を，小さい衛星の黒い円盤が通過することである。このとき，衛星／太陽の見かけの大きさの比は1より小さい。掩蔽は，逆に衛星が太陽より大きく見える（比が1より大きい）場合に起こる。皆既日食では，この比が1に非常に近づく。

太陽は月の400倍も大きいが，同時に太陽は，地球から月の距離の400倍も遠くにある。これが，太陽と月が地上からほぼ同じ大きさに見える理由だ。しかし軌道は真円ではないため，太陽が少しだけ遠くなるときもあれば，月が少しだけ遠くなるときもある。だから天球上の視直径（見かけの大きさ）は変わる。このため，月／太陽比は0.92から1.06まで変動する。だから地球で見える日食のうち，実際は通過——月が太陽を最大に隠しても，太陽の周りに細い環が見える金環食——であることも，掩蔽との境界上にあることもある。こちらの場

ぴったり合って皆既日食

火星の衛星デイモス（上）とフォボス（下の連続写真）が太陽面を通過する。2004年3月に火星探査車のオポチュニティーが火星地表から観測した。

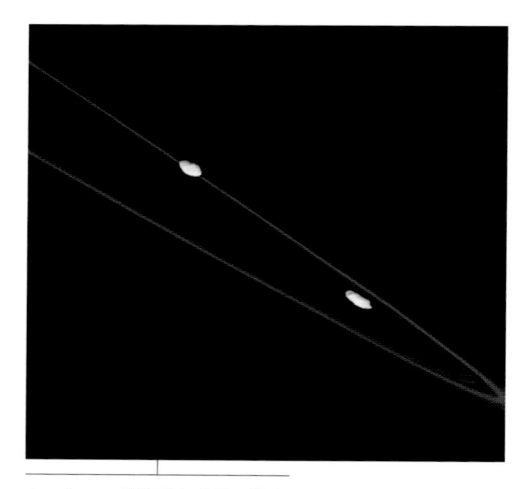

カッシーニ探査機による，氷のF環近くの土星の衛星プロメテウス（右下）とパンドラ（左上）。パンドラは環の外に位置し，探査機に近い手前にある。これらの月は不規則形なので，完全な皆既日食は起こさない。

合は，月が太陽面よりちょっとだけ大きい。しかしどちらの場合も，実際はすばらしい眺めを見られる。

太陽系では，ほかにたった二つの衛星が，マジックナンバー1にまたがる日食を起こす。土星の衛星プロメテウス（0.74〜1.20）と，パンドラ（0.76〜1.07）だ。これらの2衛星はかすかなF環の羊飼い衛星であるが，長く延びたジャガイモのような形をしており，球形ではない。だからこの2衛星が起こす日食は，完全な皆既日食にはならない。仮に片方の軸が太陽の視直径にぴったり合っても，別の軸は短かすぎたり（太陽の一部が見える，つまり通過）あるいは長すぎたり（太陽面が遮られる，つまり掩蔽）するからだ。

結論として，地球で皆既日食を成立させる大きさと形のちょうどよい組み合わせは，太陽系ではほかのどこにも存在しない。しかし地球についても，いつでもこのようであったわけではないし，永久にこのままというわけでもない。というのは地球との潮汐力の相互作用により，月の平均軌道半径は年に3.8 cmの割合で広がっているからである。かつて月は地球にずっと近かった。だから皆既日食が見られるようになったのは最近8億年のことである。その上，地球から月が遠ざかっているので，視直径は毎年少しずつ小さくなる。この現象を楽しめるのはいまから6億年以内で，その先は地球でも皆既日食が見られなくなってしまう。

つまり，地球に住むならいまが完璧だ。

きわめて変な生き物 ── 人類

ヒトは変だ。われわれは本当に奇妙な生き物だ。人類が「ふつう」だとみなすものは，太陽系での生活を総合して考えると，まったくの規格外だ。

テレビでのスポーツ観戦という，一見怠惰な行動をちょっと考えてみよう。スポーツ自体が，複雑な社会的交流である。数か月も前から計画され，巨大な競技場を建設し，愛好家たちが組織化されたやり方で集まり，厳格に決められた競技ルールが適用されて（おおむね）それに従って進行し，得点が表に書きこまれ，大金が動く。これらすべての活動は，複雑な，書かれたり口頭だったりのコミュニケーションを通じて行われる。洗練された雄叫びと抗議の声もその中に入る。

テレビ中継では，比較にならないほど多くの技術を使い，スポーツ競技は放送されてわれわれの居間まで届けられる。競技が目の前のテ

人類は特別だ。2008年の北京夏季オリンピックにはすべて（文化，言語，技術，芸術，音楽，数学）がある。世界中の数十億人がこれを観戦した。初めて見るオリンピックを理解できたとして，ほかの生物にはこの祭典はおそらく奇妙なものに映るだろう。

レビの中で起きているのではないことを知りつつも，われわれの脳はよそのどこかで起こっている競技を抽象的に結びつけることができる。だからといって，ひいきのチームがヘマをした瞬間にテレビの前で興奮して思わず叫ぶことがなくなるわけではない。同様に，試合が終わったあとで，「もしこうだったら？」という可能性をあれこれ考えなくなるわけでもない。

　これはあなたにとって大したことに思えないかもしれない。何はともあれ，テレビ観戦は受け身の行為であり，脳を使わなくても済む。しかしほかのどんな生物種も，これらのこと（象徴的な操作，複雑な言語活動，技術の応用操作，抽象的思考）すべてを高い水準で行うことはできない。テレビ鑑賞に努力は必要ないが，それはわれわれがこの種のことが得意だからだ。遺伝子がそれを可能にしてくれているのである。

　ほかの種がヒトじみたふるまいをしないというわけではない。シャチは多様な社会構造とライフスタイルを伴う「文化」をもつ。アカゲザルは善に関するはっきりした感覚をもっていて，餌を受け取ればほかの個体が電気ショックを受けるような状況では，彼らは決して受け取らない。ニューカレドニア諸島のカラスは，特別なやり方で植物の葉を切って簡単な道具（鉤のついた釣竿）を製作し，木の穴から虫を釣り上げる。ゾウは単純な算数を理解する。しかしヒトならもっと高度なことができる。

　ヒトにはほかの種より生理学的に有利な点がある。ヒトだけが直立して二足歩行する動物だ。ほかの霊長類も木の枝から枝に移る際にときどき二本足で立つことがあるが，たいていは四肢全部を使って移動する。ヒトは直立して歩くようになったので，四本足で歩くチンパンジー（体重が同じ場合）の使うエネルギーの25％だけで済むようになった。また，直立姿勢のおかげで両手が自由になり，食物を手で持って運んだり道具を創り出したりできるようになった。おそらく最も重要なのは，直立姿勢では脊柱が頭蓋骨を直接支える向

進化とともに直立姿勢をとり，複雑な思考ができるようになる。

きになることである。このためヒトの首の筋肉への負担がほかの動物より軽くなり，脳を大きくできるようになった。

しかし早とちりで自惚れないでほしい。絶対的な大きさでは，マッコウクジラの脳のほうがヒトの脳より大きい。マッコウクジラの脳は重さ8kgで，ほかのどの動物（現存種絶滅種含めて）よりも大きい。もちろん，そのように巨大な動物は，一般的な身体機能を制御するにも大きな脳が必要になる。また，身体の大きさに対応した脳の大きさ（脳の質量の体重に対する比率）でも，ヒトは先頭に抜き出ることはない。この比はマッコウクジラの0.02%に対してヒトは2%（やったね，クジラには勝った），しかしちっぽけなポケットネズミの脳では10%に達する。通常，小型動物は比較的大きな脳をもち，大型動物は比較的小さい脳をもつ。

大きさより，ヒトの脳の特殊性は複雑さである。ヒトの脳は大脳皮質（脳の厚い外殻）に，ほかの哺乳動物より多くのニューロンをもつ。ハイファイ装置のための高価なケーブルのように，ヒトのニューロンは厚い絶縁性の鞘をもつため，干渉を減らして高速転送ができる。類人猿やイルカ同様に，ヒトは高度に発達した小脳をもち，運動パター

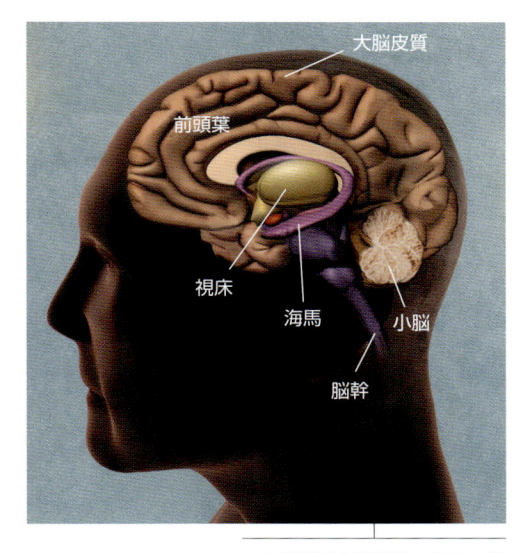

ヒトの脳の主要部分。計画，発想，意思決定は前頭葉で処理される。記憶は海馬，小脳，そして前頭葉に蓄積される。これらの領域はヒトではほかの動物より複雑で込みいっている。

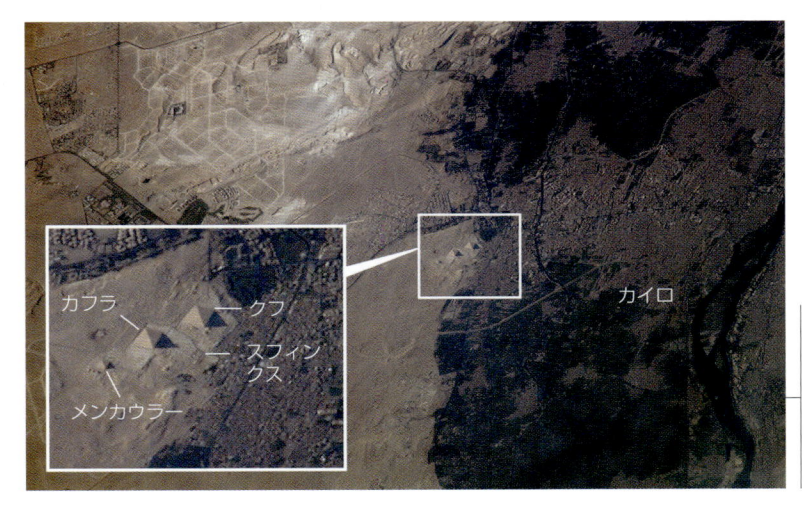

宇宙から見た建造物。古代七不思議の一つ，ギザの三大ピラミッドを，地上350kmの周回軌道上の国際宇宙ステーションから撮影した。現在のカイロ市郊外は，古代エジプトの都市の中に食いこんでいる。

きわめて変な生き物——人類

ンや反復課題を記憶してすばやく呼び出すことができる（心の敏捷性）。

　われわれの自由になった両手と，大脳の高い活動性（たまに）は，車輪，ギザの三大ピラミッド，中国の万里の長城，スライスされた食パンといった驚くべき物をつくりだす。われわれは過去を覚えているし，未来の計画を立てる。広く環境を変えることもできるし，その所業は宇宙からも観測できる。バクテリアは偶然彗星に乗って宇宙空間を旅してきたかもしれないが，ヒトは太陽系を意識的に探検することができる唯一の種だ。

　この本を読んでいるあなたは，同時に，太陽系に住むほかの生き物が逆立ちしてもできない何かを行っている最中というわけだ。あなたは周り$1m^3$の空間を越えて深く思索しそれを楽しんでいる。あなたは地球表面の地殻プレートの動きを分析し，天王星の奇妙な季節変化について思いをめぐらせ，自分自身がどこから来たかじっくり考えることができる。

　これでは，ヒトはかなり変だということを，認めないわけにはいかないだろう。

第 9 部

エクストリームの集大成

太陽系の絶対権力者 ── 太陽

　ものごとを大枠で考えた場合，太陽は特別な存在には決して見えないかもしれない。何といっても，太陽は局部銀河群と呼ばれるごくふつうの銀河群の中の，ごくふつうの天の川銀河にある，ごくふつうの恒星の一つにすぎない。宇宙の中に百億も千億もある星々のまさにその一つだ。

　しかし本拠地に戻れば，太陽はいっぱしの大物だ。注目の的であり，そういってよければ「スター」とさえいえるかもしれない。太陽こそが太陽系を定義するものだからだ。太陽の重力がなければ，惑星，準惑星，衛星，小惑星，そして彗星といった多種多様な天体は，集まって一つの体系をつくりあげることはなかっただろうからだ。

　さらに，そうだ，太陽は熱く（中心核はこんがり焼ける1500万℃だ），太陽系で一番高温な場所なのは間違いない。この近所界隈で一番強力な磁石として，煮えたぎるプラズマの巨大な球は，（ほんのちょっと近づきさえすれば）地球を丸飲みできるほど大きな磁気嵐を発生させ

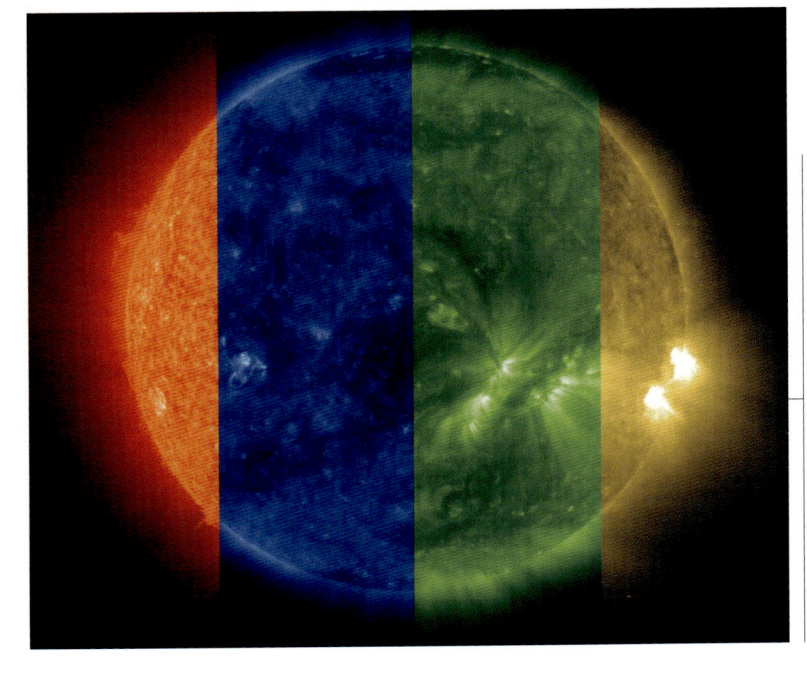

2005年11月に，SOHOが四つの異なる極紫外線で観測した比較的静かな太陽。赤のスライス（波長30.4 nm）は6万℃のヘリウムを表し，太陽表面のすぐ上である。緑（19.5 nm）は鉄イオンで，もっと上空のコロナの中を表し，温度は焦げつく100万℃である。青（17.1 nm）はもっと熱い鉄で，温度は150万℃である。一番右の黄色（28.6 nm）は250万℃の上層コロナが見えている。コロナの温度が高いのはおそらく，高エネルギーの音波がコロナ上層で衝突しているためと考えられている。

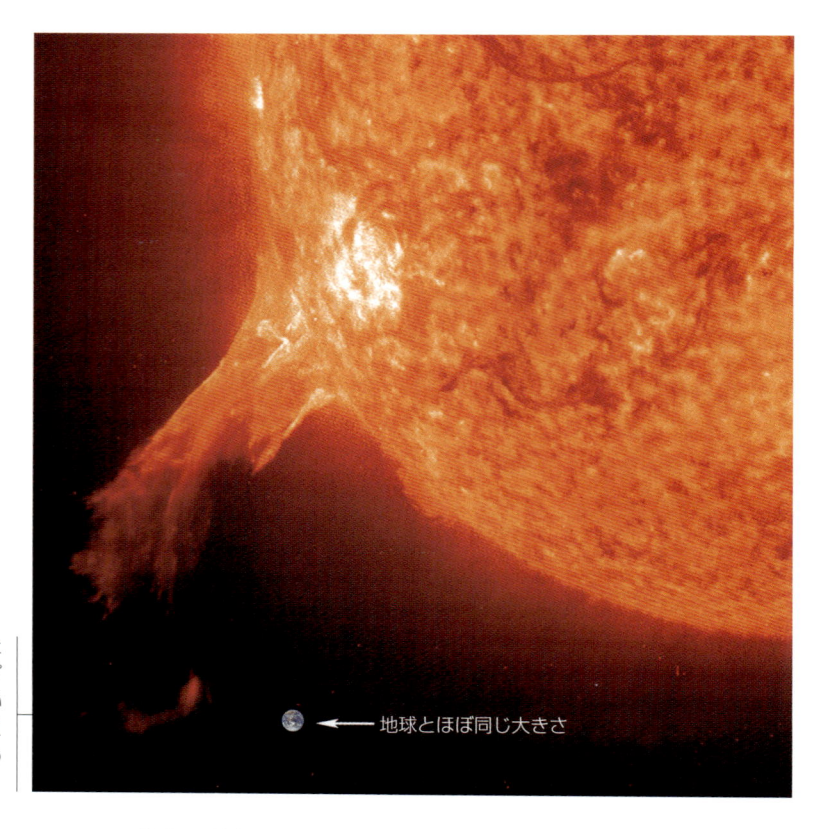

2002年7月1日に噴出した大規模な太陽プロミネンス。プロミネンスの比較的温度が低い物質は太陽の強い磁場にとらえられている。サイズ比較のために同じ縮尺で地球を示した。

← 地球とほぼ同じ大きさ

ている。太陽の衝撃は，100 AU 彼方の太陽圏界面（太陽風が星間プラズマと衝突している衝突面）で感じることができる。太陽の重力効果の支配はその百倍遠くまで及ぶため，オールトの雲の中の凍った小天体が太陽系の外にふらふら出ていったりはできない。

　それどころかもっと遠くまで太陽は影響力を及ぼす。銀河系内にある別の太陽系からは，太陽は夜空に光る灯台のように見えるに違いない。それは太陽系の中で唯一，宇宙のどこからも容易に見つけられる天体なのである。

　これらのエクストリームな特徴（強い重力，激しい熱，強い磁性，強力な風，そしてまばゆい電磁放射）すべては，結局太陽の透明な塊からきている。太陽系質量の 99.8% 以上は太陽圏の 1 兆分の 1 しかない領域に凝縮されている。それはあなたの自家用車が，この本の「i」の活字の上部の点の中に圧縮されているのと同じことなのだ。

　このように強い質量圧縮のため，太陽の物理的性質はかなり極端な

光球
対流層
放射層
中心核

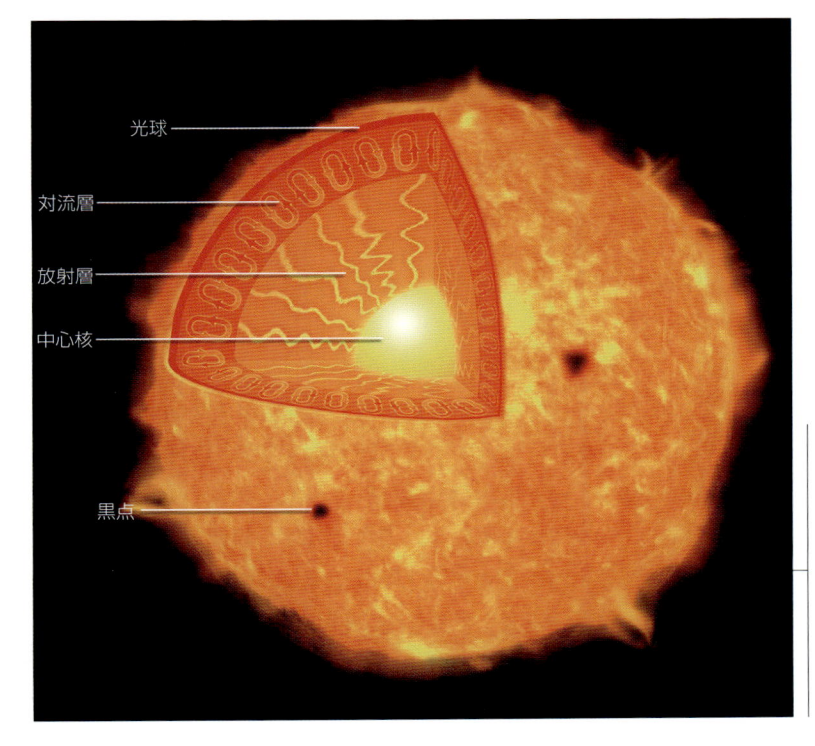

黒点

太陽の過熱された中心核（温度は150万℃）の中で，水素が核融合してヘリウムになる。放射層（40万℃）の中ではX線光子がエネルギーを移動させる。対流層（80万℃）の中では，プラズマの質量移動が熱を太陽表面まで移動させる。光球（5500℃）から宇宙へ光として放出されるエネルギー移動は，再び放射が主導権を握る。

ことになっている。太陽中心核の強い圧力は（上からの重力がすべてかかっているため）水素原子をぎっしり押しこんで居心地を悪くし，新たな元素同位体を鋳造する。最終結果は次のようになる。4個の水素原子核（陽子）が融合して1個のヘリウム原子核プラス2個の陽電子と2個の中性子ができる。新たにできた粒子を合計すると，元の水素陽子4個より0.7％質量が少なくなる。この失われた質量が，アインシュタインの有名な方程式，$E = mc^2$ に基づいて大量のエネルギーに変換される。

太陽の熱核反応で生成されたこのエネルギーはすべて，外へ逃げ出そうとする。太陽中心核のすぐ外側，厚い放射層の中に，太陽プラズマは非常に高い密度で押しこめられているので，身動きすらできない。エネルギーは電磁放射によって転換されるべきところだが，その転換はすぐには起こらない。放射陽子はこの厚い層の中では，プラズマイオンに吸収される（そして違う方向に再放射される）まではたいして遠くまで移動できない。エネルギーが放射層を通り抜けるのは，17

万年よりもっとかかる。

　ことは太陽半径の0.7倍の距離にある対流層の中では少しスピードアップする。密度が低下してプラズマが移動を始める。プラズマが煮えたぎる熱い小滴は，対流帯の底から表面までちょうど1週間で浮上できるのだ。対流層はまた，太陽内部のほかの部分より自転速度が速い。このかき乱されたプラズマは電離しているため，強い磁場が生成され，太陽表面に（それどころか，太陽系内のいたるところで）大混乱を引き起こす。

　最終的に（今後60～70億年以内のいつか），太陽中心核の水素燃料は尽きてしまう。そして本当におもしろくなるのはそれからだ。太陽の核は，支えていた熱核反応でできる熱がなくなるので崩壊する。中心核を包んでいた圧縮された殻に含まれていた水素が点火されて，燃えはじめる。この新たなエネルギー源は，太陽を現在の250倍の大きさに膨れ上がらせ，3000倍も明るく輝かせる。

　膨張を続ける太陽（いまや赤色巨星）は，水星と金星をたやすく飲みこんでしまう。新たな熱に晒されて，木星の凍った衛星たちは，地表に液体の水を得て可住領域になる。炭化水素の有機の海と，赤色巨星の孵卵器が揃って，土星の衛星ティタンは，おそらく複雑な生命組織を発達させる。太陽系の新たな「地球」だ。

　太陽中心核の形態変化はまだ終わっていない。中心核の温度が1億℃に達すると，ヘリウムが核融合して炭素ができはじめる。この段階で太陽系唯一の「恒星」は，しゃっくりの重症な症例を誘発させら

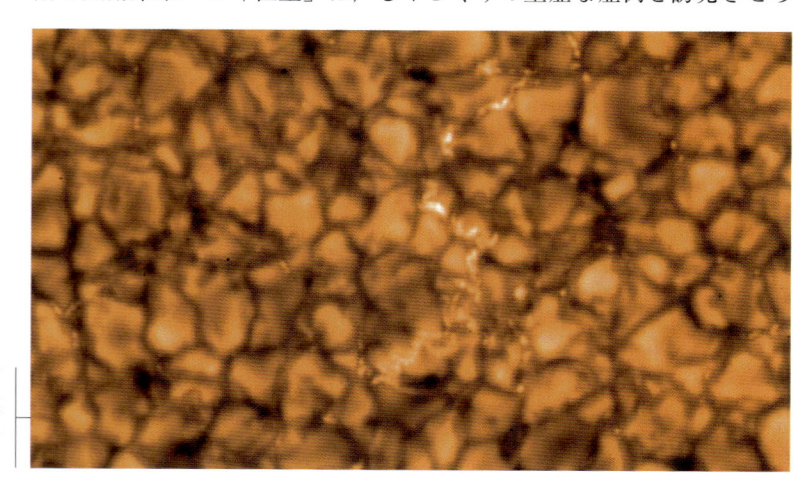

粒状斑は太陽が激しく対流していることを示す。一番大きい粒はテキサス州ほどの大きさである。

太陽の一生

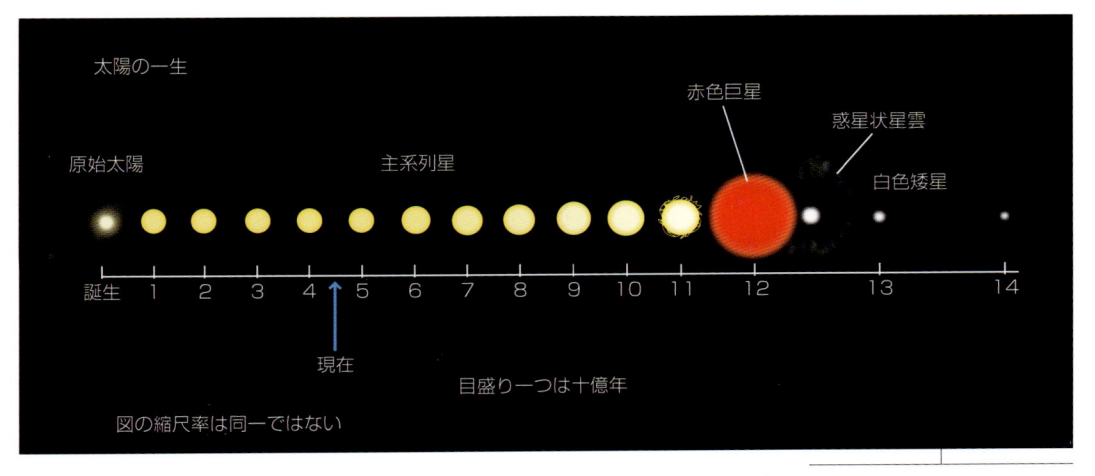

原始太陽　　　主系列星　　　　　　　　　　　　　赤色巨星　惑星状星雲　白色矮星

誕生　1　2　3　4　5　6　7　8　9　10　11　12　13　14

↑現在

目盛り一つは十億年

図の縮尺率は同一ではない

太陽が，ふつうの黄色い星から赤色巨星を経て白色矮星にいたる過程。赤色巨星の直径は現在の太陽の250倍も大きくなる。一方白色矮星は地球ほどの大きさになる。

れる。太陽を包む何重もの殻でヘリウムが順次点火されるたびに，太陽は縮小と膨張を繰り返す（最大では直径1.2 AU。つまり地球の現在の軌道を飲みこんでしまう）。ヘリウムが輝く閃光を発すると，脈動する太陽は高温の外層を太陽系内に脱ぎ捨てて，それがまばゆい惑星状星雲になる。40万年以内に，白い高温の炭素核（大きさが地球ほどの白色矮星）だけが残る。この白色矮星は永遠の時をかけてゆっくり冷えていく。

　地球の最終的な運命は，確かなことはわかっていない。太陽は赤色巨星期に先立つ120億年のうちに質量の25%を失っているだろうから，われわれの惑星に及ぼされる引力も劇的に減少するだろう。地球は現在の火星軌道近くまで外側に移動するので，その結果，赤く熱をもった太陽表面から遠ざかる。あるいは，赤色巨星となった太陽と互いに潮汐力を及ぼしあって，地球の公転速度が遅くなり，その結果われわれの故郷たる惑星は螺旋を描いてこのマンモス星に落ちこみ，焼かれて死を迎える。

　しかし現在までのところ（そして幸いにもわれわれの生きている間は），太陽は通常段階にいて，「主系列星」のライフサイクルの半ばにも至っていない。しかし通常の段階にあってさえ，熱い対流する磁石が輝くこの核反応炉は，うん…，ふつうじゃない。少なくとも，太陽系内で，この黄色いふつうの星が，きわめて大きいパワーを握っている事実を疑う余地はほとんどない。

太陽系の絶対権力者——太陽

偉大な木星

木星と，その衛星イオとのツーショット。2007年に冥王星へ向かう途中のニュー・ホライズンズ探査機が撮影した。この赤外線画像で，何段階かの大気の深さがわかる。青は高い雲ともや，赤はもっと深い雲を示す。大赤斑は青みがかった白で写っている。イオの画像は近赤外線と可視光線の画像を合成したもので，夜側にトゥヴァーシュター火山からの噴出が見える。太陽光を反射して，溶岩は赤く，プルームは青みがかった色に写っている。

　太陽系の惑星としては，木星がほとんどすべてにおいて最大*ではなかろうか？　嵐は？　木星の大赤斑は地球三つを飲みこめるほど大きいが，この荒れ狂う渦巻は木星の大気中で三世紀を越えて風をかき混ぜつづけている。衛星たちは？　木星は太陽系で大きいほうから六つの衛星のうち四つまでを擁しているだけでなく（太陽系にある衛星で最大で，惑星である水星より大きいガニメデを含む），確定番号のついた衛星を50個ももつ。木星系はまるで，太陽から7億8000万km離れたところで営まれる太陽系のミニチュア版のようだ。磁気は？　木星の磁気圏は単体としておそらく太陽系の中で最も大きいも

---

*　そう，ほとんどすべてだ。ほかの惑星のほうが大きいものも少しはある。しかしこの短いが印象的なリストについては後で考えることにする。

四つのガリレオ衛星（背景から前景へ）。イオ，エウロパ，ガニメデ，そしてカリストを従えた惑星の王。

のであり，土星軌道の外まで広がっている。

　しかし大きいという場合，本当に問題になるのはたいてい質量（重さ）のことだ。そして木星は本当に重い。ガス質の木星は，太陽を公転するほかの天体（惑星，衛星，小惑星，彗星，カイパーベルト天体，そしてオールトの雲に属する天体）を全部合わせた質量の二倍より重い。内部で核融合を起こす恒星ほど高密度ではないが，水素とヘリウムでできた巨大なガス球であるこの第五惑星は，いまなおきわめて特殊な物をいくつもつくりだしているのだ。

　木星のたくましい質量（そして衛星を湾曲させるほどの重力）は，太陽系で最も火山活動が激しい場所である，暑くて臭い衛星イオを生み出している。硫黄イオンと電子がイオの内部から噴き出されて，木星の強い磁場によりどんどん加速される。光速に近いこれらの粒子は，

偉大な木星

惑星たちの間に見つかる最も激しい放射帯を生成する。一方，この重い惑星のもつ重力は，潮汐力によってエウロパ内部に太陽系で一番深い海を形成するに十分な熱を生み出す。これは，闇に潜む地球外生命が生まれる可能性が高いペトリ皿だ。

　木星の質量は高く圧縮されているため，内部に大量の熱を閉じこめている。この熱は木星大気中に荒れた天候を引き起こす。重力収縮により，太陽から届く熱よりも70％も多い熱が木星内部から生成されている。このため木星はきわめてダイナミックな場所になっている。大気は絶えず渦を巻いて回転し（互い違いの帯が木星を一周している），この熱を放出する。結果として，水やアンモニアやメタンが彩色したサイケデリックな色調の雲の帯が並んで嵐の惑星を染め上げる。これは太陽系で最も美しい眺めだ。

　激しい風が吹きすさぶ木星の質量は，神かけて，いや全能神ゼウスの威光をかけて，太陽系の軌道力学を支配している。木星の自転はほかのどの惑星よりも速く，木星の一日はほぼ10時間しかない。公転軌道上で，木星は宇宙空間を時速5万kmで疾走している。これら自転運動と公転運動を合わせた木星の角運動量は，太陽系全体の角運動量を合算した実に99％を占めている。まるで長い紐の先に巨大な球を結びつけた端を持って回転しているようなもので，その辺のものは何でもかんでもぶっ飛ばしてしまう。

　木星の影響力は，太陽系の進化の鍵を握っている。木星と共鳴してしまうせいで，火星と木星の間にある微惑星は，合体して惑星となることができなかった。その結果，準惑星ケレスと百万個以上ものほかの小惑星を含む小惑星帯（メインベルト）ができた。いまから38億〜41億年前，衝突クレーター形成が最高潮に達した後期隕石重爆撃期も，もしかしたら木星との共鳴が原因であった

木星を彩る黒い縞，明るい帯，そして荒れた渦。2007年にニュー・ホライズンズ探査機が撮影した。

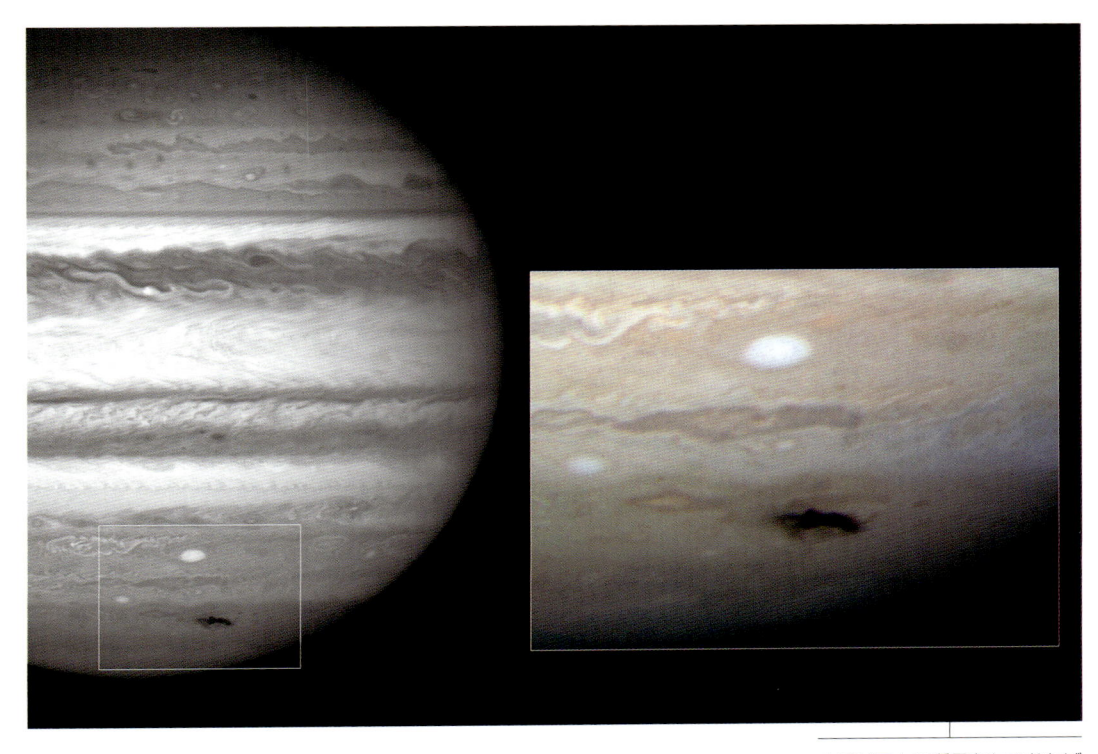

かもしれない。

　ここ地球に対して最も影響力をもつのは木星だといってよいかもしれない。この巨大惑星は，彗星から守る盾と小惑星を弾き飛ばすパチンコという二重の役割を担っている。太陽系の外縁から来る彗星は木星重力の強い影響を受ける。その多く（1994年に木星に衝突したシューメイカー・レヴィー第九彗星を含む）は，木星の網を抜けて太陽系の内側に侵入することは決してない。複雑な生命が地球で進化できたのは，地球に比較的彗星衝突が少なかったからでもある。その一方で，木星が重力でしつこく引っ張りつづけているために，小惑星が左右に揺れながら疾走する公転軌道はより離心率が大きい楕円型になった。もしもそのような小惑星軌道が地球軌道と交わったら，その結果破壊的な事件が起こるかもしれない。6500万年前に恐竜の存在を拭い去ったK-T衝突は，さほど紳士的ではない木星により小天体が悲劇を運命づけられた軌道に追いやられて起きたのかもしれない。

　ちょっとの間，木星のない太陽系を想像してみてほしい。火星はもっ

木星が巨大な質量をもつおかげで，彗星と小惑星は進路を阻まれた。そうでなければ地球に衝突していただろう。2009年7月23日，ハッブル宇宙望遠鏡の修理中に観測時間をもぎとって，この刺激的な画像は撮影された。衝突した天体は，おそらく直径が数百mであり，アメリカ合衆国の2倍の大きさの痕跡を残した。

偉大な木星

と大きく成長できたかもしれない（微惑星は木星に追い払われずに火星に付着しただろう）。密度が高い大気と強化された温室効果により、火星は地球ほどの気温になっていただろう。小惑星帯は失われ、代わりにもっと大きい岩石質の惑星が誕生していただろう。木星の引力に影響された巨大な角運動量を埋め合わせるためにすべての惑星の軌道は劇的に変わり、地球はもはや居住可能な領域にはなかっただろう。

　そのとおり、木星は惑星界において偉大な存在であり、真の影響力をもつ大御所だ。太陽系は、木星なしではいまと同じにはならなかっただろう、いや、いまと同じようになることはできなかっただろう。このことにより、木星は見た目どおり、きわめて偉大な天体だといえよう。

セクシーな土星

ちょっとこの土星の画像を見てほしい。この太陽から数えて六番目の惑星が太陽系で一番セクシーだとわれわれに納得させるにはほかに方法はない。もちろん，われわれがいう「セクシー」は，科学技術オタク的な意味だ。でも，よく見てくれ。写真の向こう側に視線が流れないか？ われわれもそうだ。これは太陽系で最もそそられる第六惑星のスウィートな画像だ。

太陽系で明らかに木星に差をつけられているが，多くの点で（すばらしい環に加うるに），土星もまたエクストリームであるとみなせる。まずは，ガス惑星で2番目に大きい土星は，密度が惑星中で一番小さい。本当のところ，土星はその衛星たちのほとんどより密度が低いのだ。密度は$1 cm^3$あたり$0.7 g$（水の密度$1 cm^3$あたり$1 g$と比べてほしい）だ。土星は，風呂桶に浮く唯一の惑星だ。もちろん，あなたの家の浴槽が直径20万kmほどもあるとしてだが。

次に，土星中間部の膨らみがある。高速で自転する惑星は正確な球

カッシーニ探査機が2004年10月に撮影した，この幻想的な，天然色の合成画像にはすべてが揃っている。パステルカラーの雲の帯は，大気力学と帯状の風を示す。環は比較的雲の少ない水色の北極領域に影を落としている。環は光を遮るほど厚く，間隙は光を通すほど粒子がまばらであることがこれでわかる。もちろん，環そのものも写っている。大きく明るいA環とB環はカッシーニの間隙で分けられている。もっと狭いエンケの間隙は，小さい衛星パンが空けたもので，A環の外縁近くに見えている。

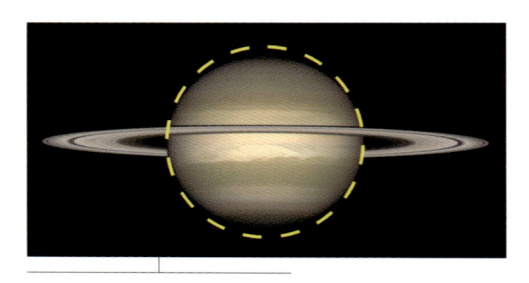

黄色い点線の補助円は，土星がきわめて扁平なことを示す。

ではない。自転の遠心力が真ん中を膨らませて中腹を突き出させる。自転の速さが中くらい（24時間ごとに1回転）で，かなり堅い岩石の外層をもつ地球の扁平率（上下から押しつぶされて平らになる程度）はたったの0.3%である。自転速度が地球の2倍より速いガス惑星木星の扁平率は6%以上だ。ところが土星は，自転速度が速く（10.5時間に1回転）密度が低いために，扁平率は10%に近い。つまりすべての惑星の中でだんぜんつぶれているということになる。

環に気をとられてしまうおかげで，土星では太陽系の中でもきわめて荒れた天候が数種類発生している事実はしばしば見すごされる。巨大な磁気嵐，吠えるジェット気流，そして南北両極の土星特有な気象パターン（南極近くの，高気圧性ハリケーンで，境界がくっきり分かれているアイウォールを伴うもの，暖かい北極の渦を取り巻く六角形）は，太陽系における謎めいて危険な天候という点で土星を先行者にしている。そして誰もが知っていることだが，謎めいて危険とはつまり「そそられる」ってことだ…もちろん，惑星科学的な意味だが。

変な衛星をもつということなら，土星は他の追随を許さない。太陽系で唯一の，軌道を共有する2衛星（母惑星からの距離がほぼ等しい衛星たち）は土星の周囲で見つかる。テティスとディオネはそれぞれ，二つのトロヤ衛星をもつ。テレストとカリプソがテティスの，ヘレーネとポリデウケスがディオネのトロヤ衛星だ。これらのトロヤ衛星は，土星からの距離が等しい軌道上の，主衛星から60°ずつ，先行する位置L4と追従する位置L5のラグランジュ点で公転している。このラグランジュ点は衛星にかかる重力とその軌道運動が均衡する点である。

オーロラの光に包まれた，土星北極の六角構造。赤外線画像を合成したこの画像はカッシーニ探査機によるもので，北極を囲む神秘的な雲の形と，高エネルギーの変光する赤外オーロラが見える。

もっとふつうでないのは，衛星ヤヌスと衛星エピメテウスだ。これらの衛星は本当にほぼ同一の軌道を分けあっている。これらの平均軌道は50 kmしか離れておらず，これはどちらの衛星の直径よりも小

パン　プロメテウス　ヤヌス　テレスト　　ヘレーネ
　　アトラス　　　　　　カリプソ
　　　パンドラ　エピメテウス
　　　　　　　ミマス　　テティス　　ディオネ　　レア　　　　　ヒペリオン　　　　　フォエベ
　　　　　　　　エンケラドゥス　　　　　　　　　　ティタン　　　　イアペトゥス
土星

土星のエクストリームな衛星のおもなメンバー（部分）。パン，アトラス，テレスト，カリプソ，そしてヘレーネ以外は同縮尺。以上の5衛星はおおまかな地形を表すために5倍に拡大して表示している。

さいため，衝突は避けられないようにみえる。しかし，ユニークな重力ダンスを踊りながら，この2衛星は4年ごとに互いの位置が入れ替わるので，決して接触を起こす危険はない。

小衛星フォエベによって形成された巨大な環のおかげで，表面に白と黒の太極図が描かれたイアペトゥスは，一番くっきりした模様をもつ。一方ミマスの印象的なハーシェル・クレーター（映画「スターウォーズ」に出てくるデススターそっくり？）は，この小さな衛星が大規模衝突を受けて破壊されるところをからくも免れた事実を思い起こさせる。小さい羊飼い衛星たちプロメテウスとパンドラは，F環を一本の線に保ちながら，通り道に落書きを残さずにはいられない（奇妙な「よ

土星

フォエベ

ティタン　　　　イアペトゥス

土星の最大の環

逆行する傾いた巨大な環は，フォエベから噴き出した氷と塵が拡散してできたものだが，イアペトゥスに描かれた太極模様の源かもしれない。

セクシーな土星

この天然色の合成画像は，環平面に沿った6万2000kmの範囲をとらえている。環の隅から隅まで見渡せば，間隙，重力共鳴，波のパターン，そして微妙な色の変化が見える。

れ」，渦，そして密度の濃淡）。そして，不規則な形をしたヒペリオンは，土星の周りを公転する間カオス的に振れて，厳密に同じ自転を繰り返すことは決してない。

　エキゾチックなティタンのことも忘れてはいけない。衛星では太陽系で2番目に大きく，相当量の大気をもつ唯一の存在である。ティタンの大気は実際，地球大気より濃い（そして地球より濁っている）。ティタンはまた，地球以外で唯一，表面に自由に流れる液体がある天体でもある。湖を満たす液体の中身は水ではなくメタンとエタン（ここ，地球の天然ガスに含まれる二大成分だ）である。だから頼むよ，ティタンの湖畔でキャンプファイヤーは絶対禁止だからな？

　しかし現在までのところ，最大の爆発は，環を形成する衛星エンケラドゥスで起きている。引力で繰り返し引っ張られることにより，氷成火山から水と氷が噴出して，この氷衛星の「虎縞」から前方へ吹きつけている。このジェットとプルームは水蒸気と微細な氷結晶の源であり，土星の最も外側のE環を絶え間なく補修している。

　おっと，環についてまだ話していなかった。土星の環をもう一度見てほしい。かなりすばらしいだろう？　ことわざで「もっているものは堂々とお見せなさい」というが，土星は間違いなく環を誇らしげに見せびらかしている。太陽系のほかのどの惑星も（そしてわれわれの知る，太陽系外のどの惑星も）これほど見事な環をもってはいない。色といい，構造といい，複雑な内部の動態といい…ほかに好ましいところは？

カッシーニ探査機が 2008 年 7 月に取得したデータに基づく別の天然色合成画像。この画像と，235 ページの画像との 4 年近くの間に土星に起こった変化に注目。土星の季節が変わったので，環はもはや土星の北半球に影を纏わせていない。以前は北半球に見えていた青い極冠は，色のついた帯に変わっている。衛星が六つ，ティタン，ヤヌス，ミマス，パンドラ，エピメテウス，そしてエンケラドゥスがこのパノラマ画像に写っているのがわかるだろうか。

　そうとも，随行者の多さ（確定された衛星 53 個），控えめな色彩感覚（パステルカラーの帯に色分けされた風と，北半球のくすんだ青），謎めいた雰囲気（同心六角形の雲），そして危険（じりじり焦げる電気嵐），さらに装身具をつける財力（華麗な環）。太陽系第六惑星の土星は，最も「そそられる」惑星に違いない。

セクシーな土星

エクストリームな地球

　ちょっと想像してほしい。あなたは宇宙人で，太陽系を長い間旅してきた。あなたは遠くオールトの雲で彗星を一つつかまえてそれに乗り，太陽に向かって疾走してきた。その途中のカイパーベルトでは，乗っている彗星とさほど変わらない凍った小天体がいくつも見える。四つの巨大惑星に遭遇し，海王星では激しい風に，天王星には横倒しの自転に，土星の環に，そして木星の精妙な色彩にそれぞれ心奪われる。小惑星帯に突入し，惑星になれなかった残骸との衝突を気軽に避けつつ通りすぎる。火星の巨大な火山と，乾燥した深い峡谷を眺めながら，この赤い惑星の，激しく活動していた過去に思いを馳せる。太陽の周囲をさっと通りすぎて，再び太陽系の外へ彗星を向ける間に，あなたは最も熱い2惑星を訪問する。クレーターだらけの水星と，雲に包まれた金星だ。

　そして，あなたが目のあたりにするのは目もくらむほど鮮やかな色の競演——深い青と，鮮やかな緑と，かすむような白——だ。この魅惑的な惑星では，日ごとに活動する地震や激しい磁気嵐に加えて，送

スペースシャトルによる，このジブラルタル海峡と地中海の画像には，地球のはっきりした地形がいくつか見える。地中海はユーラシアプレート（左）とアフリカプレート（右）が衝突する境に位置する。水が異なる三相，つまり液体の海，水と氷の雲，そしてスペインの山に残る雪（水蒸気は見えない）をとっているのが見える。地球大気の青い薄い線が，縁近くに見える。暗い緑色の領域は，光合成に支えられる植生を示す。

信されたさまざまな電波がぶんぶん飛び交っている。こんなものは太陽系のほかのどこにもない。

　地球という惑星は，実に奇妙な場所だ。太陽系のきわめて変なこの地球以外のどこにだって，夏時間も，ベンアンドジェリーズのアイスクリームも，本一冊さえ見つからない。地球は火山，地震，津波，エルニーニョ，ハリケーン，トルネード，洪水，そして日照りといった，きわめて特殊な自然災害を宿している。比較的大きな月（太陽系で母

「故郷だ，まぎれもない故郷だ」アポロ17号に搭乗した宇宙飛行士が見た地球の記念碑的画像は，広い大陸，地表を青く染める海，霜のかかった極冠，ダイナミックな気象システム，そして生命の徴候といった，このふつうでない惑星の姿を余すところなく伝えてくる。

エクストリームな地球

これらの変なものは地球でだけ見られる。昆虫の受粉，サッカー競技，洗濯紐に下がったトースト，ハワイの夕日。

惑星に比較して最も大きい衛星二つ*のうちの一つ)は，潮の満ち引き，生物の移動，そしてロマンチックな音楽という，見かけ上はまったく別々の現象に影響を与えている。地球を，太陽系のほかの場所と真に区別するのは，われわれが毎日当たり前に享受していること，つまり移動し形を変える大地，固体，液体，気体の三態をとる水，酸素を豊富に含む大気，そして生命である。

　地殻変動は金星やエウロパのようなほかの天体にも証拠があるが，全球規模で振動したり位置を変えるのは地球の表面だけである。15枚の地殻プレートが上部マントルの延性をもつアセノスフェアの上に浮かんでいる。地殻変動の過程は決して静かでも穏やかでもない。高い山は上に隆起し，地震は景色を変え，火山は暴力的に新しい島を形成し，古い地殻はマントルの下深く沈みこむ。とどまることのない地殻のリサイクルによって地球では炭素のほとんどを，金星のように大気中に放出させずに，リソスフェア（地殻と上部マントル）にとどまらせる。液体の水が満ちた海がなければ全球的なプレートテクトニク

---

* 　相対的には，冥王星の衛星カロンはもっと大きい。しかし冥王星・カロン系の重心は冥王星の外にあるため，冥王星とカロンは，惑星と衛星のペアというより二重天体とみなすべきである。

大気　水

大地　生命

地球環境系は，大気，水，大地，そして生命という要素が互いに強く結びついて成立している。これらの要素が共同して地球を唯一無比の存在にしている。

スは存在しなかったであろうと考える科学者は多い。というのは，沈みこみ境界面でプレートが滑りこむ際に海の水が潤滑剤として働くからである。

　水は実に驚異的な物質である。水は質量あたりで蓄えられる熱の量がほかのどんな物質より大きい。水泳プールは夏でも比較的涼しいが，それは水が温度を急に上げることなく多くの熱を蓄えるからである。巨大なプールのように，海は熱を大量に蓄えて温度を調節し，地球の天候と気候に強い影響を与える。

　広く信じられているのとは逆に，水はまたきわめて有毒である（これゆえに一酸化二水素《DHMO》禁止令が請願されている*）。わずかに正の電荷を帯びた二つの水素原子が，わずかに負の電荷を帯びた酸素一つとくっついた水は，堂々たる山脈から，よだれ掛けに付着したべたべたする離乳食まで，頑固な物質をたやすく溶かす。

　地球はその表面に水が三態（気体，液体，そして固体）で存在できる太陽系で唯一の場所である。金星では暑すぎ，火星では寒すぎるが，地球の温度は水にとってちょうどよい（惑星科学のゴルディロックスの法則）。地球表面の70％以上が液体の水に，12％が雪と氷に覆われ

---

* （訳注）一酸化二水素（DHMO）は，水のことをわかりにくくした表現。わざと難しくすることで，理解を誤った方向に仕向けるときに用いる。

エクストリームな地球

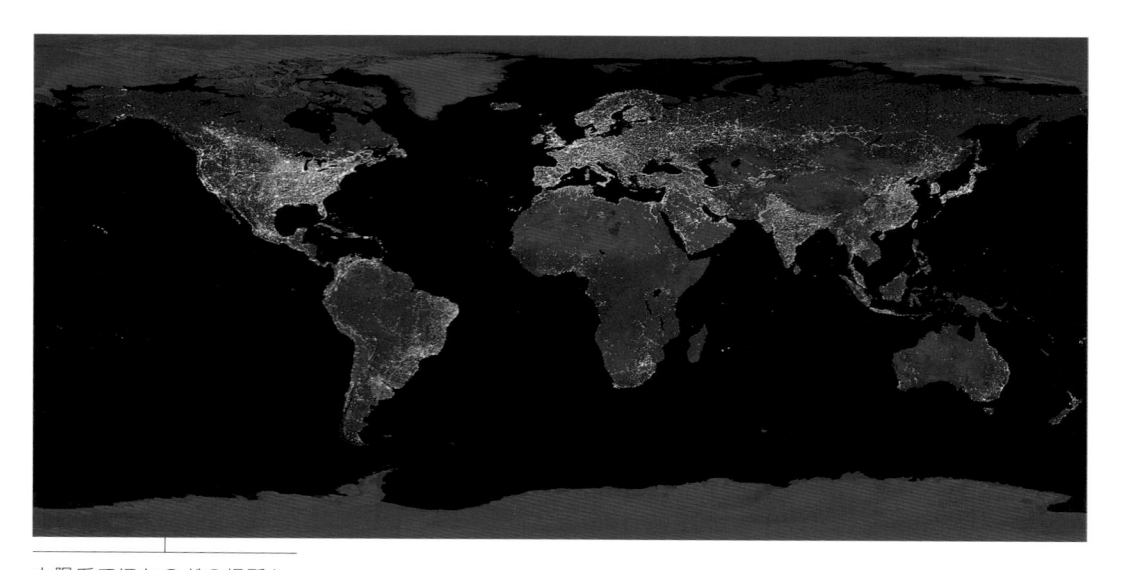

太陽系でほかのどの場所も，地球のように夜輝くことはない。アメリカ軍事気象衛星（DMSP）搭載の可視域一次元スキャンシステム（OLS）によるこの合成画像は，人工の光が地球全体で光っているのがわかる。

ている。地球が「水の惑星」であり「青い惑星」であるのはこのためである。

地球は「緑の惑星」とも呼ばれる。火星も遠い昔には微生物を育んでいた可能性がある。エウロパにも液体の海の中に極限環境微生物がいるかもしれない。そしてティタンには，生命の材料であるアミノ酸がある可能性がある。しかし複雑な生命体が成長できるのは地球しかない。

地球に生息する生物種の総数は厳密にはわかっていない。およそ160万種の種が同定されている（その大部分は昆虫だ）が，種の総数は3000万〜1億種と見積もられている。ある一つの生物種がとくに環境を相当変えてしまったので，宇宙から見た地球の様子は100年前よりかなり違っている。今なら人工の灯り，飛行機雲，そして縮小する熱帯雨林が見られる。

生命はさらに興味深い特徴をこの惑星に加える。酸素が豊富な大気だ。地球大気のおおむね21%は酸素分子からなる。光合成の副産物で，動物が食物をエネルギーに変えるのに使う物質だ。ほかのどの惑星にもこれほどたくさんの酸素はない。これは実際，ちょっとばかり不安定で壊れやすい状況だ。驚異的なまでに揮発性の高い酸素は，発火して燃焼し，地球を生き物には危険な場所にする。加えて，酸素分子 O_2 と酸素原子 O は合体してオゾン O_3 になる。地上から 25 km 上

空で，オゾン層は有害な紫外線を吸収して，地上に届くのを防いでくれている。オゾン層がなければ，多くの生物は地球に存在できなかっただろう。

　これらのふつうでない地球の特徴は，われわれにとってあまりに平凡でふつうすぎるので，この惑星がどれだけ異常なのか見失いがちになる。それにこれらのユニークな特徴は孤立して存在しているわけではない。さまざまな身体系（心血管系，呼吸系，骨格系，神経系など）をもつ人体のように，地球は相互に支えあう要素からできている。全体は部分を寄せ集めた総和より偉大だ。大地，水，大気，そして生命，ともに作用して相互依存する材料が，複雑かつ精妙につりあって，われわれが故郷と呼ぶ環境系を構築している。最終結論としてこういえる。もしかすると，太陽系の中でこの地球こそは，きわめて非凡で，エクストリームな場所なのかもしれない，と。

用 語 集

アイウォール eyewall 熱帯低気圧の目を取り巻く雲の一番内側，円筒形の部分。

アセノスフェア asthenosphere 物理的に弱く，粘性が低い地球の上部マントル領域。リソスフェアの下にある。

天の川 Milky Way 太陽系を含む銀河。そのほかに1000億個もの恒星系を含む。

アミノ酸 amino acid タンパク質の材料となる有機分子であり，代謝を助ける役割もある。

イオン ion 原子または分子で，電子の合計が陽子の合計と等しくないもの。負または正の電荷を帯びている。

イリジウム iridium 原子番号77の元素。地球には稀だが隕石中には多く含まれる。

隕石 meteorite 大気中を飛んだ流星体が燃え残り，惑星表面に落下・衝突したもの。

ウォーカー循環 Walker circulation 太平洋赤道域における帯状の大気循環。通常，大気はインドネシア上空で上昇し，東太平洋で下降する。

宇宙生物学 astrobiology, exobiology 宇宙における生命の起源，進化，分布，そして将来を研究する学問。

宇宙放射線 cosmic radiation 宇宙を飛んでくる高エネルギー粒子（大部分は陽子）。発生源は宇宙のいたるところにあるさまざまな天体である。太陽からくるものももちろんある。

海（天体上の暗く見える領域） mare (maria, pl.) 月面の広く黒い玄武岩の平野。初期の天文学者により海になぞらえられた。衝突か火山の溶岩によりできた。

うるう秒 leap second 協定世界時を調整して，平均太陽時に近づけておくために挿入される1秒。

運動エネルギー kinetic energy 運動に伴うエネルギーのこと。

永久極冠 residual ice cap 季節性の（または一時的な）氷の冠が解けたあとに残る，永続する氷の冠。

エタン ethane 比較的単純な炭化水素分子 C_2H_6 のこと。

X線 X-ray 紫外線より短い波長 $0.01 \sim 10$ nm の電磁波。

エネルギー energy ある系が仕事をする能力。

円形断崖 lobate scarp 長く曲がった崖のような地形。円が連なった形をしている。おもに水星で散見され，衝上断層が収縮したものと説明されている。

遠日点 aphelion 天体が軌道上で，太陽から最も遠くなる点。

掩蔽（えんぺい） occultation 見かけ上大きな天体が，見かけ上小さい天体の手前を通過する。小さいほうの天体は完全に隠される。

オールトの雲 Oort cloud 太陽系を取り巻く数十億個もの凍った天体からなる巨大な雲の球。太陽から30兆kmもの範囲まで広がっている。

オゾン層 ozone layer 地球大気で地表から $10 \sim 50$ km上空の層。そこには90%以上のオゾンが含まれる。太陽からくる紫外線放射の90%以上がここで吸収される。

オゾンホール ozone hole 南半球の春に，南極上空，成層圏におけるオゾンが枯渇すること。人間が製造したクロロフルオロカーボン（CFC）により促進された。

海床の拡大 seafloor spreading 二つの地殻プレートが離れていく際に，海床が形成されて拡大する過程。

海水面 sea level 海面の平均高度（適切な基準点に対して測定する）。

カイパーベルト Kuiper Belt 太陽系で，海王星軌道（およそ30 AU）の外から55 AUの範囲に広がっている。

カオス的 chaotic 初期状態にきわめて敏感なた

め，本質的に予測不可能であること（しかし無作為ではない）。

化学合成 chemosynthesis 化学反応により太陽光なしで炭水化物を生成する過程。

火球流星体 bolide 隕石となるか，あるいはそれ以上の大型の流星体。構成物質の詳細は知られていない（岩石質または金属質の小惑星か，あるいは氷の彗星か）。

角運動量 angular momentum 系の回転状態を表す量で，回転の慣性（回転運動への抵抗）と角速度（角の変化速度）に依存する。角運動量は外部トルクがない場合には保存される。

核酸基 nucleobase DNAとRNAの一部で，遺伝子暗号が記述されている。DNAのはしごの環を形成する。

核融合 nuclear fusion 軽い原子核（水素のような）を合成してもっと重い原子核が形成され，大量のエネルギーが放出される過程。

下降気流 katabatic wind 重力により下降する風。高密度の冷たい空気を高地から低地へ降ろす。

火山の噴火口 volcanic vent 惑星の地殻の開口部。そこから溶岩や火山ガスが地表や大気中に漏れ出る。

可視光線 visible light 人間の目に見える波長400〜700 nmの電磁波。

可視光線の窓 visible window 可視光線のうち，大気にほとんど吸収されない波長領域。

ガスの尾 gas tail 彗星の電離したガスの尾で，核から蒸発したガスが太陽風に吹き流される。ガスの尾は太陽の反対側を向く。

仮説 hypothesis 観測事実，現象，または科学の問題に対する仮の説明で，後の調査によって確認できる。もしも観測や実験により，結論の誤りが示されれば，仮説は偽である。

ガリレオ衛星 Galilean satellites 木星の衛星で大きいほうから四つ（ガニメデ，カリスト，イオ，そしてエウロパ）。ガリレオにより発見された。

カルデラ caldera 火山頂上にある大きな窪地で，通常円形をしている。浅い地下のマグマ溜まりからマグマが後退または噴出したときの山体崩落により生じる。

間欠泉 geyser 液体や蒸気が断続して激しく放出されること。

ガンマ線 gamma ray 波長 0.01 nm 未満の，X線より短い波長の電磁波。

季節性極冠 seasonal ice cap 季節ごとに広がったり消失したりする，一時的な氷の冠。

軌道傾斜角 (orbital) inclination 天体の軌道面と基準面（惑星軌道に対しては黄道面，衛星に対してはその母惑星の赤道面）とがなす角度。

軌道投入 orbit insertion そのように計画された宇宙船を特定の惑星かほかの天体の周りを回る軌道に乗せる操作。

軌道の共鳴 orbital resonance → 共鳴

揮発性物質 volatile 通常の温度と圧力下でたやすく蒸発する物質。

逆行 retrograde motion 自転または公転の向きが，系のほかの天体の通常の向き，順行と反対であること。

急斜面 scarp 断層による垂直移動または浸食によってできた途切れずに続く断崖地形。

凝結 condensation 気体（蒸気）から液体へ変化する状態。凝結では熱が周囲に放出される。

凝縮（堆積） deposition 気体（蒸気）から固体（氷）へ，液体を飛ばして直接態変化すること。

共鳴 resonance 公転を行う二つ以上の天体が，規則的・周期的に互いに通常より強い重力による影響を及ぼしあうこと。通常は，公転周期の比を二つの整数で表すことができる。

共有軌道衛星 co-orbital moons 天然の衛星で，母惑星からの距離が等しい（または非常に近い）どうし。

極限環境微生物 extremophile 極端な環境条件（物理的にも化学的にも）の中で成長できる生物。極端な環境はそれらの生物におそらく必須であるが，大半の生物には過酷である。

極性 polarity 磁気学で，磁場の「北」または「南」

の方向．

局部銀河群 Local Group 近傍の銀河約30個の群．われわれの銀河系はその一つである．

居住可能領域 habitable zone 太陽からの距離で，惑星表面に液体の水が存在できる範囲．

巨大ガス惑星 gas giant 大惑星で，主成分は岩石やほかの固体物質ではなく，気体からなる．

巨大氷惑星 ice giant 天王星と海王星のこと．おもに水，アンモニア，そしてメタンから構成される．最も外側の部分は水素とヘリウムが優勢．

極冠 polar cap 惑星や衛星の北極南極に近い領域で，氷に覆われている部分．

極冠にかかる雲 polar hood 北極南極近くを覆う雲で，その下の地表を隠しているもの．

近日点 perihelion 天体が軌道上で太陽に一番近づく位置．

グリシン glycine タンパク質中に見つかる最小のアミノ酸の一つ．

夏至または冬至 solstice 一年で，太陽が赤道の北または南の一番遠いところを通る時期．

K-T衝突 K-T impact 6500万年前の大量絶滅の原因とみなされている小惑星衝突．地質学的には白亜紀と第三紀の境にあたる．

原始太陽系星雲 solar nebula ガスと塵の回転する雲で，この雲から太陽系ができた．

元素同位体 isotope 元素の原子で，陽子の数は等しいが，中性子の数が異なるもの．

ケンタウルス族 Centaur 太陽系の小天体で，木星と海王星の間の軌道を公転し，一つ以上の木星型惑星の軌道を横切る．

玄武岩 basalt 火山岩の一種で，酸化マグネシウム（MgO）と酸化カルシウム（CaO）を比較的多く含むが，酸化珪素（SiO_2）は少ない．

降着 accretion 天体が引力で別の物質を付着させて成長すること．

光化学 photochemistry 光の吸収と放射に関連する化学過程の研究．

後期隕石重爆撃期 Late Heavy Bombardment 41億年から38億年前の時代区分．この時代に地球型惑星は多くの天体衝突を経験した．これはおそらく木星と土星の軌道が変わったのが原因である．

光球 photosphere 太陽の表層．太陽光のほとんどはここから宇宙へ放出されている．

光合成 photosynthesis 植物やほかの有機生物が行う過程で，太陽光，二酸化炭素，そして水を，炭水化物と酸素に変える．

光子 photon 電磁エネルギーを運ぶ，質量のない素粒子．

降霜限界 frost line 太陽からの特別な距離で，太陽系形成期に，温度が十分に低く，水，アンモニア，またはメタンのような水素化合物が固体の氷粒として凝結したところ．

好熱性微生物 thermophile 極端環境微生物の一種で，比較的高温の環境（45〜80℃）で生育，あるいは，高温環境を必要とする．

古細菌 Archaea 生物分類の3ドメインの一つで，真正細菌とは遺伝的に異なる単細胞生物からなる．この生物はしばしば極限環境で生息している．

コマ coma 彗星の核を包むぼんやりしたガスと塵の塊．

コロナ（地質学） (geologic) corona 環状の割れ目によって囲まれた卵型の地形で，通常放射状の地割れと溶岩流を伴う．リソスフェアの下層で平らに広がった流動性のマントルが浮上したダイアピルが，地割れ，隆起，そして溶解を引き起こして生じたものと考えられている．

コロナ（太陽の） (solar) corona 太陽大気で最も外側の透明な領域で，すぐ下は彩層．温度は100万℃を越える．

コロナ質量放出 coronal mass ejection プラズマ（と磁場）が太陽コロナから放出すること．コロナ中の不安定な磁場により発生するらしい．

サイクロン cyclone 大気の塊が低気圧として内向きに循環すること．自転が順行している惑星

用 語 集 249

では，北半球では逆時計回りで南半球では時計回り。

再結合 reconnection 磁力線が逆向きの磁力線と互いに触れあって連結し，新たな配列が生成され，大量のエネルギーが放出されること。

彩層 chromosphere 太陽大気の光球とコロナの間にある薄い層。

三畳紀 Triassic period 2億5100万年前から1億9900万年前の地質年代で，通常暖かく乾いた気候と，爬虫類時代が開始した時期として特徴づけられている。

ジェット jet 高速で吹く風の細い流れ。東西方向に帯状に吹くことが多い。

ジェット気流 jet stream 高度が低いところの強い気温傾度により形成される，上空ジェット。惑星規模のジェット気流はしばしば大規模の気象システムの経路を決める。

潮津波（しおつなみ） tidal bore 満ち潮が狭い河口または川に向かったときに生成される波。

塩のドーム salt dome 塩（またはほかの蒸発岩）の層でできたドーム構造。周囲の岩石に深く上向きに貫入し，マッシュルーム型のダイアピルを形成する。

紫外線 ultraviolet 可視光線より短く，X線よりは長い，波長100〜400 nmの電磁波。

磁気圏 magnetosphere 惑星固有の磁場によって支配される領域。

磁気ダイナモ magnetic dynamo 自転・対流・電導性流体が磁場を保持するように働くこと。

磁気ブレーキ magunetic braking 太陽風粒子によって角運動量が持ち去られるために，太陽の自転が遅くなること。

沈みこみ subduction 地殻プレートがほかの地殻プレートの下にもぐりこみ，マントルの下に沈むプレート収束の過程。

沈みこみ帯 subduction zone 二枚の地殻プレートが互いに近づいて「沈みこみ」を起こすところ。

質量 mass 天体がもつ物質の量。天体が重力場と相互作用する強さ。

磁鉄鉱 magnetite 地球上で天然に最も磁気を帯びやすい鉱物である酸化鉄。細菌や動物の体内にもときどき見つかる。

自転バルジ（自転による胴体の膨らみ）rotational bulge 惑星の扁平率が，自転の遠心力によって増加すること。またはその部分。

磁場 magnetic field 磁石，電流，または電荷を帯びた粒子に囲まれた領域。その中では磁力が観測できる。

周期彗星 periodic comet 円軌道または楕円軌道をもち，太陽に繰り返し近づく彗星。

重心 center of mass ある系において全質量が集中するとみなされる一点。

重力収縮 gravitational contraction 重力の相互作用が天体内部を押しつぶして熱を発生させる過程。

主系列星 main sequence 恒星変化の一段階。水素がヘリウムに核融合する過程が安定して起こっている。

ジュラ紀 Jurassic period 地質年代で，1億9900万年から1億4500万年前。通常，暖かく湿った気候と大型恐竜で特徴づけられる。

順行 prograde motion 自転または公転の向きが，太陽系の大部分の天体と等しいこと。

順行（自転の向き） prograde rotation 惑星の自転軸を中心とした回転の方向が，太陽系の大多数と同じであること。

準惑星 dwarf planet 太陽系にある天体で，(a)太陽を回る軌道にあり，(b)自己重力が剛体力に打ち勝つのに十分な質量をもち，静水圧平衡形状に達し（球に近い形状をし）ており，(c)その軌道周辺からほかの天体が一掃されておらず，そして，(d)衛星ではないもの。p. 186を参照。

衝 opposition 太陽系の天体が，地球から見て太陽と反対側に位置するとき。

昇華 sublimation 固体（氷）から気体（水蒸気）へ，液体を飛ばして直接態変化すること。

衝撃波 shock wave 伝播の種類。エネルギーを

運ぶ擾乱で，媒体の特性が突然，ほぼ不連続的に変化するという特徴がある。圧力，温度，そして流れの密度が極端に速く上昇する。

衝突盆地 impact basin 直径300 kmを越える衝突クレーター。

蒸発 evaporation 液体から気体（水蒸気）への態変化。蒸発中に熱が環境から奪われる。

小惑星 asteroid 太陽系小天体で，太陽周回軌道にあり，準惑星より小さく流星体より大きく，太陽に近づいてもコマが見えることはない。

真核生物 Eucarya 生物分類の三大ドメインの一つで，細胞核をもつ有機的組織からなり，植物，動物，菌類，そして原生生物を含む。

新月，朔 new Moon 月が軌道上で，地球から見て太陽と同じ側にくる位置。

浸食 erosion 固体（堆積物，土，岩石，その他）が物理的に取り除かれること。通常風，水，または氷の移動によるか，あるいは，重力下での下降による。

真正細菌 Bacteria 生物分類のドメインの一つで，単細胞生物からなる。

水温躍層 thermocline 海中の，表面近くの暖かい混ぜられた水から深い冷たい水までの移り変わり。深さは太平洋赤道域のおよそ50 mから，中緯度領域の1000 mまで異なる。

彗星 comet 太陽公転軌道にある小天体で，太陽に近づくと目に見えるコマを出す（そして尾を出すこともある）。

星間物質 interstellar medium 銀河の中で，恒星と恒星との間を満たしている物質（大半がガスと塵）。

赤外線 infrared 可視光より長い波長0.7～1000 μm の電磁波。

赤外線の窓 infrared window 赤外線の中で大気にほとんど吸収されない波長領域。

赤色巨星 red giant 表面温度が比較的低い大きな恒星。低温のために赤くなる。

赤道 equator 惑星表面と，重心を含み自転軸に直交する面とが交差する線。北半球と南半球を分ける仮想の線。

赤道傾斜角 obliquity 惑星の赤道面と軌道面のなす角度。自転軸の傾きとしても知られる。

絶対温度 Kelvin temperature scale 温度の単位。0 Kは，理論上熱エネルギーが存在しないことを示す。0 K = -273.15 ℃。

線条 filament 太陽面に見える黒い線状の模様。明るい光球を背景に，太陽プロミネンスを真上から見るとできる。

双曲磁場 magnetic dipole 磁力が二つの正反対の極（磁気の北極と南極）から出る磁場。

双極分子 dipole molecule H_2O のように，一方の端は負の電荷，もう一方は正の電荷を帯びている分子。

足跡 auroral footprint 木星の北極や南極で，衛星イオ，エウロパ，あるいはガニメデからの電流が，強いオーロラをつくっている場所。

ダイアピル diapir 移動しやすい物質が上に押し上げられた結果，脆弱な物質中に貫入してできる地質学上の構造。

第三紀 Tertiary period 6500万年から260万年前に相当する地質年代。その前の白亜紀より気温が低く，哺乳類時代の開始に関連づけられる。

台風 typhoon 東経100°から東経180°までの北半球に存在する，トロピカル・ストーム以上の強度の熱帯低気圧。

太陽系外縁天体 Trans-Neptunian Object (TNO) 太陽の周りを公転する太陽系天体で，太陽からの平均距離が海王星よりも遠いすべて。

太陽系小天体 Small Solar System Body 太陽系天体で，惑星でも，準惑星でもないもの。太陽系にある小惑星，太陽系外縁天体，彗星，そしてほかの小天体の大半が含まれる。

太陽圏 heliosphere 宇宙空間に浮かんでいる泡。太陽風の勢力が及ぶ範囲で太陽系を包んでいる。

太陽圏界面 heliopause 太陽圏の鞘の外側の表面。太陽圏が星間物質と接するところ。

太陽圏の鞘　heliosheath　太陽圏の外側の領域で，末端衝撃波面を超えて星間ガスと太陽風が混ざりはじめているところ。

太陽黒点　sunspot　太陽の光球の中で黒く見える低温の領域で，強い磁場を伴うもの。

太陽風　solar wind　太陽の上層大気から外へ向かうプラズマの流れ。

太陽フレア　solar flare　太陽で起こる磁気エネルギーの大規模な爆発。太陽黒点から出るねじれた磁力線の再結合によって起こる。

大陸移動　continental drift　地球の大陸が相対的に位置を変えること。

対流　convection　物質の塊が高温のときは上昇し，低温のときは沈むことにより熱が移動すること。

高潮　storm surge　海水面の上昇。熱帯低気圧の右側先導の端で水が積み上がることによる（南半球では，左側先導の端）。

脱ガス　outgassing　揮発性ガスが惑星内部からゆっくり放出されること。

盾状火山　shield volcano　大きいが山腹の傾斜が浅い火山。

断崖　rupes　地球以外の惑星にある崖。原語は崖を意味するラテン語。

炭化水素　hydrocarbon　水素と炭素だけからなる有機化合物。

弾性体　elastic solid　固体の物質で，圧力により変形した後，その圧力がなくなったときに初期形態に戻る性質をもつもの。

地球型惑星　inner planet, terrestrial planet　太陽系の惑星で，小惑星帯より軌道が太陽に近いもの（水星，金星，地球，および火星のこと）。岩石でできた地球に似た惑星。おもに珪酸岩からできている。（＊訳注：日本語での内惑星とは地球より内側の軌道のもの（水星，金星）を示す。）

地溝（帯）　rift valley　高地や山脈に挟まれた，筋状の低地。断層作用によって形成された。

地磁気ダイナモ　geodynamo　地球の磁場を支えている持続過程。この過程において，地球中心核で対流する液体の運動エネルギーが磁気エネルギーに転換されて，地球磁場が維持される。

中央海嶺　midocean ridge　海洋中の山脈。地殻プレートが徐々に分離していることを示す。

超音速　supersonic　与えられた条件下で，音よりも速く移動できること，あるいはその状態。

潮汐加速　tidal acceleration　惑星を公転する軌道上で衛星が加速すること。衛星と潮汐力による惑星の膨らみとの間の重力トルクによる（保存により惑星の自転を減速させる）。

潮汐加熱　tidal heating　衛星内部における摩擦熱。母惑星（加えて，近くの衛星も）の潮汐力が引き起こすひずみによる。

潮汐固定　tidal locking　潮汐力が原因の，惑星や衛星の自転同期の状態。

潮汐力　tidal force　ある天体の重力が，一方の側ともう片方の側で異なることにより引き起こされる二次力。

潮汐力による曲げる力　tidal flexing　惑星または衛星の表面が，潮汐力が変化することにより変形すること。

塵の尾　dust tail　彗星が太陽に近づいて放出された塵による尾。

通過　transit　見かけ上小さい天体が，見かけ上もっと大きい天体面を横切って通ること。経過ともいう。

衝上断層　thrust fault　地下から岩石が押し上げられ，より高い層の上に乗った地殻の破断面。

津波　tsunami　海で，大量の水が移動することで引き起こされる波。たとえば，地震，火山噴火，天体衝突などが原因となる。

デオキシリボ核酸　DNA　二重螺旋形の複雑な有機分子。細胞の遺伝情報を暗号化する。

テクタイト　tektite　小型の黒いガラス質の岩。球形または引き伸ばされた形をしており，小惑星または彗星衝突によって撒き散らされた融けた岩石などが急速に冷やされてできたらしい。

電波望遠鏡　radio telescope　電波アンテナ（巨

大なパラボラアンテナが典型）で，伝統的な光学望遠鏡で使う可視域（400〜790 THz）ではなく電波周波数（3 Hz〜300 GHz）帯における電磁波のデータを集める．

電波 radio wave 波長が1 mより長い電磁波．マイクロ波より長い．

天文単位（AU） astronomical unit（AU） 地球と太陽の平均距離（約1億5000万km）を1とする単位．

電離 ionization 原子または分子に，電子を付加したり取り去ったりしてイオンにすること．

電離圏 ionosphere 太陽放射によって電離した粒子からなる上層大気．

同期自転 synchronous rotation 惑星または衛星が，公転周期と一致する自転をする状態．

ドメイン（生物分類） domain 生物分類の最上階層．遺伝系統，とくにリボソームRNAに基づく．真正細菌，古細菌，真核生物の三つのドメインがある．

トーラス torus 木星の衛星，イオとエウロパの軌道間にある，ガスでできたドーナツ型の環．

トランスフォーム断層 transform fault 横ずれ断層の特別なもので，（海洋地殻プレートのような）異種の地質要素間での比較的水平に近いずれに当てはまる．

トロヤ群 Trojan 惑星と同一の軌道を60°先行する（L4）か追従する（L5）別の天体群．

ナノメーター nanometer（nm） 10^{-9} m．複雑な分子鎖（DNAのような）の大きさ．

二重連星系 binary system 天体が二つ，互いに共通の重心の周りを回っているもの．重心は両天体の外になる．

ニュートリノ neutrino 微小な素粒子で，電気的には中性．相互作用しないので通常の物質は通り抜けてしまう．

熱 heat 温度差によるエネルギーの移動．温度が高いほうから低いほうへとエネルギーが流れる．しばしば赤外放射と混同される．

熱核 thermonuclear 点火に高温が必要な核融合過程を描写する表現．

熱水噴出口 hydrothermal vent 海床の裂け目．ここから過熱された水が海に噴き出している．

熱帯低気圧 tropical cyclone 熱帯で発達する低気圧．大西洋と東太平洋ではハリケーン，西太平洋ではタイフーン，日本では台風，南太平洋とインド洋ではサイクロンと呼ばれる．

粘性 viscosity ひずませたときの流体の抵抗を測定する量．粘性率が大きいと，ひずみに対して抵抗する力が強い．

粘弾性 viscoelastic 変形させると粘性と弾性の両方の性質を示すこと．

白亜紀 Cretaceous period 1億4500万から6500万年前の地質年代で，概して非常に暖かく湿っていたのが特徴である．この時代恐竜は最も多様化した．

白色矮星 white dwarf 小さく高密度の星．おもに炭素と酸素で構成されるが，熱核反応はない．

ハリケーン hurricane 大西洋と東太平洋に生まれる熱帯低気圧のこと．

パレイドリア pareidolia 曖昧で無作為な刺激（形や音）の中に意味を認める心理学的現象．

半影 penumbra 遮蔽によって光線の一部が隠されて見える領域．そこから見ると部分食となる．

パンゲア Pangea 地球にあるすべての大陸からなる超大陸．およそ2億5000万年前に存在していた．

パンケーキ状火山 pancake dome 金星に見られる特殊な火山．広がった，平坦な，盾状火山に似た概観だが，地球の火山の10〜100倍大きい．

パンスペルミア説 panspermia 生命は宇宙のどこにでも存在していて，地球上の生命は外宇宙から地球にやってきたとする仮説．

非周期彗星 nonperiodic comet 軌道が放物線または双曲線を描く彗星で，太陽に最も近づいたあと太陽系を離脱してしまうもの．

羊飼い衛星 shepherd moon 環の外縁近く，あるいは環の間隙の中で公転する小型の衛星で，

重力の相互作用により，境界がはっきりした環を維持する。

ビュート butte 孤立した丘。斜面は険しく，垂直に切り立っていることも多い。頂上は狭く比較的平坦（メサより小さい）。

雹（ひょう） hail 層をなした氷の丸い粒または小石で，直径が5 mmより大きいものが降ること。

氷床 ice sheet 周囲の地面を覆っている氷河の塊で，5000 km^2 を越えて広がっている。

氷成溶岩 cryolava 氷成火山から噴出した物質。おそらく水やほかの揮発物質が凍った"溶岩"体である。

表面の更新 resurfacing 惑星の表面が，地質学的過程により更新されること。

微惑星 planetesimal 惑星の降着中に生まれる固体の天体。内部の強さは自己重力により左右される。軌道力学はガスの引き込みにさほど影響されない。原始太陽系星雲中の天体で，直径が1 kmより大きいもの。

フェルミ光 Fermi glow 太陽風内のボウショックによって形成された光る粒子。

不規則衛星 irregular moon (orbital) 自然の衛星で，母惑星から離れて，傾きが大きい軌道をもつもの。楕円軌道であったり逆行していたりする場合もよくある。

不規則型衛星 irregular moon 球形でない衛星。ある軸が明らかにほかの軸より長い。

物理強度 mechanical strength 物質に圧力をかけて，どれだけ破壊されずに耐えられるかを示す指標。

物理的破壊 stress fracture 圧力がかかって物理的あるいは構造的に破壊されること。

不変面 invariable plane 太陽系の重心を通り，太陽系全体の角運動ベクトルと垂直な面。

プラズマ plasma 物質の第四形態で，電導性をもつ，部分的に電離したガスからなる。その中では電子が独立して動ける（固体，液体，そして気体がそれ以外の三形態）。

プレートテクトニクス plate tectonics リソスフェアの大規模な運動を説明する理論。リソスフェアは大小のプレートに分かれて互いに移動しているとする。

プロミネンス prominence 太陽の光球からコロナに向かって放たれる，プラズマが高密度で集中した大規模構造。しばしば磁力線に曲げられて弧やループを描く。

分化 differentiation 天体を構成する異なる成分が，密度差によりはっきりした層に分離する過程。

分光学 spectroscopy 波長または周波数の関数として電磁波の強さを測定すること。

噴出物 ejecta 衝突クレーターの生成に伴って放出された破片。

分点 equinox 一年で，太陽が赤道の真上にくる時期（春分，秋分）。この時期には昼と夜の長さが等しくなる。

ペルム紀の絶滅 Permian extinction およそ2億5100万年前に地球上の生物種の95%が絶滅した事件。

放射 radiation 電磁エネルギーの放出と吸収による熱移動。

放射性起源（の） radiogenic 放射性崩壊により生成されたもの。

放射バランス radiation balance 入射と（外向きの）放射のつりあい。入射（放射）が多くなれば地表は暖かく（冷たく）なる。

ボウショック，衝撃波面 bow shock 太陽が星間物質の中を通り抜けるときに生じる衝撃波。

飽和 saturation 原因となる行為によって十分に増えた結果，これ以上増やすことができないという状態。

ホットスポット hotspot 周囲の静穏または低温である領域から孤立した，マグマが活動していたり高温だったりする異常な領域。

本影 umbra 天体が光を遮ってできた影の一番暗い部分。そこでは光源は完全に隠される。

マイクロメーター micrometer (μm) 10^{-6} m。1 μm は大腸菌ほどの大きさ。

マイクロ波　microwave　赤外線より長い波長1mmから1mの電磁波。

マグマ　magma　惑星地下に存在する溶けた岩石。

マグマの海　magma ocean　溶けたマグマが溜まっている広い領域。太陽系の初期には地球と月，そしてそのほかの惑星の表面に存在したと思われる。

満月，望　full Moon　月の軌道上の位置で，太陽から見て地球と反対側にくる時，またはその状態。

マントル　mantle　惑星の内部構造の一部で，外殻と中心核の間。

マントルプルーム　mantle plume　高温物質が，浮力によって惑星マントル中を上昇する細い柱。

右手の法則　right-hand rule　自転ベクトルの方向を見つける方法。右手の人差し指から小指を曲げて，それが回転方向を示す（上向きの親指は自転軸の向きを示す）。

ミクロン　micron　マイクロメーターの別の言い方。

水循環　hydrogical cycle　液体（地球における水，ティタンにおけるメタン）が，蒸発，凝固，そして降雨によって大気中，地表，地下を移動すること。

密度　density　物質の特性で，体積に対する重量比で定義される。

目（台風などの）　eye　熱帯低気圧中心の雲が晴れた部分。

明暗境界線　terminator　惑星などの天体の昼と夜を分ける黒い線。

メインベルト（小惑星帯）　main asteroid belt　火星と木星の間に軌道をもつ太陽系小天体の集合。

メサ　mesa　土地が盛り上がっている高地で，頂上は平ら，側面は通常険しい崖となっている。

メタン　methane　単純な炭化水素化合物 CH_4。

モンスーン　monsoon　熱せられた大陸に海からの湿気をもたらす季節風。モンスーン季には激しい雨が降る。

有機物　organic material　炭素を含む化合物。

誘導磁場　induced magnetic field　磁場の中を移動する導体によって生成される二次的磁場のこと。

雪あられ　graupel　柔らかい雹（ひょう）。過冷却された液体粒子が雪の結晶表面に凝結してできる。

溶岩　lava　火山噴火で火山から噴き出された溶けた岩石のこと。

陽電子　positron　電子の反対の物質で，正の電気を帯びる。

横ずれ断層　strike-slip fault　断層の一種。断層面は典型的には垂直ないしそれに近く，断層のずれは断層面に生じた力に対し平行である（断層が互いに対して横向きに動く）。

対蹠地（たいせきち）　antipodes　ある天体の表面上の点で，与えられた位置の反対。この2点を結ぶ直線は天体中心を通る。

ラグランジュ点　Lagrange point　宇宙空間で，重力と天体の軌道運動がつりあっている点。このような点はL1からL5まで五つある。

離心率　eccentricity　軌道の形を表す数値。この値（e）はいろいろな軌道を表す。円軌道（e＝0），楕円軌道（0＜e＜0），放物線軌道（e＝1），双曲線軌道（e＞1）。

リソスフェア　lithosphere　地球の堅い外層。地殻と上部マントルからなる。

リボ核酸　RNA　複雑な有機分子で，通常一重螺旋構造である。細胞内のタンパク質合成と遺伝情報の復号を司る。

隆起　uplift　地質学的に，ある領域が近接する土地より高くなる過程。

粒状性　granulation　対流のために太陽表面に粒のような模様が見えること。

流星　meteor　光の筋として見える現象で，流星体が大気中を飛ぶ際に摩擦で熱せられて起こる。

流星体　meteoroid　惑星間空間を移動する固体

で，一般に小惑星より小さいもの。

理論 theory ある自然現象の本質を網羅する説明または模型で，相当数の実験と観測によって確かめられているもの。

理論モデル theoretical model 数学または物理学主張に基づいた単純化された表現。

レーダーの後方散乱 radar backscatter 入射方向に対して後方へ散乱するレーダー波のこと，またはその現象。

ロッシュ限界 Roche limit 衛星が，潮汐力により引き裂かれてしまうことなく母惑星の周りを公転していられる最短距離。

惑星 planet 太陽系天体で，(a) 太陽を回る軌道にあり，(b) 自己重力が剛体力に打ち勝つのに十分な質量をもち，静水圧平衡形状に達し（球に近い形状をし）ており，そして，(c) その軌道周辺からほかの天体を一掃しているもの。p. 186 参照。

惑星状星雲 planetary nebula 恒星がその晩年に放出したガスとプラズマが光っているものの集合体。

惑星波 planetary wave 大気中の大規模な圧力と風の波動。ジェット気流中に蛇行としてしばしば現れる。

略語リスト

AU　astronomical unit（天文単位）
AUI　Associated Universities Inc.（北米北東部大学連合）
AURA　Association of Universities for Research in Astronomy（天文学研究大学連合）
BCE　before the Common Era（紀元前）
CAMEX　Convection And Moisture EXperiment（対流・湿度実験）
CC　Creative Commons license（クリエイティブ・コモンズ・ライセンス）
CFC　chlorofluorocarbon（クロロフルオロカーボン，フロン）
CIRS　Composite Infrared Spectrolometer（複合赤外線分光計）
CME　coronal mass ejection（コロナ質量放出）
CRISM　Compact Reconnaissance Imaging Spectrometer for Mars（小型リコネサンス撮像分光計）
CXC　Chandra X-Ray Observatory（X線観測衛星チャンドラ）
DLR　Deutsche Zentrum für Luft-und Raumfart (German Aerospace Center)（ドイツ航空宇宙センター）
DMSP　Defense Meteorological Satellite Program（アメリカ軍事気象衛星）
DNA　deoxyribonucleic acid（デオキシリボ核酸）
ENA　energetic neutral atom（高エネルギー中性原子）
ENSO　El Niño Southern Oscillation（エルニーニョ南方振動）
ESA　Europan Space Agency（ヨーロッパ宇宙機関）
ESO　Europan Southern Observatory（ヨーロッパ南天天文台）
FU Berlin　Freie Universität Berlin (Free University Berlin)（ベルリン自由大学）
GFDL　GNU Free Documentation License（GNU フリー文書利用許諾ライセンス）
GRS　Great Red Spot（大赤斑）
GSFC　Goddard Space Flight Center（ゴダード宇宙飛行センター）
HiRISE　High Resolution Imaging Science Experiment（高解像度撮像カメラ）
HRSC　High Resolutlon Stereo Camera（高解像度ステレオカメラ）
HST　Hubble Space Telescope（ハッブル宇宙望遠鏡）
HUP　Harvard University Press（ハーヴァード大学出版部）
IAU　International Astronomical Union（国際天文学連合）
IBEX　Interstellar Boundary Explorer（星間境界探査機）
IPCC　Intergovemmental Panel on Climate Change（気候変動に関する政府間委員会）
ISAS　Institute of Space and Astronautical Science（宇宙科学研究所）
JAXA　Japan Aerospace Exploration Agency（宇宙航空研究開発機構）
JEO　Jupiter Europa Orbiter（ジュピター・エウロパ・オービター）
JGO　Jupiter Ganymede Orbiter（ジュピター・ガニメデ・オービター）
JHUAPL　Johns Hopkins University Applied Physics Laboratory（ジョンズ・ホプキンズ大学応用物理学研究所）
JPL　Jet Propulsion Laboratory（ジェット推進研究所）
KBO　Kuiper Belt object（カイパーベルト天体）
LASCO　Large Angle and Spectrometric Coronagraph Experiment（広角分光コロナグラフ）

LDAR Lightning Detection and Ranging（雷探知測距システム）

LPI Lunar and Planetary Institute（月惑星研究所）

LR Labeled Release experiment on Viking spacecraft（ヴァイキング探査機による同位体元素の放出実験）

MATADOR Martin Atmosphere and Dust in the Optical and Radio（マーティン大気塵可視光電波）

MESSENGER MErcury Surface Space ENvironment GEochemistry and Ranging（水星探査機メッセンジャー）

MGDS Marine Geoscience Data System（海洋地球科学データシステム）

MGS Mars Global Surveyor（マーズ・グローバル・サーベイヤー）

MOC Mars Orbiter Camera（マーズ・オービター・カメラ）

MODIS Moderate Resolution Imaging Spectroradiometer（中分解能撮像分光放射計）

MOLA Mars Orbiter Laser Altimeter（マーズ・オービター・レーザー高度計）

MRO Mars Reconnaissance Orbiter（マーズ・リコネサンス・オービター）

MSSS Malin Space Science Systems（マリーン・スペース・サイエンス・システムズ社）

NAIC National Astronomy and Ionosphere Center（アメリカ国立天文電離圏センター）

NASA National Aeronautics and Space Administration（アメリカ航空宇宙局）

NCEP National Centers for Environmental Prediction（アメリカ国立環境予報センター）

NEA near-Earth asteroid（地球近傍小惑星）

NEAT Near-Earth Asteroid Tracking（地球近傍小惑星追跡プロジェクト）

NEIC National Earthquake Information Center（アメリカ国立地震情報センター）

NEO near-Earth object（地球近傍小天体）

NGDC National Geophysical Data Center（アメリカ海洋大気圏局地球物理データセンター）

NIA National Institute on Aging（アメリカ国立老化研究所）

NIH National Institutes of Health（アメリカ国立衛生研究所）

NOAA National Oceanic and Atmospheric Administration（アメリカ海洋大気圏局）

NRAO National Radio Astronomy Observatory（アメリカ国立電波天文台）

NSF National Science Foundation（アメリカ国立科学財団）

NWS National Weather Service（アメリカ国立気象局）

OLS Operational Linescan System（可視域一次元スキャンシステム）

OSIRIS Optical Spectroscopic, and Infrared Remote Imaging System（可視分光赤外遠隔撮像システム）

PAH polycyclic aromatic hydrocarbons（多環芳香族炭化水素）

PPARC Particle Physics and Astronomy Research Council（イギリス素粒子物理学・天文学研究協議会）

RNA ribonucleic acid（リボ核酸）

SDO Scattered Disk object or Solar Dynamics Obsevatory（散在円盤天体，または太陽観測衛星 SDO）

SeaWIFS Sea-viewing Wide Field-of-view Sensor（広視野海洋観測計）

SED Saturn Electrostatic Discharge（土星静電気放電）

SOHO Solar and Heliospheric Obsevatory（太陽・太陽圏観測衛星）

SSAI Science Systems and Applications Inc.（科学システム応用研究所）

SSC Spitzer Science Center（スピッツァー宇宙科学センター）

SST sea surface temperature（海表面温度）

STEREO Solar-Terrestrial Relations Observatory（太陽観測衛星ステレオ）
STS Space Transportation System（宇宙輸送システム）
STScI Space Telescope Science Institute（宇宙望遠鏡科学研究所）
SwRI Southwest Research Institute（サウスウエスト・リサーチ・インスティテュート）
THEMIS Thermal Emmission Imaging System or Time History of Events and Macroscale Interactions during Substorms（熱放射撮像システム，または極磁気嵐発生時における事象の時間履歴とマクロスケールの相互作用）
TNO Trans-Neptunian Object（太陽系外縁天体）
TNT trinitrotoluene（トリニトロトルエン）
TRACE Transition Region and Coronal Explorer（転移領域・コロナ探査衛星）
TRMM Tropical Rainfall Measuring Mission（熱帯降雨観測衛星）
UC University of California（カリフォルニア州立大学）
UMD University of Maryland（メリーランド州立大学）
USAF United States Air Force（アメリカ空軍）
USGS United States Geological Suvey（アメリカ地質学調査所）
VIMS Visual and Infrared Mapping Spectrometer（可視赤外マッピング分光計）
VIRTIS Visible and Infrared Thermal Image Spectrometer（可視・熱赤外線撮像分光計）
VLA Very Large Array（超大型干渉電波望遠鏡群）
VMC Venus Monitoring Camera（金星監視カメラ）
WHOI Woods Hole Oceanographic Institution（ウッズホール海洋研究所）

参 考 文 献

Alvarez, Walter. *T. Rex and the Crater of Doom*. Princeton, NJ: Princeton University Press, 1997.

Angelopoulos, V., J. P. McFadden, D. Larson, C. W. Carlson, S. B. Mende, H. Frey, T. Phan, D. G. Sibeck, K. -H. Glassmeier, U. Auster, E. Donovan, I. R. Mann, I. J. Rae, C. T. Russell, A. Runov, X. Xhou, and L. Kepko. "Tail Reconnection Triggering Substorm Onset." *Science* 321 (2008): 931-35. doi: 10.1126/science.1160495.

Arnett, Bill. *The 9 8 Planets: A Multimedia Tour of the Solar System*. http://www.nineplanets.org.

Atreya, Sushil K. "The Mystery of Methane on Mars and Titan." *Sci Am* 296, no. 5 (2007): 42-51.

Atsma, Aaron J. *Theoi Greek Mythology: Exploring Mythology in Classical Literature & Art*. http://www.theoi.com.

Aurnou, Jonathan, Moritz Heimpel, and Johannes Wicht. "The Effects of Vigorous Mixing in a Convective Model of Zonal Flow on the Ice Giants." *Icarus* 190 (2007): 110-26.

Baalke, Ron. *Historical Background of Saturn's Rings*. http://www2.jpl.nasa.gov/saturn/back.html.

Bell, Jim. "The Red Planet's Watery Past." *Sci Am* 295, no. 6 (2006): 62-69.

Benedetti, L. R., J. H. Nguyen, W. A. Caldwell, H. Liu, M. B. Kruger, and R. Jeanloz. "Chemical Dissociation of Methane at High Pressures and Temperatures: Diamond Formation in Giant Planet Interiors?" *Science* 286 (1999): 100-102.

Black, J., P. D. Nicholson, and P. C. Thomas. "Hyperion: Rotational Dynamics." *Icarus* 72, no. 1 (1995): 149-61. doi: 10.1006/icar.1995.1148.

Bullock, Mark A., and David H. Grinspoon. "Global Climate Change on Venus." *Sci Am* 280, no. 3 (1999): 50-57.

Campbell, Philip, ed. "Cassini at Jupiter." Special issue, *Nature* 415, no. 6875 (2002).

Cantor, Bruce A., Katharine M. Kanak, and Kenneth S. Edgett. "Mars Orbiter Camera Observations of Martian Dust Devils and Their Tracks (September 1997 to January 2006) and Evaluation of Theoretical Vortex Models." *J Geophys Res* 111 (2006): E12002. doi: 10.1029/2006JE002700.

Canup, Robin M. "Lunar Forming Collisions with Pre-impact Rotation." *Icarus* 196 (2008): 518-38. doi: 10.1016/j.icarus.2008.03.011.

Carwardine, Mark. *Extreme Nature*. New York: Collins, 2005.

Cerveny, Randy. *Freaks of the Storm: The World's Strangest True Weather Stories*. New York: Thunder's Mouth Press, 2006.

Cliver, E. W., and L. Svalgaard. "The 1859 Solar-Terrestrial Disturbance and the Current Limits of Extreme Space Weather Activity." *Solar Phys* 224 (2004): 407-22. doi: 10.1007/s11207-005-4980-z.

Correia, Alexandre C. M., and Jacques Laskar. "The Four Final Rotation States of Venus." *Nature* 411 (2001): 767-70. doi: 10.1038/35081000.

de Pater, Imke, and Jack J. Lissauer. *Planetary Sciences*. Cambridge, UK: Cambridge University Press, 2001.

Dicke, Ursula, and Gerard Roth. "Animal Intelligence and the Evolution of the Human Mind." *Sci Am Mind* 19, no. 4 (2008): 71-77.

Dyudina, Ulyana A., Andrew P. Ingersoll, Shawn P. Ewald, Carolyn C. Porco, Georg Fischer, William Kurth, Michael Desch, Anthony Del Genio, John Barbara, and Joseph Ferrier. "Lightning Storms on Saturn Observed by Cassini ISS and RPWS During 2004-2006." *Icarus* 190 (2007): 545-55. doi: 10.1016/j.icarus.2007.03.035.

Eicher, David J., ed. *The Solar System*. Waukesha, WI: Kalmbach Publishing, 2008.

European Space Agency. *Space Science Reference: Astronomy/cosmology*. http://www.esa.int/esaSC/SEMH6QS1VED_index_0.html.

Falorini, Marco. "The Discovery of the Great Red Spot." *J Brit Astron Assoc* 97 (1987): 215-19.

Gazzaniga, Michael S. *Human: The Science Behind What Makes Us Unique*. New York: Ecco, 2008.

Ghiringhelli, L. M., C. Valeriani, E. J. Meijer, and D. Frenkel. "Local Structure of Liquid Carbon Controls Diamond Nucleation." *Phys Rev Lett* 99 (2007): 055702. doi: 10.1103/PhysRevLett.99.055702.

Gierasch, P. J., A. P. Ingersoll, D. Banfield, S. P. Ewald, P. Helfenstein, A. Simon-Miller, A. Vasavada, H. H. Breneman, D. A. Senske, and the Galileo Imaging Team. "Observation of Moist Convection in Jupiter's Atmosphere." *Nature* 403 (2000): 628-30.

Golub, Leon, and Jay M. Pasachoff. *Nearest Star: The Surprising Science of Our Sun*. Cambridge, MA: Harvard University Press, 2001.

Harland, David M. *Cassini at Saturn: Huygens Results*. New York: Springer Praxis, 2007.

Harmon, J. K., P. J. Perillat, and M. A. Slade. "High-resolution Radar Imaging of Mercury's North Pole." *Icarus* 149 (2001): 1-15. doi: 10.1006/icar.2000.6544.

Hartmann, William K. *A Traveler's Guide to Mars: The Mysterious Landscapes of the Red Planet*. New York: Workman, 2003.

Heimpel, Moritz, and Konstantin Kabin. "Mercury Redux." *Nature Geosci* 1 (2008): 564-66. doi: 10.1038/ngeo297.

Hodge, Paul. *Higher Than Everest: An Adventurer's Guide to the Solar System*. Cambridge, UK: Cambridge University Press, 2001.

Ingersoll, A. P. "Atmospheres of the Giant Planets." In *The New Solar System*, ed. J. K. Beatty, C. C. Petersen, and A. Chaikin, 4th ed., 201-20. Cambridge, UK: Cambridge University Press and Sky Publishing Corporation, 1999.

International Astronomical Union. *Minor Planet Center*. http://www.cfa.harvard.edu/iau/mpc.html.

———. *Planet Definition Questions & Answers Sheet*. http://www.iau.org/public_press/news/release/iau0601/q_answers.

Jet Propulsion Laboratory. *Cassini Equinox Mission*. http://saturn.jpl.nasa.gov.

———. *Galileo—Journey to Jupiter*. http://www2.jpl.nasa.gov/galileo.

———. *Planetary Photojournal*. http://photojournal.jpl.nasa.gov.

———. *Planetary Satellite Physical Parameters*. http://ssd.jpl.nasa.gov/?sat_phys_par.

———. *Planets and Pluto: Physical Characteristics*. http://ssd.jpl.nasa.gov/?planet_phys_par.

———. *Solar System Dynamics*. http://ssd.jpl.nasa.gov/.

———. *Stardust—NASA's Comet Sample Return Mission*. http://stardust.jpl.nasa.gov.

Jewitt, David, Alessandro Morbidelli, and Heike Rauke. *Trans-Neptunian Objects and Comets: Saas-Fee Advanced Courses*. Berlin: Springer, 2008.

Joint Jupiter Science Definition Team, NASA/ESA Study Team. *Europa Jupiter System Mission Joint Summary Report*. NASA and ESA, January 16, 2009.

Jönsson, K. Ingemar, Elke Rabbow, Ralph O. Schill, Mats Harms-Ringdahl, and Petra Rettberg. "Tardigrades Survive Exposure to Space in Low Earth Orbit." *Current Biology* 18 (2008): R729-R731. doi: 10.1016/j.cub.2008.06.048.

Levy, David H. *Impact Jupiter: The Crash of Comet Shoemaker-Levy 9*. Cambridge, MA: Basic Books, 1995.

Littmann, Mark, Fred Espenak, and Ken Willcox. *Totality: Eclipses of the Sun*. 3rd ed. Oxford: Oxford University Press, 2008.

Lopes, Rosaly M. C., and Michael W. Carroll. *Alien Volcanoes*. Baltimore, MD: The Johns Hopkins University Press, 2008.

Lopes, Rosaly M. C., and John R. Spencer. *Io after Galileo: A New View of Jupiter's Volcanic Moon*. New York: Springer/Praxis, 2007.

Lorenz, Ralph, and Jacqueline Mitton. *Titan Unveiled: Saturn's Mysterious Moon Explored*. Princeton, NJ: Princeton University Press, 2008.

Lunine, Jonathan I. *Earth: Evolution of a Habitable World*. Cambridge, UK: Cambridge University Press, 1998.

McFadden, Lucy-Ann, Paul Weissman, Torrence Johnson, and Linda Versteeg-Buschman, eds. *Encyclopedia of the Solar System*. 2nd ed. London: Academic Press, 2006.

McKeegan, K. D., A. B. Kudryavtsev, and J. W. Schopf. "Raman and Ion Microscopic Imagery of Graphitic Inclusions in Apatite from Older Than 3830 Ma Akilia Supracrustal Rocks, West Greenland." *Geology* 35 (2007): 591-94. doi: 10.1130/G23465A.1.

Miller, Ron, and William K. Hartmann. *The Grand Tour: A Traveler's Guide to the Solar System*. New York: Workman, 2005.

NASA. *Astrobiology: Life in the Universe*. http://astrobiology.nasa.gov.

———. *NASA Eclipse Web Site*. http://eclipse.gsfc.nasa.gov/eclipse.html.

———. *NASA Images*. http://nasaimages.org.

———. *Solar System Exploration*. http://solarsystem.nasa.gov/index.cfm.

———. *Solar System Exploration—Deep Impact Legacy Site*. http://solarsystem.nasa.gov/deepimpact.

National Oceanic and Atmospheric Administration. *Climate Prediction Center—Climate & Weather Linkage: El Niño-Southern Oscillation*. http://www.cpc.noaa.gov/products/precip/CWlink/MJO/enso.shtml.

———. *National Climatic Data Center: Extreme Weather and Climate Events*. http://www.ncdc.noaa.gov/oa/climate/severeweather/extremes.html.

———. *National Hurricane Center Web Site*. http://www.nhc.noaa.gov.

———. *NWS JetStream—An Online School for Weather*. http://www.srh.noaa.gov/jetstream.

Paige, David A., Stephen E. Wood, and Ashwin R. Vasavada. "The Thermal Stability of Water Ice at the Poles of Mercury." *Science* 258 (1992): 643-48. doi: 10.1126/science.258.5082.643.

Pappalardo, Robert T., William B. McKinnon, and Krishan Khurana, eds. *Europa*. Tucson: University of Arizona, 2009.

The Planetary Society. *Our Solar System Space Topics*. http://www.planetary.org/explore/topics/groups/our_

solar_system.

Prockter, Louise M. "Ice in the Solar System." *Johns Hopkins APL Technical Digest* 26, no. 2 (2005): 175-88. http://www.jhuapl.edu/techdigest/td2602/Prockter.pdf.

Sagan, Carl. *The Demon-Haunted World: Science As a Candle in the Dark*. New York: Ballantine, 1997.

SaveTheSea. *Save The Sea (Ocean Facts)*. http://www.savethesea.org/index2.html.

Schubert, Gerald, Don L. Turcotte, and Peter Olson. Mantle Convection in the Earth and Planets. New York: Cambridge University Press, 2001.

Slade, Martin A., Bryan J. Butler, and Duane O. Muhleman. "Mercury Radar Imaging: Evidence for Polar Ice." *Science* 258 (1992): 635-40. doi: 10.1126/science.258.5082.635.

Smith, Michael D., Barney J. Conrath, John C. Pearl, and Philip R. Christensen. "Thermal Emission Spectrometer Observations of Martian Planet-Encircling Dust Storm 2001A." *Icarus* 157 (2002): 259-63.

Solomon, Sean C., Ralph L. McNutt, Jr., Thomas R. Watter, David J. Lawrence, William C. Feldman, James W. Head, Stamatios M. Krimigis, Scott L. Murchie, Roger J. Phillips, James A. Slavin, and Maria T. Zuber. "Return to Mercury: A Global Perspective on MESSENGER's First Mercury Flyby." *Science* 321, no. 59 (2008). doi: 10.1126/science.1159706.

Solomon, S., D. Qin, M. Manning, Z. Chen, M. Marquis, K. B. Averyt, M. Tignor, and H. L. Miller, eds. *Climate Change 2007: The Physical Science Basis. Contribution of Working Group I to the Fourth Assessment Report of the Inter-governmental Panel on Climate Change*. Cambridge, UK: Cambridge University Press, 2007.

Southwest Research Institute. *What Defines the Boundary of the Solar System?* http://www.ibex.swri.edu/students/What_defines_the_boundary.shtml.

Space Telescope Science Institute. *Hubblesite—Picture Album: Solar System*. http://hubblesite.org/gallery/album/solar_system.

Sparrow, Giles. *The Traveler's Guide to the Solar System*. New York: Collins, 2006.

Sromovsky, L. A., P. M. Fry, W. M. Ahue, H. B. Hammel, I. de Pater, K. A. Rages, M. R. Showalter, and M. A. van Dam. "Uranus at Equinox: Cloud Morphology and Dynamics." *Bull Am Astron Soc* 40 (2008): 488.

Stevenson, David. "Lunar Mysteries Beckon." *The Planetary Report* 27 (2007): 6-9.

Tittemore, William C., and Jack Wisdom. "Tidal Evolution of the Uranian Satellites: III. Evolution Through the Miranda-Umbriel 3:1, Miranda-Ariel 5:3, and Ariel-Umbriel 2:1 Mean-Motion Commensurabilities." *Icarus* 85, no. 2 (1990): 394-443. -1035 (90) 90125-S. doi: 10.1016/0019

University of Arizona. Phoenix Mars Mission Web Site. http://phoenix.lpl.arizona.edu.

U. S. Geological Survey. Astrogeology Science Center Web Site. http://astrogeology.usgs.gov.

——. Gazetteer of Planetary Nomenclature. http://planetarynames.wr.usgs.gov.

Vasavada, Ashwin R., and Adam P. Showman. "Jovian Atmospheric Dynamics: An Update after Galileo and Cassini." *Rep Prog Phys* 68 (2005): 1935-96. doi: 10.1088/0034-4885/68/8/R06.

Ward, Peter, and Donald Brownlee. *Rare Earth: Why Complex Life Is Uncommon in the Universe*. New York: Springer-Verlag, 2000.

Woods Hole Oceanographic Institute. *Dive and Discover: Expeditions to the Seafloor*. http://www.divediscover.whoi.edu.

図版出典

p. vi	ESA/C. Carreau
p. xiii	NASA/JPL
p. 1	NASA/JPL/Space Science Institute
p. 3	NASA/JPL
p. 4	Top：Laura Melvin；bottom：NASA/JPL/Space Science Institute
p. 5	Top：NASA/GSFC Scientific Visualization Studio；bottom：Laura Melvin
p. 6	NASA/GSFC Scientific Visualization Studio/Virginia Butcher (SSAI)
p. 7	NASA/JPL/USGS
p. 8	Lois Jean Wardell, Ph. D.
p. 9	Top：Dan Urbanski；bottom：NASA/JPL/Univ. of Arizona
p. 10	NASA/JPL/GSFC/Space Science Institute
p. 11	NASA/USGS
p. 12	Top：Laura Melvin/NASA/USGS；bottom：Laura Melvin
p. 13	NASA/JPL
p. 14	NASA/JPL/Arizona State University
p. 15	NGDC/NOAA
p. 16	T. Ratcliff
p. 17	USGS
p. 18	Top：USGS/Laura Melvin；bottom：NASA
p. 20	NASA/JPL/Space Science Institute/MGDS
p. 21	NASA/JPL/Space Science Institute
p. 22	Top：Stan Celestian；bottom：NASA/JPL/Univ. of Arizona/Cornell/Ohio State University
p. 23	NASA/JHUAPL/Ted Stryk；NASA；NASA/JPL/Space Science Institute
p. 24	Top images：NASA/MOLA Science Team；Paul Spudis/Lunar and Planetary Institute；NASA/JPL；bottom：NASA/JPL/DLR
p. 25	NASA/JPL/Space Science Institute
p. 27	NASA/JPL
p. 28	NASA/ESA/Michael Carroll
p. 30	Top：NASA/ESA/JPL；bottom：NASA/JPL/Univ. of Arizona
p. 31	Benjamin Urmston
p. 32	NASA/Robert Simmon/Reto Stöckli
p. 33	Top：NASA/JPL/GSFC；bottom：USGS/D. J. Miller
p. 34	Top：Erik Aeder；bottom：Holly Baker
p. 37	NASA
p. 38	NASA/JPL
p. 39	NASA/JPL/Space Science Institute
p. 40	NASA/JPL/Space Science Institute
p. 41	ESO/Sebastian Deiries
p. 42	Laura Melvin
p. 43	Top：SOHO/ESA/NASA；bottom：NASA/JPL/UMD
p. 44	NASA/JPL
p. 46	NASA/JPL/MSSS
p. 47	NASA/JPL/MSSS
p. 48	Top：NASA/ESA/the Hubble Heritage Team (STScI/AURA)；bottom：NASA/JPL/MSSS
p. 49	Both images：Phil James (Univ. of Toledo)/Todd Clancy (Space Science Institute)/Steve Lee (Univ. of Colorado)/NASA；Laura Melvin, based on data from J. E. Tillman, Univ. of Washington Dept. Atmospheric Sciences
p. 51	NASA/JPL
p. 53	NASA/JPL/Space Science Institute
p. 54	Top：NASA/JPL；bottom：NASA/JPL
p. 55	Chris Go and the Gemini Science Team
p. 56	Hubble Heritage Team (STScI/AURA/NASA)/Amy Simon (Cornell)
p. 58	NASA/GSFC/MODIS Rapid Response
p. 59	Top：American Red Cross；bottom：NOAA
p. 60	Laura Melvin
p. 61	NASA/JAXA
p. 62	NASA/JPL
p. 63	NASA/JPL
p. 64	Across spread：Laura Melvin；wind data from dePater and Lissauer (2001), Ingersoll (1999), and Aurnou et al. (2007)；planet images from NASA/JPL/Univ. of Arizona, NASA/JPL/STScI, NASA/JPL, and Calvin Hamilton；bottom：Laura Melvin, after Aurnou et al. (2007)
p. 66	NASA/Lawrence Sromovsky (Univ. of Wisconsin-Madison)
p. 67	Top：NASA/JPL/Texas A&M；bottom：NASA/JPL/MSSS
p. 68	Top：NASA/JPL/MSSS；bottom：NASA/Univ. of Michigan/N. Renno
p. 69	NASA/JPL/MSSS
p. 70	NASA/JPL/Univ. of Arizona
p. 71	NASA/ESA/L. Sromovsky and p.Fry (Univ. of Wisconsin)/H. Hammel (Space Science Institute)/K. Rages (SETI Institute)；NASA/JPL
p. 73	LPI

p. 74	Eugene Kowaluk, Laboratory for Laser Energetics, Univ. of Rochester		Erich Karkoschka (Univ. of Arizona); bottom: NASA/JPL
p. 75	NASA	p. 106	Laura Melvin
p. 77	NASA/GSFC Scientific Visualization Studio	p. 107	Philipp Salzgeber
p. 78	Laura Melvin, after NOAA Climate Prediction Center, NCEP, NWS	p. 108	NASA/JPL/R. Hurt (SSC)
p. 79	Top: Paul Neiman, NOAA Environmental Technology Laboratory; bottom: Scott Curtis/East Carolina University	p. 109	NASA/JPL/Interstellar Probe Science Definition Team
		p. 110	H. A. Weaver, T. E. Smith (Space Telescope Science Institute), and J. T. Trauger/R. W. Evans (JPL)/NASA
p. 80	NOAA Climate Prediction Center/NCEP/NWS		
p. 81	NASA	p. 111	Top: H. A. Weaver/T. E. Smith (Space Telescope Science Institute)/NASA/Laura Melvin; bottom: Peter McGregor (Australian National University); NASA/JPL
p. 82	Laura Melvin		
p. 83	Top: Ziff-Davis Publishing Co./Richard Loehle; bottom: Laura Melvin		
p. 84	Soviet Venera 13 lander	p. 112	HST Jupiter Imaging Team
p. 85	NASA/J. Bell (Cornell)/M. Wolff (Space Science Institute)/Hubble Heritage Team (STScI/AURA)	p. 113	R. Evans/J. Trauger/H. Hammel/HST Comet Science Team/NASA
p. 86	NASA/JPL	p. 114	NASA/JPL/T. Pyle (SSC)
p. 87	NASA/JPL/MSSS/ORBIMAGE/SeaWIFS Project	p. 116	NASA/JPL
p. 88	NASA/JPL/Cornell	p. 117	after Alan Chamberlain (JPL/Caltech)
p. 89	NASA/JPL	p. 118	Montage by Emily Lakdawalla (the Planetary Society). All images NASA/JPL/Ted Stryk except Mathilde: NASA/JHUAPL/Ted Stryk; Steins: ESA/OSIRIS team; Eros: NASA/JHUAPL; Itokawa: ISAS/JAXA/Emily Lakdawalla
p. 90	Top spread: Calvin Hamilton		
p. 91	Bottom: Laura Melvin, after an image by NASA, ESA, and A. Feild (STScI)		
p. 92	Heidi Hammel, Space Science Institute/Imke de Pater (Univ. of California-Berkeley)/ W. M. Keck Observatory		
		p. 120	NASA/JPL/USGS
p. 93	Imke de Pater (Univ. of California-Berkeley)/ Heidi Hammel, Space Science Institute/Lawrence Sromovsky and Patrick Fry (Univ. of Wisconsin-Madison); obtained at the Keck Observatory, Kamuela, Hawai'i	p. 121	NASA/JPL
		p. 122	NASA
		p. 123	NASA/JPL
		p. 125	NASA/CXC/SwRI/R. Gladstone and NASA/ESA/Hubble Heritage Team
p. 95	Hinode JAXA/NASA/PPARC	p. 127	SOHO/ESA/NASA
p. 96	Top: NASA; bottom left: NRAO/AUI/NSF; bottom right: NAIC—Arecibo Observatory, a facility of the NSF	p. 128	Hinode JAXA/NASA/PPARC
		p. 129	Top: TRACE/Stanford-Lockheed/NASA; bottom: SOHO/ESA/NASA
		p. 130	SOHO/ESA/NASA
p. 97	Martin Slade on behalf of the Caltech/JPL team of Dewey Muhleman, Bryan Butler, and Martin Slade, using NRAO's VLA and NASA's Goldstone Radar facilities	p. 131	NASA/JPL/Walt Feimer
		p. 132	Top: Steele Hill/SOHO/ESA/NASA; bottom: ESA/C. Carreau
		p. 133	Dr. Tony Phillips
p. 98	John Harmon, Arecibo Observatory	p. 134	SwRI
p. 99	NASA/JPL/Space Science Institute	p. 135	NASA/CXC/M. Weiss
p. 101	Top: NASA/JPL/Space Science Institute; bottom: Galileo Galilei	p. 136	NASA/JPL/Johns Hopkins University
		p. 137	NASA/JPL
p. 102	NASA/the Hubble Heritage Team (STScI/AURA)	p. 138	John Spencer; NASA/ESA/John T. Clarke (Univ. of Michigan)
p. 103	Top: NASA/JPL; bottom: NASA/JPL/Space Science Institute		
		p. 139	Joshua Strang (USAF)
p. 104	Top: NASA/JPL/Space Science Institute; bottom: NASA/JPL/Space Science Institute	p. 140	NASA, STS-39
		p. 141	Laura Melvin, after NASA/CXC/M. Weiss
p. 105	Top right: NASA/JPL/Cornell; top left: NASA/	p. 142	NASA/CXC/SwRI/R. Gladstone and NASA/ESA/

	Hubble Heritage Team
p. 143	John Clarke (Univ. of Michigan)/NASA
p. 144	NASA
p. 145	Laura Melvin, after NASA Global Hydrology and Climate Center
p. 146	NASA/JPL
p. 147	NASA/JPL/Space Science Institute
p. 148	NASA/JPL/Univ. of Iowa
p. 149	NASA
p. 151	NASA
p. 152	Laura Melvin, after IAU/Martin Kornmesser
p. 153	Laura Melvin
p. 154	Left side : UC-Berkeley Electron Microscope Lab ; Patrick Edwin Moran ; Richard Ling ; N. Copley/WHOI ; right side : NASA ; U.S. Botanical Garden ; Laney Baker
p. 156	Don Davis, NASA
p. 158	Calvin Hamilton
p. 159	V. L. Sharpton, LPI
p. 160	Leonid Kulik Expedition
p. 161	Julian Baum/Take 27 Ltd.
p. 162	Laura Melvin
p. 163	NASA/JPL/UMD ; NASA/JPL/R. Hurt (SSC)
p. 164	NASA/JPL
p. 166	Tom Ruen/Eugene Antoniadi/Lowell Hess/Roy A. Gallant/HST/NASA
p. 167	Top : Stanley Sheff ; bottom : NASA/JPL/Roel van der Hoorn
p. 168	NASA
p. 169	NASA/JPL/JHUAPL/MSSS/Brown University
p. 170	V. Tunnicliffe (Univ. of Victoria)
p. 171	NOAA Ocean Explorer
p. 172	Nicolle Rager Fuller (NSF)
p. 173	S. Hengherr/R. Schill/K. H. Hellmer
p. 174	NASA/JPL/Michael Carroll
p. 175	NASA
p. 177	NASA/JPL/Univ. of Arizona
p. 178	NASA/JPL/Lowell Observatory
p. 179	Top : NASA/JHUAPL/SwRI ; bottom : NASA/JPL/Univ. of Arizona
p. 180	NASA/JPL/Arizona State University
p. 181	NASA/JPL/Space Science Institute
p. 182	Top : NASA/JPL/Laura Melvin ; bottom : NASA/JPL/ESA/Univ. of Arizona
p. 183	NASA/JPL/Space Science Institute
p. 184	NASA/JPL/USGS
p. 185	NASA/ESA/H. Weaver (JHUAPL)/A. Stern (SwRI)/the HST Pluto Companion Search Team
p. 186	International Astronomical Union
p. 187	NASA
p. 188	NASA/ESA/A. Feild (STScI)
p. 190	Laura Melvin, after images by Calvin Hamilton
p. 191	Laura Melvin
p. 192	Laura Melvin, after image by Calvin Hamilton
p. 193	Craig Agnor
p. 195	NASA/JPL
p. 196	NASA/JPL ; NASA/JPL/MSSS ; NASA/JPL/Univ. of Arizona
p. 197	ESA/DLR/FU Berlin (G. Neukum)/MOC MSSS
p. 198	Google/DigitalGlobe
p. 199	Top : NASA/E. Karkoschka (Univ. of Arizona) ; bottom : From *Manual of Mythology*, by A.S. Murray ; Revised Edition, David McKay, 1895.
p. 200	NASA ; ESA/VIRTIS and VMC teams
p. 201	NASA/JPL/Space Science Institute
p. 202	NASA/JPL/Univ. of Arizona
p. 203	NASA/JPL/USGS
p. 204	NASA/JPL
p. 205	Top : NASA/JPL ; bottom : NASA/JPL
p. 206	T. Ratcliff, after images from NASA/JPL
p. 207	NASA
p. 208	NASA/JPL/Space Science Institute
p. 209	NASA/JPL/Space Science Institute
p. 210	NASA/JPL/Space Science Institute
p. 211	NASA/JHUAPL/Carnegie Institution of Washington
p. 212	Nicolle Rager Fuller (NSF)
p. 213	Top : T. Ratcliff ; Mercury image from NASA/JHUAPL/Carnegie Institution of Washington ; bottom : NASA/JHUAPL/Carnegie Institution of Washington
p. 214	Laura Melvin
p. 215	Dr. Thomas Reichart
p. 216	Laura Melvin/Sagredo
p. 217	Linda Croft/Nick Quinn (left and center) ; Luc Viatour, GFDL/CC www.lucnix.be (right)
p. 218	Top : NASA/JPL/Cornell ; bottom : NASA/JPL/Space Science Institute
p. 219	Tim Hipps (U.S. Army)
p. 220	Sidney Harris
p. 221	Top : Laura Melvin, after an image from NIA/NIH ; bottom : Laura Melvin, after images from NASA-Johnson Space Center Image Science and Analysis Laboratory
p. 223	NASA/JHUAPL/SwRI/GSFC
p. 225	SOHO/ESA/NASA
p. 226	SOHO/ESA/NASA
p. 227	NASA/CXC/M. Weiss
p. 228	Hinode JAXA/NASA/PPARC
p. 229	Laura Melvin, after Tablizer

p. 230	NASA/JHUAPL/SwRI/GSFC
p. 231	NASA/JPL
p. 232	NASA/JHUAPL/SwRI
p. 233	NASA/ESA/H. Hammel (Space Science Institute) /Jupiter Impact Team
p. 235	NASA/JPL/Space Science Institute
p. 236	Top : T. Ratcliff ; Saturn image from NASA and the Hubble Heritage Team ; bottom : NASA/JPL/Univ. of Arizona
p. 237	Top : JPL/D. Seal ; bottom : NASA/JPL
p. 238	Top spread : NASA/JPL/Space Science Institute
p. 239	NASA/JPL/Space Science Institute
p. 240	NASA-Johnson Space Center Image Science and Analysis Laboratory
p. 241	NASA
p. 242	D. Baker
p. 243	M. Ruzek
p. 244	Data courtesy Marc Imhoff of NASA GSFC and Christopher Elvidge of NOAA NGDC ; image by Craig Mayhew and Robert Simmon of NASA GSFC

謝　　辞

　この本を書きはじめたとき，自分たち著者に何が起ころうとしているのかまったく見当もつかなかった。幸いなことに執筆中には，さまざまな個人や団体から多種多様の援助を受けることができた。

　まず初めに，多くの科学者，技術者，政策立案者，そしてそのほか太陽系探査という夢の実現を支えてきた人々に感謝したい。多くの国際協力により実現した宇宙探査計画と惑星間航行ミッションは，驚異的な新発見をいくつも世界に発表している。彼らの弛みなき働きなしでは，これほどたくさんの話題をこの本で論ずることはほぼ不可能だったに違いない。

　エージェントたちは，われわれを手取り足取り，おだて，励まして，当初の思いつきが本の企画になり，その企画が契約として成立し，その契約に従って一冊分の原稿が仕上がるまで導いてくれた。バベット・スペアはこの企画が軌道を外れないよう最初から最後まで見守っていてくれた。彼女の専門知識と熱意のおかげで，われわれは初めての出版契約という超現実的な経験を無難にこなし，最初の翻訳（ドイツ語）版の出版にもいたった。

　ハーヴァード大学出版部とドイツ，ローヴォルト出版社の編集者とスタッフにも感謝したい。ローヴォルトのフランク・シュトリックシュトロックは，本を書くのは初めてのわれわれ二人に，ハーヴァード大学出版部がふだん出しているものと少し趣が違うものを出版する機会を与えてくれた。彼らには，この成り行きをどうか楽しんでほしいと願っている。

　何人もの方々が惜しみなく時間を割いて，初めの数章分の草稿に目を通し助言をしてくれた。スコット・カーティス，ラリー・アップルビー，マイクル・クリーヴランド，タム・ベイカー，ヘザー・クヴァンツ，ジョッシュ・キャプラン，ケリ・ジョーンズ，ジョウゼフ・チーヴズ，パース・シャー，そしてイザベル・エルナンデスのフィードバックのおかげで，本書の狙いが明確になり，その後の文体が定まる助けとなった。匿名の二人のレヴュアーは最初の完成稿を読んで，徹底して行き届いた批評をしてくれた。彼らの助言を受け入れることで，この本の最終稿はいっそう良いものにできたと信ずる。

　おもな宇宙探査計画で得られた画像で無料で利用できるものに加えて，ありがたいことにたくさんの人々が，自らの出版物中の図や画像について複写許可をくれた。個々に名前を挙げるには人数が多すぎる方々が，業績をわれわれと共有することに同意して下さったことに非常に感謝している。的確な説明のための画像が見つからなかったときには，グラフィック・アーティストのローラ・メルヴィンに助力を求めた。注文のうるさい科学者二人に付き合わされたにもかかわらず，彼女は期待に見事に応えて，素晴らしいイラストレーションを何枚も制作してくれた。パム・カビールは，この本に収録した275枚+αの画像の使用許可をとるという泥沼から抜け出す

のを助けてくれた。

　オースティン・カレッジの学生たちは，無意識ながら，教室で「エクストリームな」現象について即興の議論を展開することで，この本の方向性を定める助けになった。ネイサン・ドレイク，マット・ヴァルヴァー，ジョーダン・ロビンソン，デイヴィッド・リドル，そしてローレン・ドーセットは，われわれがまさに書いている最中のことを裏づける研究を行った。トマス・ジョイナーは写真を数枚撮影し，われわれが書いた短い文章をそれに添えて，期待した以上にすばらしいウェブサイトを公開してくれた。著者の一人デイヴィッド・ベイカーはこの出版企画に関して，オースティン・カレッジ・リチャードソン基金を受けている。

　そしてもちろん，家族の山よりも高い忍耐，岩よりも強固な支え，そして海よりも深い理解なしでは，この『太陽系で最もエクストリームな50の場所』を完成できなかった。われわれは本当に幸せ者だ。

　最後に，この太陽系が，これほどエクストリームであるという事実に感謝したい。

デイヴィッド・ベイカー
トッド・ラトクリフ

索　引

■ あ　行

アイウォール　59, 201, 236
アセノスフェア　17, 242
アトラス　237
アポロ 11 号　122
アポロ 16 号　122
アポロ 17 号　241
天の川銀河　225
アマルテア　38
アミノ酸　162
アメンスス山脈　213
嵐　93, 201
　　海王星　63
　　火星　67
　　地球　58, 59, 241
　　天王星　93
　　土星　146, 201, 236
　　木星　53, 146, 232
アルヴィン号　170
アントニアディ, ユジェーヌ　167
アンモニア　36, 72
　　海王星　72
　　ティタン　9
　　天王星　72
　　木星　142, 232

イアペトゥス　4, 37, 39, 104, 237
イエゼロ・クレーター　169
イオ　37, 135, 137, 138, 142, 177, 231
硫黄　178
イオンラジカル　140
イトカワ　118

ヴァイキング 1 号　3, 167, 195
ヴァイキング探査機　195
ヴァイキング着陸機　49, 167
ヴィクトリア・クレーター　20, 88
ヴィーナス・エクスプレス探査機　200
ヴィルト彗星　43, 164
ヴェスタ　118, 119
ヴェネラ 13 号　84
ヴォイジャー 1 号　54, 102, 131
ヴォイジャー 2 号　7, 8, 62, 71, 89, 102, 131, 203, 204
ヴォイジャー探査機　202
ウォーカー循環　78
ヴォストーク湖　173
宇宙生物学　168
海　32
　　エウロパ　31, 151, 173, 174, 232
　　地球　32, 162, 171, 242
ウンブリエル　205

エイトケン盆地　22
エウロパ　27, 29, 136, 138, 142, 151, 174, 179, 232, 242, 244
エクザマース　170
エタン　183, 238
エピック, エルンスト　107
エピック-オールトの雲　107
エピメテウス　181, 237
エリス　188, 189
エルニーニョ　77
エンケの間隙　235
エンケラドゥス　9, 19, 104, 209, 237
遠日点　42, 44, 107
掩蔽　217

オゾン　244
オゾンホール　200
オポチュニティー　67, 88, 218
オリュンポス山　3, 86
オルドイニョ・レンガイ　8
オールト, ヤン　107
オールトの雲　107, 188, 240
オーロラ　132, 139

地球　129, 132, 139
土星　236
木星　29, 137, 141
温室効果　153
温室効果ガス　83

■ か　行

海王星　72, 107, 115, 146, 186, 203
　　嵐　62
　　風　62
　　氷　62
　　組成　72
　　大暗斑　63
　　トリトン　7, 8, 190
　　発見　115
　　雹　71
　　プロテウス　207
　　環　105
皆既日食　215
カイパーベルト　188
カイパーベルト天体 (KBO)　107, 187, 192, 193
核　214
角運動量
　　太陽系　191
　　地球・月系　121, 124
　　木星　232, 234
核融合　228
火山　3, 5, 15, 241
　　トゥヴァーシュター火山　179, 230
　　プロメテウス火山　179
可視光線　141, 146
ガス惑星　72, 192
風　59, 68
　　海王星　62, 240
　　火星　48, 67, 87
　　地球　77
　　土星　235, 236
　　木星　54

火星　11, 18, 20, 23, 46, 67, 85, 114, 120, 121, 166, 185, 195, 213, 234, 240
　海　32
　運河　85, 166
　オリュンポス山　3, 86
　風　67, 87
　季節　49, 87
　北盆地　24
　極冠　46, 97
　雲　49
　氷　36
　砂嵐　85
　生命　86, 166, 244
　大気　47
　タルシス山脈　4
　塵旋風　67
　デイモス　218
　フォボス　23, 218
　ヘラス盆地　24, 87
　マリネリス峡谷　11, 12, 86
　水　86
　ALH84001　168
カッシーニ, ジョヴァンニ　53, 102
カッシーニ探査機　4, 40, 53, 101, 105, 136, 146, 148, 181, 183, 201, 202, 208, 210, 235, 236, 239
カッシーニ-ホイヘンス探査機　102
ガニメデ　29, 36, 38, 137, 138, 142, 179, 181, 230
ガネーシャ斑　9
雷　144
カリスト　22, 29, 231
カリプソ　236
ガリレイ, ガリレオ　101
ガリレオ衛星　36, 138
ガリレオ探査機　27, 36, 54, 105, 118, 146, 180
カロン　29, 120, 185

気候
　火星　87
　金星　82, 83
　水星　95, 96
　地球　77, 81, 82, 89, 121
　天王星　89
季節　90
軌道共鳴　205, 210
軌道傾斜角　191, 216
キュリオシティー　169
共鳴　179
恐竜　157
極渦　200
極限環境微生物　151, 172
局部銀河群　225
キロン　45
金環食　217
近日点　42, 44, 108
金星　4, 9, 82, 114, 120, 132, 146, 153, 178, 185, 190, 200, 228, 240
　温室効果　36, 81
　気候　82
　雲　83
　生命　82
　大気　83
　表面温度　83
　マクスウェル山脈　4
　水　83
近地球小惑星(NEA)　119

クァオアル　188
グセフ・クレーター　67
クマムシ　173
雲
　火星　48
　金星　81, 82, 178, 200
　地球　145, 202, 240
　ティタン　182
　土星　146, 147, 199, 201, 235, 236
　木星　54, 230, 232
グランドキャニオン　11, 212
グリーンランド・クリセオバクテリア　165
クレーター　19, 120, 156, 204, 208

ケレス　118, 119, 189, 232
ケンタウルス座アルファ星　109
ケンタウルス族　119

光化学スモッグ　182
恒星　229
公転　192, 232
氷　36, 38, 71
　エンケラドゥス　104
　海王星　62
　水星　95
　ティタン　9
　土星の環　39
国際天文学連合(IAU)　187
黒点　128
古細菌　151
ゴルディロックスの法則　152, 243
コロナ　204, 225
コロナ質量放出(CME)　129

■ さ 行

サン・アンドレアス断層　18
酸素
　イオ　136, 142
　オーロラ　139-143
　地球　154, 184, 242, 244
散乱円盤　188
散乱円盤天体　108

シェヴロン　204
紫外線　127, 133, 141, 143, 200
磁気嵐　129
磁気圏　135
磁気ダイナモ　212
自転　190, 232, 236
自転軸の傾き　90
　火星　121
　水星　97
　地球　79, 91, 121
　天王星　90
シドニア・メンサエ　195
磁場　128, 137
　ガニメデ　36
　水星　212
　太陽　128, 133, 140, 226, 228
　地球　132, 140, 141
　木星　29, 135-138
重力
　海王星　194

太陽　225, 229
　木星　152, 179, 232, 233
主系列星　229
シューメイカー-レヴィー第九彗星　105, 110, 233
準惑星　186
　――の定義　186
衝突　153, 161, 204, 208
　K-T衝突　156, 234
　金星　192
　小惑星　156, 234
　彗星　110, 233
　木星　233
衝突クレーター　21, 158
小惑星　22, 41, 160, 231
小惑星帯　42, 114, 188, 232
真核生物　151
真正細菌　151
塵旋風　67

水星　95, 114, 120, 185, 211, 228, 230, 240
　季節　97
　氷　36, 95
　自転軸の傾き　97
彗星　21, 36, 41, 97, 104, 106, 110, 161, 231
　ヴィルト彗星　43, 164
　シューメイカー-レヴィー第九彗星　105, 110, 233
　チュリュモフ-ゲラシメンコ彗星　118
　テンペル彗星　42, 163
　ハリー（ハレー）彗星　42
　ヘール-ボップ彗星　107
水素
　太陽　128, 227, 228
　木星　137, 142, 231
スキャパレリ，ジョヴァンニ　85, 167
スターダスト探査機　118, 164
スピリット　67
スマトラ島沖地震　33
生命　151, 242
　エウロパ　27, 31, 151, 170, 232, 244

　起源　161
　火星　86, 166
　金星　82
　地球　35, 121, 151, 157, 161, 170, 219, 234, 241-244
　タイタン　151, 183, 228, 244
赤色巨星　228
赤道傾斜角　90, 121, 191
セドナ　188

■ た 行

ダイアピル　205
大暗斑　63
大気
　イオ　178
　火星　47, 234
　金星　81, 82, 242
　ケレス　119
　太陽　128-130
　地球　142, 152, 182, 241, 244
　タイタン　181, 182, 238
　土星　146, 147, 202, 235
　木星　57, 136, 143, 230
大赤斑　53
ダイヤモンド　71
太陽　131, 225
太陽活動周期　130
太陽系外縁天体　188
太陽系小天体　186
太陽圏　131
　――の鞘　131
太陽風　131, 141
太陽フレア　127
対流　9, 128
対流層　228
　太陽　228
　木星　137
ダーウィン，ジョージ　122
タルシス山脈　4
炭素　161
タンパク質　162
地球　15, 33, 77, 139, 145, 151, 170, 182, 200, 240
　オーロラ　139
　回転　236

　風　77
　自転軸の傾き　79, 91
　磁場　19
　生命　151, 170, 233, 244
　台風　58
　プレートテクトニクス　19, 20
　扁平率　236
　貿易風　63
　水循環　32, 33
地球近傍天体（NEO）　160
チクシュループ・クレーター　159
窒素
　オーロラ　140
　地球　184
　タイタン　182
チムニー　171
チャンドラ　142
中心核　225
チュリュモフ-ゲラシメンコ彗星　118
潮汐力　210, 218

ツァハ，フランツ・クサーヴァー・フォン　114
月　117, 132, 152, 210, 215, 241
　エイトケン盆地　23
　起源　120
　形成　159, 161, 192
　氷　36
　衝突盆地　23
　組成　121
　内部構造　124
津波　33
ツングースカ隕石　160

ディオネ　236, 237
ディスカバリー号　140
ディスカバリー山脈　212
タイタン　9, 32, 33, 151, 178, 181, 228, 237, 238, 244
　エタン　32
　ガネーシャ斑　9
　生命　244
　大気　181, 238
　トルトラ白斑　9
　湖　33, 151, 182-184, 238

メタン　32, 182
ティティウス-ボーデの法則　114
ディープインパクト探査機　42, 163
ディープスペース1号探査機　42
デイモス　218
鉄　124, 214, 225
テティス　23, 37, 40, 209, 236
テレスト　236
天体衝突　159
天王星　63, 71, 89, 115, 146, 185, 203, 222
　ウンブリエル　205
　嵐　92
　季節　89
　雲　92
　組成　72
　発見　115
　雹　71
　ミランダ　38, 92, 203
　環　90, 105
電波　141, 144, 146, 240
テンペル彗星　42, 163

トゥヴァーシュター火山　179, 230
土星　9, 36, 63, 72, 101, 115, 144, 147, 181, 185, 200, 207, 235
　イアペトゥス　4, 39, 104, 237
　エピメテウス　181, 237
　エンケの間隙　235
　エンケラドゥス　9, 19, 104, 209, 237
　雷　144
　カリプソ　236
　氷　39
　組成　72
　ディオネ　236, 237
　ティタン　9, 32, 33, 151, 178, 181, 228, 237, 238, 244
　テティス　23, 37, 40, 209, 236
　テレスト　236
　パン　103, 235
　パンドラ　103, 218, 237, 239
　ヒペリオン　39, 208, 238
　フォエベ　104, 192, 237
　プロメテウス　103, 218, 237

ヘレーネ　236
ポリデウケス　236
ミマス　21, 23, 39, 103, 105, 237, 239
ヤヌス　236
環　101, 181, 209, 235, 238, 240
E環　10
ドライアイス　46
虎縞　10
トランスフォーム断層　18
トリトン　7, 8, 190, 192
トルトラ白斑　9
トロヤ衛星　236
トロヤ群　117
トンボー, クライド　185

■　な　行

波　32

二酸化炭素　46, 153
　火星　46
　金星　83
　彗星　164
　地球　49, 157
ニックス　185
日食　215
ニュー・ホライズンズ探査機　179, 230

熱水噴出口　170

■　は　行

パイオニア10号　29
パイオニア11号　102
パイオニア・ヴィーナス1号　81
ハウメア　189
白色矮星　229
ハーシェル, ウィリアム　115
ハーシェル・クレーター　19, 237
バッドランズ・ガーディアン　198
ハッブル宇宙望遠鏡(HST)　48, 49, 56, 71, 85, 102, 110-112, 133, 138, 143, 166, 187, 199, 233

はやぶさ　118
バラード, ロバート　171
ハリケーン　35, 54, 201, 241
　ウィルマ　58
　カトリーナ　59
ハリー(ハレー)彗星　42
パレイドリア　198
パン　235, 237
パンスペルミア説　164
パンドラ　103, 218, 237

ピアッツィ, ジュゼッペ　115
東アフリカ大地溝帯　13
ヒト　219
ひので　95, 134
ヒペリオン　39, 207, 237
ヒマラヤ山脈　18
ヒュドラ　185
雹　71
氷河下火山　7
氷成火山　7
微惑星　234

フェルミ光　133
フォエベ　104, 192, 237
フォボス　23, 218
ブーソー山　4
部分食　217
プラズマ　128, 132, 136, 225
ブラックスモーカー　171
プレートテクトニクス　5, 15, 153, 170, 242
プロテウス　207
プロミネンス　226
プロメテウス　103, 218, 237
プロメテウス火山　179

ヘラス盆地　24, 87
ヘリウム　225, 227
　太陽　225, 227, 229
　木星　137, 231
ペルー・チリ海溝　12
ヘール-ボップ彗星　107
ヘレーネ　236, 237
扁平率　236

ホイッスラー音　146

ホイヘンス，クリスチャン 101
ホイヘンス探査機 182
放射層 227
ボウショック 133
北極の定義 190
ホットスポット 5
ホットタワー 60
ボーデ，ヨハン 115
ポリデウケス 236
ボレリー彗星 42

■ ま 行

マウナケア山 3, 5
マクスウェル，ジェームズ・クラーク 102
マクスウェル山脈 4
マクノート彗星 41
マケマケ 189
マーズ・エクスプレス・オービター 197
マーズ・エクスプレス探査機 48, 169
マーズ・オービター・カメラ（MOC） 197
マーズ・グローバル・サーベイヤー（MGS） 19, 196
マスビー火山 179
マーズ・フェニックス探査機 169
マーズ・リコネサンス・オービター（MRO） 197
マーチソン隕石 163
末端衝撃波面 131
マティルド 21
マリナー4号 167
マリナー9号 11, 12, 85
マリナー10号 86, 98, 211
マリネリス峡谷 11, 12, 86
マントル 16, 123

右手の法則 191
水 243
　エウロパ 27
　火星 86, 167, 169
　金星 83, 132
　雲 145

ケレス 119
水星 98
彗星 164
地球 121, 182, 241, 243
土星の環 104
木星 232
湖
　火星 169
　タイタン 151, 178, 181-184, 238
　南極 173
密度
　岩 38
　氷 38
　水星 211
　月 121
　土星 235
　ヒペリオン 208
　水 38, 235
ミマス 19, 37, 103, 237
ミラー，スタンリー 162
ミランダ 38, 92, 203

冥王星 115, 120, 185, 230
　カロン 120, 185
　ニックス 185
　ヒュドラ 185
メインベルト 114, 232
メタン 36
　海王星 62, 72
　火星 169
　タイタン 9, 181, 238
　天王星 72, 90
　メタン菌 154
　木星 142, 232
メッセンジャー探査機 98, 211
メラス峡谷 13

木星 21, 29, 43, 53, 64, 72, 91, 110, 114, 135, 141, 145, 152, 160, 179, 185, 230, 235, 240
　アマルテア 38
　嵐 53
　イオ 37, 135, 137, 138, 142, 177, 231
　稲妻 145, 146
　エウロパ 27, 29, 136, 138, 142,

151, 174, 179, 232, 242, 244
　オーロラ 29, 137, 141, 142
　ガニメデ 29, 36, 38, 137, 138, 142, 179, 181, 230
　カリスト 22, 29, 231
　季節 91
　雲 54
　磁気圏 231
　磁場 29
　彗星 110
　組成 72
　大気 55, 57
　大赤斑 53, 63
　扁平率 236
　環 105
モース硬度 71

■ や 行

ヤヌス 237

ユーリー，ハロルド 162

■ ら 行

雷雲 144
ラグランジュ点 117, 236
ラニーニャ 77

リソスフェア 17, 242

ルテティア 118

レア 105, 237

ロゼッタ探査機 118
ローウェル，パーシヴァル 167

■ わ 行

環
　海王星 105
　天王星 105
　土星 101, 181, 209, 235, 238, 240
　木星 105
　レア 105

惑星の定義　186

■ 欧　文

ALH84001　168

CME　129
CRISM　169

DHMO　243
DMSP　244

ENSO　77

HiRISE　197
HRSC　197

HST　102

IAU　187, 190
IBEX　134

KBO　107, 187
K-Pg絶滅　156
K-T衝突　233
K-T絶滅　156

MATADOR　68
MGS　19, 196
MOC　197
MRO　70, 197

NEA　119

NEO　160

OLS　244

SDO　108
SED　146
SOHO　225

THEMIS　141
TNO　188

VLA　96

X線　127, 129, 232

監訳者略歴

渡部　潤一（わたなべじゅんいち）

- 1960 年　福島県に生まれる
- 1983 年　東京大学理学部天文学科卒業
- 　　　　同大学院を経て，東京大学東京天文台助手
- 現　在　自然科学研究機構国立天文台教授
- 　　　　理学博士
- 主　著　『新しい太陽系』（新潮新書，2007）
- 　　　　『夜空からはじまる天文学入門』
- 　　　　（化学同人，2009）

訳者略歴

後藤　真理子（ごとうまりこ）

- 1965 年　神奈川県に生まれる
- 1997 年　佛教大学文学部史学科卒業
- 　　　　国立天文台情報公開センター，
- 　　　　国立科学博物館理工学第一研究室勤務を経て，
- 現　在　会社員兼フリー翻訳者
- 訳　書　『BANG！　宇宙の起源と進化の不思議』
- 　　　　（渡部潤一監修，ソフトバンククリエイティブ，2007）ほか

太陽系探検ガイド
― エクストリームな 50 の場所 ―

定価はカバーに表示

2012 年 10 月 10 日　初版第 1 刷

監訳者　渡　部　潤　一
訳　者　後　藤　真理子
発行者　朝　倉　邦　造
発行所　株式会社　朝倉書店
東京都新宿区新小川町 6-29
郵便番号　162-8707
電　話　03（3260）0141
ＦＡＸ　03（3260）0180
http://www.asakura.co.jp

〈検印省略〉

© 2012〈無断複写・転載を禁ず〉

印刷・製本　東国文化

ISBN 978-4-254-15020-9　C 3044　　Printed in Korea

JCOPY　〈（社）出版者著作権管理機構　委託出版物〉

本書の無断複写は著作権法上での例外を除き禁じられています．複写される場合は，そのつど事前に，（社）出版者著作権管理機構（電話 03-3513-6969，FAX 03-3513-6979, e-mail: info@jcopy.or.jp）の許諾を得てください．

前東大 岡村定矩編

天文学への招待

15016-2　C3044　　　A5判 224頁 本体3400円

太陽系から系外銀河までを，様々な観測と研究の成果を踏まえて気鋭の研究者がトータルに解説した最新の教科書。〔内容〕天文学とは何か／太陽系／太陽／恒星／星の形成／銀河系／銀河団／宇宙論／新しい観測法(重力波など)／暦と時間

西村祐二郎編著　鈴木盛久・今岡照喜・
高木秀雄・金折裕司・磯﨑行雄著

基礎地球科学（第2版）

16056-7　C3044　　　A5判 232頁 本体2800円

地球科学の基礎を平易に解説し好評を得た『基礎地球科学』を，最新の知見やデータを取り入れ全面的な記述の見直しと図表の入れ替えを行い，より使いやすくなった改訂版。地球環境問題についても理解が深まるように配慮されている。

元国立天文台 磯部琇三・東大 佐藤勝彦・前東大 岡村定矩・
前東大 辻　隆・国立天文台 吉澤正則・
国立天文台 渡邊鉄哉編

天文の事典（普及版）

15019-3　C3544　　　B5判 696頁 本体18500円

天文学の最新の知見をまとめ，地球から宇宙全般にわたる宇宙像が得られるよう，包括的・体系的に理解できるように解説したもの。〔内容〕宇宙の誕生(ビッグバン宇宙論，宇宙初期の物質進化他)，宇宙と銀河(星とガスの運動，クェーサー他)，銀河をつくるもの(星の誕生と惑星系の起源他)，太陽と太陽系(恒星としての太陽，太陽惑星間環境他)，天文学の観測手段(光学観測，電波観測他)，天文学の発展(恒星世界の広がり，天体物理学の誕生他)，人類と宇宙，など。

前東大 岡村定矩監訳

オックスフォード辞典シリーズ

オックスフォード 天文学辞典

15017-9　C3544　　　A5判 504頁 本体9600円

アマチュア天文愛好家の間で使われている一般的な用語・名称から，研究者の世界で使われている専門的用語に至るまで，天文学の用語を細大漏らさずに収録したうえに，関連のある物理学の概念や地球物理学関係の用語も収録して，簡潔かつ平易に解説した辞典。最新のデータに基づき，テクノロジーや望遠鏡・観測所の記載も豊富。巻末付録として，惑星の衛星，星座，星団，星雲，銀河等の一覧表を付す。項目数約4000。学生から研究者まで，便利に使えるレファランスブック

元早大 坂　幸恭監訳

オックスフォード辞典シリーズ

オックスフォード 地球科学辞典

16043-7　C3544　　　A5判 720頁 本体15000円

定評あるオックスフォードの辞典シリーズの一冊"Earth Science (New Edition)"の翻訳。項目は五十音配列とし読者の便宜を図った。広範な「地球科学」の学問分野——地質学，天文学，惑星科学，気候学，気象学，応用地質学，地球化学，地形学，地球物理学，水文学，鉱物学，岩石学，古生物学，古生態学，土壌学，堆積学，構造地質学，テクトニクス，火山学などから約6000の術語を選定し，信頼のおける定義・意味を記述した。新版では特に惑星探査，石油探査における術語が追加された

日本地球化学会編

地球と宇宙の化学事典

16057-4　C3544　　　A5判 496頁 本体12000円

地球および宇宙のさまざまな事象を化学的観点から解明しようとする地球惑星化学は，地球環境の未来を予測するために不可欠であり，近年その重要性はますます高まっている。最新の情報を網羅する約300のキーワードを厳選し，基礎からわかりやすく理解できるよう解説した。各項目1〜4ページ読み切りの中項目事典。〔内容〕地球史／古環境／海洋／海洋以外の水／地表・大気／地殻／マントル・コア／資源・エネルギー／地球外物質／環境(人間活動)

上記価格（税別）は2012年9月現在